国家电网企业技能人员职业能力培训指导书

电网调控专业培训指导书

赵守忠　杨林　郑伟　韩玉　等　**编著**

东北大学出版社
·沈　阳·

图书在版编目（CIP）数据

电网调控专业培训指导书／赵守忠等编著. — 沈阳：东北大学出版社，2016.2
ISBN 978-7-5517-1228-6

Ⅰ. ①电… Ⅱ. ①赵… Ⅲ. ①电力系统调度—技术培训—自学参考资料
Ⅳ. ①TM73

中国版本图书馆 CIP 数据核字（2016）第 036975 号

内容提要

本书共分为七章，主要包括电网运行与管理，电力系统继电保护及安全自动装置，电网监控，电网调控，电网操作，电网异常及事故处理，调度仿真培训系统案例分析与处理。书后附有 7 个附录：调度术语、操作指令、电力安全事故等级划分标准、事故跳闸（预）报告、事故跳闸（正式）报告、监控运行分析月报、线路及变压器等设备常用额定参数。

本书可作为省、地、县三级电网调控运行人员的培训教材，也可作为调控技术管理人员参考使用。

出 版 者：东北大学出版社
　　　　　地址：沈阳市和平区文化路三号巷 11 号
　　　　　邮编：110819
　　　　　电话：024 - 83687331（市场部）　83680267（社务部）
　　　　　传真：024 - 83680180（市场部）　83687332（社务部）
　　　　　E-mail：neuph@ neupress. com
　　　　　http：//www. neupress. com
印 刷 者：沈阳航空发动机研究所印刷厂
发 行 者：东北大学出版社
幅面尺寸：185mm×260mm
印　　张：18.75
字　　数：446 千字
出版时间：2016 年 2 月第 1 版
印刷时间：2016 年 2 月第 1 次印刷
责任编辑：石玉玲　　　　　　　　　　　　　　　责任校对：诗　语
封面设计：刘江旸　　　　　　　　　　　　　　　责任出版：唐敏志

ISBN 978-7-5517-1228-6　　　　　　　　　　　　定　　价：36.00 元

《电网调控专业培训指导书》编委会

主　　任：史凤明

副主任：韩　玉

编　　委：赵守忠　杨　林　郑　伟　韩　玉

　　　　　李　铁　王　亮　郑伟强　李兴阁

　　　　　赵　冬

前 言

为贯彻落实国家电网公司"人才强企"战略，努力满足公司"三集五大"体系建设和智能电网发展对电网技术、技能人才培训的新要求，促进电网调控运行岗位员工尽快适应公司和岗位需要，提高员工培训的针对性、系统性和实用性，国网辽宁省电力有限公司组织国网辽宁技培中心、省公司电力调控中心、锦州供电公司、营口供电公司调控中心的优秀专兼职培训师和生产现场专家，结合电网调控运行人员岗位职责、员工特点和国网辽宁技培中心现有的仿真培训资源，特编写了《电网调控专业培训指导书》，旨在提高电网操作的正确性、规范性和科学性。

本培训指导书以《国家电网公司生产技能人员职业能力培训规范》（Q/GDW232—2008）为依据，在编写原则上，突出岗位能力；在内容定位上，遵循"知识够用，符合岗位"的原则。

本培训指导书借鉴国内外先进的培训理念，以培养职业能力为出发点，注重学以致用，注重情境教学模式，把"教、学、做"融为一体。本指导书共包括七章。第一章主要介绍了电网调度运行与管理的要求，省、地、县三级调控人员的岗位职责等。第二章主要介绍了电网常见的各种继电保护及安全自动装置的原理和配置等。第三章主要介绍了电网监控员监视的信号、日常工作中各类事故、异常、越限等处理的流程、规定和方法等。第四章主要介绍了电网调控中的频率及负荷调整、电压调整的方法和措施等。第五章主要介绍了电网操作中的线路操作、母线操作、变压器操作、消弧线圈操作、并解列操作等的规定和方法等。第六章主要介绍了电网各种常见异常和故障的现象、原因和处理方法等。第七章主要结合仿真系统进行的几种常见异常和故障案例的分析和处理。附录部分为电网调控运行人员常用的参考材料。

在编写过程中，参考了许多规程规范和文献，在此向它们的作者表示衷心的感谢！由于编者的水平有限，加之时间仓促，难免存在疏漏及差错之处，恳请各位专家和读者批评指正，并提出宝贵意见，以便修订时改进完善。

编 者

2015 年 11 月

目 录

第一章　电网运行与管理

第一节 ｜ 电网调度管理

培训目标：熟悉电网调度的概念、电网调度的任务、我国电网调度的结构、电网调度管理的基本概念和基本原则。

《中华人民共和国电力法》（以下简称《电力法》）规定，电网运行实行统一调度、分级管理；各级调度机构对各自调度管辖范围内的电网进行调度，依靠法律、经济、技术并辅之必要的行政手段，指挥和保证电网安全、稳定、经济运行，维护国家安全和各利益主体的利益。《电力法》明确了电力生产和电网运行应当遵守安全、优质、经济的原则。

一、电网调度的概念

《电网调度管理条例》中所称的电网调度是指电网调度机构（简称调度机构）为保障电网的安全、优质、经济运行，对电网运行进行的组织、指挥、指导和协调。电网调度应当符合社会主义市场经济的要求和电网运行的客观规律。

二、电网调度的基本任务

调度管理的任务是组织、指挥、指导、协调电力系统的运行，保证实现下列基本要求。

（1）按最大范围优化配置资源的原则，实现优化调度，充分发挥电网的发电、输电、供电设备能力，最大限度地满足社会和人民生活用电的需要。

（2）按照电网的客观规律和有关规定使电网连续、稳定、正常运行，使电能质量（频率、电压和谐波分量等）指标符合国家规定的标准。

（3）按照"公平、公正、公开"的原则，依有关合同或协议，保护发电、供电、用电等各方的合法权益。

（4）根据本电网的实际情况，充分且合理地利用一次能源，使全电网在供电成本最低或者发电能源消耗率及网损率最小的条件下运行。

（5）按照电力市场调度规则，组织电力市场运营。

三、我国电网调度的结构

调度系统包括各级电网调度机构以及调度管辖范围内的发电厂、变电站的运行值班单位。电网调度机构是电网运行的一个重要指挥部门，负责领导电网内发、输、变、配、用电设备的运行、操作和事故处理，以保证电网安全、优质、经济运行，向电力用户有计划地供应符合质量标准的电能。电网调度这一重要作用决定了其地位，即调度机构既是生产运行单位，又是电网管理部门的职能机构，代表本级电网管理部门在电网运行中行使调度权。

《电网调度管理条例》中明确规定我国电网调度机构分为五级：国家调度机构，跨省、自治区、直辖市调度机构，省、自治区、直辖市级调度机构，省辖市级调度机构，县级调度机构（通常也将这五级调度简称为：国调、网调、省调、地调和县调）。各级调度在电网业务活动中是上下级关系，下级调度机构必须服从上级调度机构的调度。

四、电网调度管理的基本概念

电网调度管理是指电网调度机构为确保电网安全、优质、经济运行，依据有关规定对电网生产运行、电网调度系统及其人员职务活动所进行的管理。一般包括调度运行管理、调度计划管理、继电保护和安全自动装置管理、电网调度自动化管理、电力通信管理、水电厂水库调度管理、调度系统人员培训管理等。

五、电网调度管理的基本原则

1. 统一调度、分级管理的原则

《电网调度管理条例》所称统一调度，其内容一般是指：

（1）由电网调度机构统一组织全网调度计划（或称电网运行方式）的编制和执行，其中包括统一平衡和实施全网发电、供电调度计划，统一平衡和安排全网主要发电、供电设备的检修进度，统一安排全网的主结线方式，统一布置和落实全网安全稳定措施等。

（2）统一指挥全网的运行操作和事故处理。

（3）统一布置和指挥全网的调峰、调频和调压。

（4）统一协调和规定电网继电保护、安全自动装置、调度自动化系统和调度通信系统的运行。

（5）统一协调水电厂水库的合理运用。

（6）按照规章制度统一协调有关电网运行的各种关系。

《电网调度管理条例》所称分级管理，是指根据电网分层的特点，为了明确各级调度机构的责任和权限，有效地实施统一调度，由各级电网调度机构在其调度管理范围内具体实施电网调度管理的分工。

2. 按照调度计划发电、用电的原则

按照计划用电是我国在电力使用上的一项重要政策，它是根据我国的具体情况，在社会主义建设过程中逐步认识并不断总结正反两方面的经验而提出来的，对电力的合理使用和保障国民经济的发展起到了促进作用。

在缺电的情况下，计划用电执行的好坏直接影响到电网的安全、优质和经济运行，直接关系到社会正常的生产和生活用电秩序能否得到保障，所以规定任何单位和个人不得超计划分配电力和电量，不得超计划使用电力和电量。调度机构可对超计划用电的电力用户予以警告，警告无效时，可发布限电指令，并可采取强行扣还电力、电量的措施，必要时可部分或全部暂时停止供电。拉闸限电或终止供电造成的经济损失由超计划用电的电力用户负责。

3. 维护电网整体利益，保护有关单位和电力用户合法权益相结合的原则

维护电网的整体利益是指确保电网安全、优质和经济运行，因为这是电网内各单位包括电力用户的共同利益所在，也是国家利益所在。

我国实行社会主义市场经济，电力企业和电力用户都有自己的经济利益，各地区、各部门广大电力用户都有自己的利益，但从全网整体看，这仍然是局部利益。局部要服从全局，而为保证电网的安全、优质、经济运行被迫采取的一个必要措施，就是按照超计划用电的限电序位表拉闸限电，即牺牲局部保整体，只有满足电网安全的大前提，电力企业和电力用户的共同利益才能得以保证。

4. 值班调度员履行职责受法律保护的原则

值班调度员履行职责受到国家法律的保护，任何单位和个人不得非法干预调度系统值班人员发布或执行调度指令，调度值班人员依法执行公务，有权拒绝各种非法干预。

5. 调度指令具有强制力的原则

调度指令具有强制力，这样才能保证调度指挥的畅通和有效，才能及时处理电网事故，保证电网安全、优质和经济运行。

调度系统中调度指令必须执行，当执行调度指令可能危及人身及设备安全时，调度系统的值班人员应当向上级值班调度人员报告，由上级值班调度人员决定调度指令的执行或者撤销。

电网管理部门的负责人或者调度机构负责人，对上级调度机构的值班调度人员发布的调度指令有不同意见时，可以向上级电网电力行政主管部门或上级调度机构提出，但是在其未做出答复前，受令调度机构的值班调度人员，必须按照上级调度机构值班人员发布的调度指令执行。

6. 电网调度应当符合社会主义市场经济的要求和电网运行客观规律的原则

建立社会主义市场经济体制对电力行业同时也对电网调度管理工作提出了一系列要求。电网调度管理工作要从发展社会主义市场经济这一大局出发，明确认识市场经济条件下电网调度管理工作的地位和作用。转换电力企业经营机制，提高电能也是商品的社会意识。电能作为商品具有价值和使用价值，而且，电能这种商品具有生产、销售、消费同时完成的特点，必须通过电网进行交换和流通。所以，电网调度工作要依据国家法律和法规进行。电网调度要注意维护并网运行各方的合法权益，保护消费者——电力使用者的合法权益，做到调度工作的公平和公正，这就要求把电力生产、供应、使用各环节直接或间接纳入市场经济的体系之中。

另外，电网运行科学性、技术性强，具有其内在的客观规律性，也是电网调度必须无

条件遵循的。

▶▶▶ 六、电网调度管理的主要工作

电网调度管理具体包括以下主要工作：

（1）组织编制和执行电网的调度计划（运行方式）。

（2）负责负荷预测及负荷分析。

（3）指挥调度管辖范围内的设备操作。

（4）指挥电网的频率调整和电压调整。

（5）指挥电网事故的处理，负责电网事故分析，制定并组织实施提高电网安全运行水平的措施。

（6）编制调度管辖范围内设备的检修进度表，根据情况批准其按计划进行检修。

（7）负责本调度机构管辖的继电保护、安全自动装置、电力通信和电网调度自动化设备的运行管理；负责对下级调度机构管辖的上述设备、装置的配置和运行进行技术指导。

（8）组织电力通信和电网调度自动化规划的编制工作，组织继电保护及安全自动装置规划的编制工作。

（9）参与电网规划和工程设计审查工作。

（10）参加编制发电、供电计划，严格控制按计划指标发电、用电。

（11）负责指挥电网的经济运行。

（12）组织调度系统有关人员的业务培训。

（13）统一协调水电厂水库的合理运用。

（14）协调有关所辖电网运行的其他关系。

第二节 ▎电网调度规程及调控运行人员岗位职责

培训目标：本节介绍了典型调度规程的编写意义、约束对象、主要内容和调度规程实例，介绍了省、地、县三级电网调控人员岗位职责。通过本节学习，掌握《电力系统调度规程》内容构成，并能认真执行岗位职责。

▶▶▶ 一、调度规程的编写意义

电网的所有发电、供电（输电、变电、配电）、用电设施和为保证这些设施正常运行所需的保护和安全自动装置、计量装置、电力通信设施、电网自动化设施等是一个紧密联系的整体。电网调度系统包括各级电网调度机构和网内厂站的运行值班单位等。根据《中华人民共和国电力法》《电网调度管理条例》，以及有关规程、规定，为了加强电网调度管理，保障电网安全、优质和经济运行，保护用户利益，按照统一调度、分级管理的原则，结合各级电网实际情况，制定所在调度机构的电力系统调度规程。

全国互联电网调度管理规程，适用于全国互联电网的调度运行、电网操作、事故处理和调度业务联系等涉及调度运行相关的各专业的活动。各电力生产运行单位颁发的有关电网调度的规程、规定等，均不得与该规程相抵触。与全国互联电网运行有关的各电网调度机构和国调直调的发、输、变电等单位的运行、管理人员均须遵守该规程；非电网调度系统人员凡涉及全国互联电网调度运行的有关活动也均须遵守该规程。

⟫⟫⟫⟫ 二、调度规程的约束对象

电网调度机构是电网运行的组织、指挥、指导和协调机构，调度规程是用来组织、指挥、指导和协调电网运行的，基本要求就是使电网安全运行和连续可靠供电（供热），电能质量符合国家规定的标准；按最大范围优化配置资源的原则，实现优化调度，充分发挥网内发电、供电设备能力，最大限度地满足社会和人民生活用电的需要；依据有关合同、协议或规定，保护发电、供电、用电等各方的合法权益。因此，调度规程的约束对象包括国调、网调、省调、地调和县调，各级调度除受本级调度规程的约束外，还受上级调度部门的约束，各级调度机构的主要职责如下。

（一）调度主要职责

1. 省调的主要职责

（1）负责省网的安全、优质、经济运行及调度管理工作。

（2）组织编制和执行电网的年、月、日调度计划（运行方式）。

（3）指挥调度管辖范围内设备的操作。

（4）根据网调的指令调峰、调频或控制联络线潮流及负责所辖范围内无功电压的运行和管理。

（5）指挥省网事故处理，负责进行电网事故分析，制定并组织实施提高电网安全运行水平的措施。

（6）参与编制调度管辖范围内设备的年度检修计划，并根据年度检修计划安排月、日检修计划。

（7）负责对省网继电保护和安全自动装置、电网调度自动化和电力通信系统进行专业管理，并对下级调度机构管辖的上述设备和装置的配置进行技术指导。

（8）参与省网规划编制工作及电网工程项目的可行性研究和设计审查工作，批准新建、扩建和改建工程接入电网运行，参与工程项目的验收，负责制定新设备投运、试验方案。

（9）参与电力生产年度计划的编制，依据年度及年度分月计划并结合电网实际，组织编制和实施月、日调度生产计划，负责实时调度中相关指标的统计考核。

（10）负责指挥省网的经济运行及管辖范围内的网损管理。

（11）负责制定事故和超计划用电限电序位表，报省人民政府的有关部门批准后执行。

（12）组织调度系统有关人员的业务培训和召开有关调度会议。

（13）统一协调水电厂水库的合理运用。

（14）负责与有关单位签订并网调度协议。

（15）协调有关所辖电网运行的其他关系。

（16）行使本电网管理部门或者上级调度机构批准（或者授予）的其他职权。

2. 地调的主要职责

（1）负责本地区（市）电网的调度管理，执行上级调度机构发布的调度指令；执行上级调度机构及上级有关部门制定的有关标准和规定；负责制定本地区（市）电网运行的有关规章制度和对县调调度管理的考核办法，并报省调备案。

（2）参与制定本地区（市）电网运行技术措施、规定。

（3）维护本地区（市）电网的安全、优质、经济运行，按计划和合同规定发电、供电，并按省调要求上报电网运行信息。

（4）组织编制和执行本地区（市）电网的运行方式；运行方式中涉及上级调度管辖设备的要报该级调度核准。

（5）根据省调下达的日供电调度计划制定、下达和调整本地区（市）电网日发、供电调度计划；监督计划执行情况；批准调度管辖范围内设备的检修。

（6）根据省调的指令进行调峰、调频或控制联络线潮流；指挥实施并考核本地区（市）电网的调峰和调压。

（7）负责指挥调度管辖范围内的运行操作和事故处理。

（8）负责划分本地区（市）所辖县（市）级电网调度机构的调度管辖范围。

（9）负责制定本地区（市）电网超计划限电序位表和事故限电序位表，经本级人民政府批准后执行。

（10）参与本地区（市）电网规划编制工作，批准新建、扩建和改建工程接入电网运行，参与工程项目的验收，负责制定新设备投运、试验方案。

（11）负责本地区（市）和所辖县（市）电网继电保护及安全自动装置、电力通信、电网调度自动化系统规划的制定及运行管理和技术管理。

（12）负责与有关单位签订所辖范围内的并网调度协议。

（13）负责本地区（市）电网调度系统值班人员的业务培训；负责所辖县（市）电网调度值班人员的业务指导技术培训。

（14）行使上级电网管理部门或上级调度机构授予的其他职权。

3. 县调的主要职责

（1）负责本县（市）电网的调度管理，执行上级调度及有关部门制定的有关规定；负责制定本县（市）电网运行的有关规章制度。

（2）维护本县（市）电网的安全、优质、经济运行，按计划和合同规定发电、供电，并按上级调度要求上报电网运行信息。

（3）负责根据地调下达的日供电调度计划制定、下达和调整本县（市）电网日发、供电调度计划；监督计划执行情况；批准调度管辖范围内设备的检修：运行方式中涉及上级调度管辖设备的要报上级调度核准。

（4）根据上级调度的指令进行调峰、调频或控制联络线潮流；指挥实施并考核本县（市）电网的调峰和调压。

（5）负责指挥调度管辖范围内的运行操作和事故处理。

（6）参与本县（市）电网继电保护及安全自动装置、电力通信、电网调度自动化系统规划的制定并负责其运行管理和技术管理。

（7）负责本县（市）电网调度系统值班人员的业务指导和培训。

（二）监控与监控员的主要职责

1. 监控职责

（1）负责接入调度监控系统的受控站的运行监视及规定范围内的遥控、遥调等工作。

（2）负责受控站的运行方式、设备运行状态的确认及监视工作。依照有关单位及部门下达的监视参数进行运行限额监视。

（3）按规定接受、转发、执行各级调度的调度指令，正确完成受控站的遥控、遥调等操作。

（4）负责与各级调度、现场运维人员之间的业务联系。

（5）按规定负责电网无功、电压调整和功率控制。

（6）发现设备异常及故障情况应及时向相关调度汇报，通知现场运维人员进行现场事故及异常检查处理，按调度指令进行事故异常处理。

（7）对监控主站系统监控信息、画面等功能进行验收。负责受控站新建、扩建、改造及设备检修后上传至监控主站系统"四遥"功能的验收及有关生产准备工作。

（8）当发生危及人身、设备或电网安全时，值班监控员可用遥控拉开关的方式将故障设备隔离，事后必须立即汇报调度并通知运维人员进行现场检查。

（9）电网需紧急拉路时，值班监控员应按值班调度员指令或按有关规程规定自行进行遥控操作。

（10）值班监控员每次遥控操作后，应汇报相关值班调度员，并告知现场运维人员。

（11）按规定完成各类报表的编制、上报工作。

2. 监控员职责

（1）完成受控站日常运行监视工作。

（2）填写、转发各级调度的操作指令，完成受控站、遥控工作。

（3）完成管辖范围内电网运行监控、异常及事故处理工作。

（4）进行受控站无功电压调整工作。

（5）参与对所辖变电站新建、扩建、技改等工程进行"四遥"验收工作。

（6）完成重大操作、危险源点分析及预控。

（7）收存并保管报表、文件资料、图纸，并做好记录，防止丢失和泄密。

▶▶▶▶ 三、调度规程的主要内容

调度规程是组织、指挥、指导和协调电网运行的规范性文件，由于各级调度机构的职能和所辖范围不同，调度规程所涉及内容也不尽相同，但为确保电网安全、优质、经济运行，调度规程一般应包括以下主要内容。

（1）总则。包括调度规程的制定依据和目的，管理原则、机构设置、管理范围和约束对象等。

（2）调度管理。包括调度管理任务，所辖各级调度的主要职责和调度管辖范围划分原则；调度管理制度，电网运行方式的编制要求，电网稳定管理的主要任务和内容，检修管理方法，电能质量管理要求和方式方法，电网频率与无功调整的管理规定；负荷管理的任务与负荷预测要求，电网经济运行管理原则和分工及主要工作，水库调度管理的原则和方法，同期并列装置管理；新设备投产的调度管理，并网管理要求，继电保护和安全自动装置的运行管理，调度通信的管理，电网调度自动化的管理规定等。

（3）调度操作。包括操作管理与基本操作制度，并解列操作，线路停送电操作，变压器运行及操作，母线操作规定；事故处理的基本原则，异常频率、异常电压、线路跳闸事故、变压器事故、联络线过负荷、开关异常、母线失压、发电机跳闸、电网解列、设备过负荷（过热）、系统振荡事故的处理方法，电网黑启动方法和失去通信时的规定等。

（4）附录。包括电力调度中心调度管辖设备，电网电压考核点，典型操作的原则步骤，违反调度指令考核与处罚细则，电力系统异常及事故汇报制度，新设备投产前应报送的相关资料清单，相关法律、法规、规定及行业标准，设备命名及编号规定，电网调度术语等。

▶▶▶▶ 四、调度规程实例

作为全国互联电网调度系统实施专业管理和技术监督规程，《全国互联电网调度管理规程（试行）》从总则、调度管辖范围及职责、调度管理制度、运行方式的编制和管理、新设备投运的管理等17个方面，对调度运行的各方面工作，都做出了详实的规定和具体要求，认真学习该规程，对于保障电力系统的安全稳定运行，具有重要的指导意义。

（1）总则部分，指出了规程的制定依据、调度原则和适用范围。

（2）调度管辖范围及职责部分，规定了国调、网调的调度管辖范围和主要职责。

（3）调度管理制度部分，规定了上、下级调度和厂站运行值班员的调度业务要求，相关调度通报要求，以及对拒绝执行调度指令、破坏调度纪律的行为处理办法。

（4）运行方式的编制和管理部分，规定了年度、月度和次日运行方式的下达时间和内容。

（5）设备的检修管理部分，规定了电网设备的检修分类，明确了计划检修和临时检修的概念，着重强调了计划检修、临时检修的管理规定，以及检修申请应包括的内容。

（6）新设备投运的管理部分，规定了新建、扩建和改建的发、输、变电设备，启动前必须向国调提供的相关资料和投运申请要求，着重强调了新设备启动前必须具备的条件，以及对有关人员的技术要求等。

（7）电网频率调整及调度管理部分，规定了电网的频率标准，有关网、省调值班调度员在电网频率调整及调度方面的具体要求。

（8）电网电压调整和无功管理部分，规定了电网的无功补偿原则，着重强调了500kV电网的电压管理的内容，以及各厂、站电压调整的主要方法。

（9）电网稳定的管理部分，规定了电网稳定的分级负责原则，提出了有关网、省调和运行单位主网架结构变化，或大电源接入时的具体要求。

（10）调度操作规定部分，规定了电网倒闸操作的调度原则，明确了不用填写操作指令票的操作项目，对于操作指令票制度，操作前应考虑的问题，计划操作应尽量避免的时间，并列条件，解、合环操作，500kV 线路停送电操作，断路器操作，隔离开关操作，变压器操作，零起升压操作，直流输电系统操作等，都提出了非常具体的规定，并指出了 500kV 串联补偿装置的投退原则。

（11）事故处理规定部分，规定了管辖系统事故处理的权限、责任和要求，着重强调了频率异常、电压异常、线路事故、发电机事故、变压器及高压电抗器事故、母线事故、开关故障、串联补偿装置故障、电网振荡事故、直流输电系统事故的处理方法。

（12）继电保护及安全自动装置的调度管理部分，规定了继电保护整定计算和运行操作所辖范围和管理、维护与检验要求。

（13）调度自动化设备的运行管理部分，规定了调度自动化设备包括的内容，以及相应的管理要求。

（14）电力通信运行管理部分，规定了联网通信电路管理部门的职责和管理原则，着重强调了正常检修与故障处理方法。

（15）水电站水库的调度管理部分，规定了水库的调度管理的总则，明确了水库运用参数和资料管理要求，着重强调了水文气象情报及预报、洪水调度、发电及经济调度和水库调度管理要求。

（16）电力市场运营调度管理部分，规定了国调、网调和独立省调在电力市场运营调度管理的主要任务。

（17）电网运行情况汇报部分，给出了电力生产、运行情况汇报规定，重大事件汇报规定，以及其他有关电网调度运行工作汇报规定。

第二章 电力系统继电保护及安全自动装置

第一节 | 母线保护

培训目标：① 了解母线的故障形式。
② 理解母线保护的原理和组成。
③ 掌握生产现场常用双母线差动保护的类型、构成及动作过程。
④ 掌握母联失灵保护、死区保护及充电保护的原理。
⑤ 掌握断路器失灵保护的原理。

一、母线的故障形式

母线的作用是汇集和分配电能，是变电站最重要的设备。虽然母线结构简单，运行可靠，相对于其他设备而言发生故障的机会比较少。但母线故障的后果是十分严重的，会造成系统的大范围停电。造成母线的故障原因有：

（1）外力破坏。如变电站施工时吊车碰撞母线，母线附近高大设备倒塌，刮风时异物飘落母线等原因，造成母线故障。

（2）污秽闪络。断路器、电流互感器、电压互感器套管，隔离开关及母线绝缘子因表面污秽的闪络，而导致母线故障。

（3）误操作。由于运行人员的误操作，如带负荷拉刀闸以及倒闸操作时引起断路器或隔离开关绝缘瓷瓶损坏，造成母线故障，如图2-1-1所示。

图 2-1-1 母线断落地面

（4）GIS 设备损坏、气体泄漏，也会造成母线故障。

二、母线的保护

母线的保护方式通常有两种：

（1）利用供电元件的保护装置兼作母线故障保护。如利用变压器低（或高）后备保护兼作母线故障的远后备。

（2）装设专用的母线保护。如深圳南瑞的 BP－2B 型微机母线保护、南京南瑞的 RCS－915AB 型微机母线保护、国电南自 SG B750 系列数字式母线保护等。

（一）母线保护的原理

结合生产实际，在这里重点介绍一下微机型比率制动式双母线差动保护的原理。

1. 基本原理

微机型双母线差动保护：差动回路包括母线大差回路和各段母线小差回路。

大差是除母联回路外所有支路电流所构成的差回路。某段母线的小差指该段所连接的包括母联回路的所有支路电流构成的差动回路。

大差电流：不包括母联电流以外的所有元件电流之和，$I_d = I_1 + I_2 + \cdots + I_n$；

小差电流：包括一条母线各元件及母联电流之和，$I_d = I_1 + I_2 + \cdots + I_n + I_m$。

大差用于判别母线区内和区外故障，即由大差比率元件是否动作，区分母线区外故障还是母线区内故障。

小差用于故障母线的选择，即由小差比率元件是否动作，决定故障发生在哪一段母线。

图 2-1-2 所示为双母线差流计算示意图。

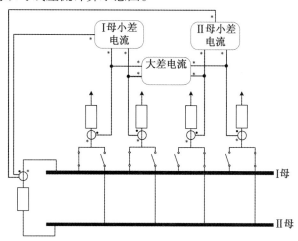

图 2-1-2　双母线差流计算示意图

下面就介绍一下正常运行方式下，母线区外及区内故障时，大差、小差元件的动作情况。

（1）正常运行时，大差、小差元件的差流计算示意图如图 2-1-3 所示。

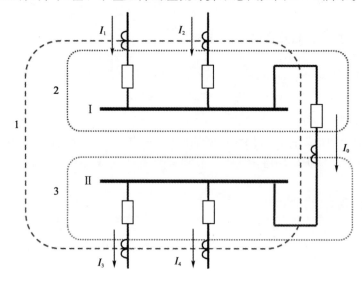

图 2-1-3　正常运行时，大差、小差元件的差流计算示意图

大差元件（框 1 所示）：差流 $\sum I_{母线}=0$，即 $I_1+I_2-I_3-I_4=0$，大差元件不起动。

Ⅰ母小差（框 2 所示）：差流 $\sum I_{Ⅰ母}=0$，即 $I_1+I_2-I_0=0$，Ⅰ母小差元件不起动。

Ⅱ母小差（框 3 所示）：差流 $\sum I_{Ⅱ母}=0$，即 $-I_3-I_4+I_0=0$，Ⅱ母小差元件不起动。

（2）区外故障时，大差、小差元件的差流计算示意图如图 2-1-4 所示。

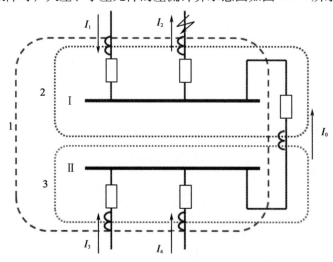

图 2-1-4　区外故障时，大差、小差元件的差流计算示意图

大差元件（框 1 所示）：差流 $\sum I_{母线}=0$，即 $I_1-I_2+I_3+I_4=0$，大差元件不起动。

（3）区内故障时，大差、小差元件的差流计算示意图，如图 2-1-5 所示。

大差元件（框 1 所示）：差流 $\sum I_{母线}\neq0$，即 $I_1+I_2+I_3+I_4\neq0$，大差元件起动。

Ⅰ母小差（框 2 所示）：差流 $\sum I_{Ⅰ母}\neq0$，即 $I_1+I_2+I_0\neq0$，Ⅰ母小差元件起动跳Ⅰ母。

Ⅱ母小差（框 3 所示）：差流 $\sum I_{Ⅱ母}=0$，即 $I_3+I_4-I_0=0$，Ⅱ母小差元件不起动。

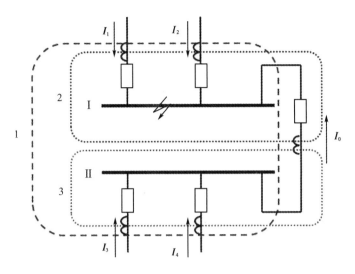

图2-1-5　区内故障时，大差、小差元件的差流计算示意图

2. BP－2B 型微机母线保护动作原理

图2-1-6 所示为 BP－2B 型微机母线保护动作逻辑图。

当Ⅰ母线故障时，大差元件及Ⅰ母小差元件动作，同时Ⅰ母复合电压元件开放，Ⅰ母小差元件出口，跳开母联及Ⅰ母线上各元件开关。

当倒母线操作时，操作前要拉开母联开关的操作直流，同时投入母差保护的"互联"压板。此时一旦发生母线故障，母差保护不经小差元件选择故障母线了，而是直接非选择地将两组母线跳闸。

母线差动采用复合电压闭锁的目的是为了防止母差保护误动作，特别是防止误碰出口继电器等人为原因造成的母差保护误动。

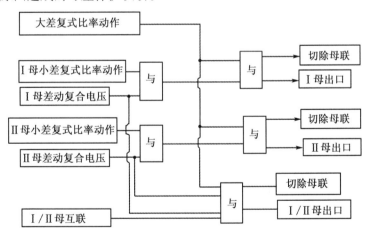

图2-1-6　BP－2B 型微机母线保护动作逻辑图

复合电压的构成：母线故障时必然伴随着正序电压下降、负序电压或零序电压上升。母线故障时，母差保护跳闸必须经过相应母线的电压闭锁元件，如图2-1-7 所示。

闭锁方式：复合电压闭锁元件各对出口触点，分别串在差动回路出口继电器各出口触点回路中，如图2-1-8 所示。

图2-1-8 中，YJ_1 低电压闭锁元件，在母线发生三相短路时，开放母差保护。YJ_0 零序

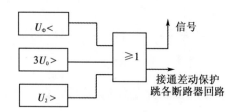

图 2-1-7　复合电压的构成

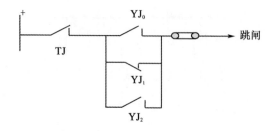

图 2-1-8　闭复合电压的锁方式

电压闭锁元件,在母线发生单相短路时,开放母差保护。YJ_2 负序电压闭锁元件,在母线发生两相短路时,开放母差保护。

由于母差保护出口环节多加了一个闭锁接点,不可避免的会影响母线保护动作的可靠性。在一次系统为 3/2 接线的情况下,由于母线保护误动跳开一条母线不会影响一次设备供电,因此 3/2 接线的母线保护不设复合电压闭锁。

3. RCS–915AB 型微机母线保护动作原理

图 2-1-9 所示为 RCS–915AB 型微机母线保护动作逻辑图。

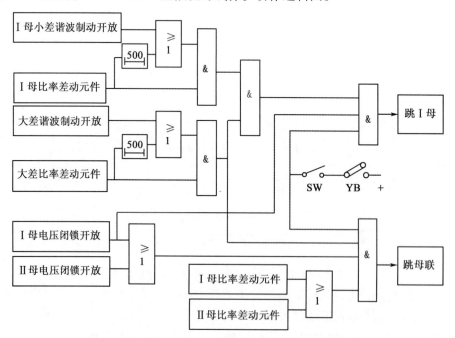

图 2-1-9　RCS–915AB 型微机母线保护动作逻辑图

当 Ⅰ 母线故障时,大差比率元件及 Ⅰ 母比率差动元件动作,同时大差谐波制动元件及

Ⅰ母小差谐波制动元件开放，Ⅰ母复合电压元件开放，Ⅰ母小差元件出口，跳开母联及Ⅰ母线上各元件开关。

为防止母差保护在母线近端发生区外故障时电流互感器严重饱和的情况下发生误动作，本装置根据电流互感器饱和的波形特点设置了电流互感器饱和检测元件，用以判别差动电流是否由区外故障电流互感器饱和引起，如果是则闭锁差动保护出口，否则开放保护出口。由谐波制动原理构成的电流互感器饱和检测元件。

（二）母联失灵保护和死区保护

母联断路器在双母线接线中用来连接两条母线，作用和地位特殊。一旦在母线故障伴随母联开关失灵，或在母联开关与母联电流互感器之间发生短路时，产生的后果都是十分严重的。因此在母联开关上要配置失灵保护和死区保护。

母联开关失灵时，母联失灵保护经300ms延时跳开另一条母线。

母联开关与电流互感器之间故障时起动母联死区保护，经100ms后切除另一母线。

1. BP－2B型母联失灵和死区保护

如图2-1-10所示，母线并列运行，当保护向母联开关发出指令后，经整定延时，若大差元件不返回，母联回路中仍有电流，则母联失灵保护经母线复合电压闭锁元件开放后，切除相关母线各元件。

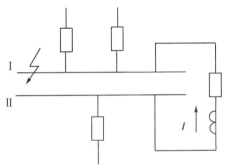

图2-1-10　母联失灵示意图

如图2-1-11所示，母线并列运行，当故障发生在母联开关与母联电流互感器之间时，断路器侧母线段跳闸出口无法切除故障，而电流互感器侧故障依然存在，大差电流元件不返回，母联开关已跳开，而母联电流互感器中仍有电流，则起动死区保护，经复合电压闭锁后切除相关母线。

上述两个保护共同之处，故障点在母线上，跳母联开关经延时后，大差元件不返回且母联电流互感器中仍有电流，跳两条母线，因此可共用一个保护逻辑，如图2-1-12所示。

当双母线分裂运行时，死区点如果发生故障，由于母联CT已被封闭，所以保护可以直接跳故障母线，避免了故障切除范围的扩大。

2. RCS－915AB型母联失灵和死区保护

（1）母联失灵。当保护向母联发跳令后，经整定延时母联电流仍大于母联失灵电流定值时，母联失灵保护经两母线电压闭锁后切除两母线上所有连接元件。

通常情况下，只有母差保护和充电保护才起动母联失灵保护。当投入"母联过流起动

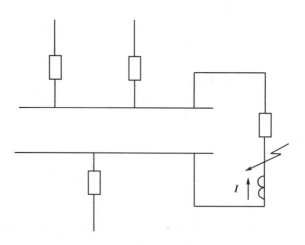

图 2-1-11　母联死区故障示意图

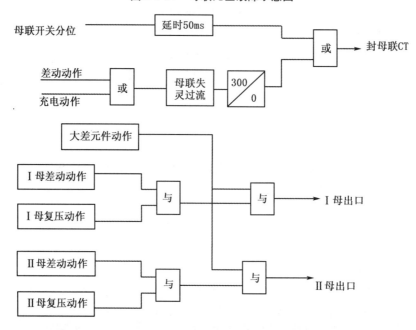

图 2-1-12　母联失灵保护、死区保护逻辑图

"失灵"控制字时，母联过流也可起动母联失灵保护。

图 2-1-13 所示为母联失灵保护动作逻辑图。

（2）母联死区保护。母联开关和母联电流互感器之间发生故障，断路器侧母线跳闸后故障依然存在，正好处于母联电流互感器侧母线小差的死区，为提高保护动作速度，专设了母联死区保护。

本装置的母联死区保护在差动保护发母线跳闸令后，母联开关已跳开而母联电流互感器仍有电流，且大差比率差动元件及断路器侧小差比率差动元件不返回时，经死区动作延时跳开另一条母线。

为防止母联在跳位时发生死区故障将母线全部切除，当两母线都有电压且母联在跳位时母联电流不计入小差。

图 2-1-14 所示为母联死区保护动作逻辑图。

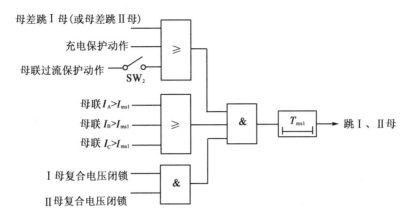

图 2-1-13 母联失灵保护动作逻辑图

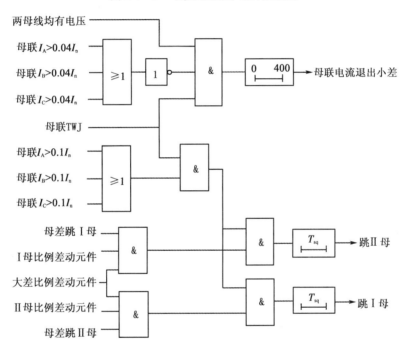

图 2-1-14 母联死区保护动作逻辑图

（三）母联（分段）充电保护

1. BP-2B 母联（分段）充电保护

双母线接线中，当其中一段母线检修后，可通过母联（分段）开关对检修母线充电，此时投入母联（分段）充电保护。

母联（分段）充电保护的起动需同时满足 3 个条件：

① 母联（分段）充电保护压板投入；

② 其中一段母线已失压，且母联（分段）开关已断开；

③ 母联电流从无到有。

充电保护一旦投入自动展宽200ms后退出。充电保护投入后，当母联任一相电流大于充电电流定值，可经整定延时跳开母联开关，不经复合电压闭锁。图2-1-15所示为BP-2B母联充电保护动作逻辑图。

I_{kA}、I_{kB}、I_{kC}：母联A、B、C相电流。

I_c：充电保护电流定值。

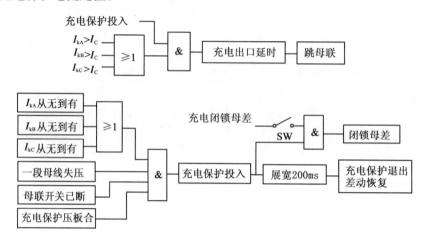

图2-1-15 BP-2B母联充电保护动作逻辑图

2. RCS-915AB母联充电保护

当母联断路器TWJ由"1"变为"0"，母联由无流变为有流（大于$0.04I_n$）及两母线变为均有压状态，则开放充电保护300ms。同时根据控制字决定是否闭锁母差保护。在充电保护开放期间，若母联电流大于充电保护定值电流，则将母联开关跳闸。母联充电保护不经复合电压闭锁。

图2-1-16所示为RCS-915AB母联充电保护动作逻辑图。

I_{chg}：母联充电保护定值。

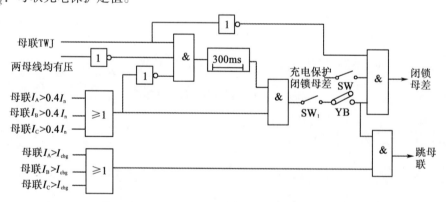

图2-1-16 RCS-915AB母联充电保护动作逻辑图

（四）断路器失灵保护

断路器失灵保护是当故障线路的保护发出跳闸命令后，断路器拒绝动作，能够以较短时限切除同一母线上其他断路器，以使停电范围限制为最小的一种后备保护。

1. BP-2B 型断路器失灵保护

断路器失灵保护启动条件：保护出口持续动作未返回，同时串联一个电流继电器判断故障线路有电流，复合电压闭锁开放，失灵保护 0.3s 后跳母联开关及故障线路所在母线的其他支路开关。

失灵保护的动作时间应大于故障元件断路器跳闸时间和继电保护装置的返回时间之和。

图 2-1-17 所示为 BP-2B 型断路器失灵保护动作逻辑图。

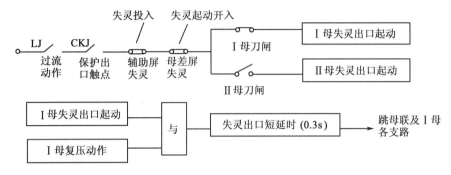

图 2-1-17　BP-2B 型断路器失灵保护动作逻辑图

2. RCS-915AB 型断路器失灵保护

断路器失灵保护由各连接元件保护装置提供的跳闸接点起动，若该元件的对应相电流大于失灵相电流定值，则经失灵保护电压闭锁起动失灵保护。失灵保护起动后，经跟跳延时再次动作于该线路断路器，再经母联延时动作于母联，经失灵延时切除该元件所在母线的各个连接元件。

图 2-1-18 所示为 RCS-915AB 型断路器失灵保护动作逻辑图。

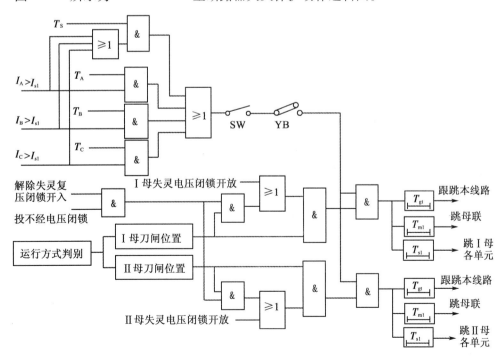

图 2-1-18　RCS-915AB 型断路器失灵保护动作逻辑图

考虑到主变压器低压侧故障高压侧开关失灵时，高压侧母线的电压闭锁灵敏度有可能不够，因此可通过控制字选择主变支路跳闸时失灵保护不经电压闭锁。同时将另一付跳闸接点接至解除失灵复压闭锁开入，该接点动作时才允许解除电压闭锁。

第二节 | 变压器保护

培训目标：① 了解变压器的故障、不正常运行状态及保护方式。
② 理解变压器保护的原理和组成。
③ 掌握生产现场常用变压器保护的类型、构成及动作过程。

一、变压器的故障、不正常运行状态及保护方式

变压器是变电站非常重要的电气设备，它一旦发生故障，对电网的正常供电及系统的稳定运行都会带来严重的影响。因此在变压器上应装设性能完善、动作可靠的继电保护装置，以保证变压器的安全运行。

变压器的故障可分为油箱内故障和油箱外故障两种。油箱内故障包括绕组的相间短路、接地短路、匝间短路以及铁芯的烧损，如图 2-2-1 所示。油箱外故障主要是套管和引出线上发生的相间短路和接地短路。

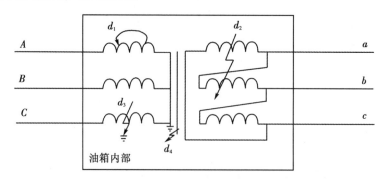

图 2-2-1 油箱内故障示意图
d_1—匝间短路；d_2—相间短路；d_3—单相接地；d_4—铁芯烧损

变压器的不正常工作状态有外部相间短路引起的过电流和外部接地短路引起的过电流和中性点过电压；由于负荷超过额定容量引起的过负荷以及由于漏油等原因而引起的油面降低。此外对于大容量变压器，在过电压或低频等异常运行方式下，还会发生变压器的过励磁故障。

根据上述故障类型和不正常运行状态，对变压器应装设下列保护。

1. 瓦斯保护

容量在 800kV·A 以上的油浸式变压器配置瓦斯保护，它反映油箱内各种故障及油面降低。其中轻瓦斯保护动作于信号，重瓦斯保护动作于跳闸。

2. 纵差动保护

容量在 6300kV 以上并列运行的变压器应装设纵差动保护。它反应变压器绕组、套管

及引出线的故障。

瓦斯保护和纵差动保护均能 0s 跳开变压器各侧的断路器。因此瓦斯保护和纵差动保护构成变压器的主保护。

3. 外部相间短路的后备保护

对于外部相间短路引起的变压器过电流，一般采用复合电压起动的过流保护。当灵敏度不满足要求时，可采用阻抗保护。

4. 外部接地短路的后备保护

对于中性点直接接地的电力网，由外部接地短路引起过电流时，如果变压器中性点接地运行，应装设零序电流保护。

如果电力网中部分变压器中性点接地运行，为防止发生接地短路时，中性点接地的变压器断开后，中性点不接地的变压器仍带接地故障运行。此时中性点不接地的变压器应有零序过电压保护，中性点放电间隙加零序电流保护。

5. 过负荷保护

容量在 400kV 以上的变压器，应根据可能的过负荷情况，装设过负荷保护。

6. 过励磁保护

500kV 及以上的变压器，对频率降低和电压升高而引起的变压器励磁电流的增大，应装设过励磁保护。

7. 其他非电量保护

对变压器油温过高、油箱内压力升高和冷却系统故障，应装设动作于信号或跳闸的装置。

▶▶▶▶ 二、变压器的瓦斯保护

（一）瓦斯保护的原理

当变压器发生内部故障时，故障点产生的电弧使绝缘物和变压器油分解而产生大量的气体。气体排出的多少与变压器故障的严重程度和性质有关。利用这种气体的出现来实现的保护装置，称为瓦斯保护。

瓦斯保护由瓦斯继电器来实现，瓦斯继电器安装在油箱与油枕之间的连接管道上，如图 2-2-2 所示。油箱内产生的气体出现时都要通过瓦斯继电器流向油枕。为了不妨碍气体的流通，变压器安装时的顶盖和连接管沿瓦斯继电器的方向都有一定的升高坡度。

变压器内部发生轻微故障时，产生的气体聚集在继电器的上部，迫使油面下降，瓦斯继电器轻瓦斯触点闭合，发出"轻瓦斯动作"信号。

变压器内部发生严重故障时，产生大量的气体以及强烈的油流冲击挡板。当油流速度达到整定值时，瓦斯继电器重瓦斯触点闭合，发出"重瓦斯跳闸"脉冲，切除变压器。

变压器漏油使油面降低时，瓦斯继电器轻瓦斯触点闭合，同样发出"轻瓦斯动作"信号。

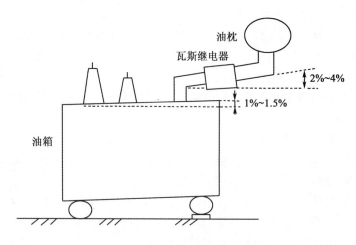

图2-2-2 瓦斯继电器的安装

（二）瓦斯保护的接线

瓦斯保护的接线原理如图 2-2-3 所示。瓦斯继电器 KG 上面的触点表示"轻瓦斯保

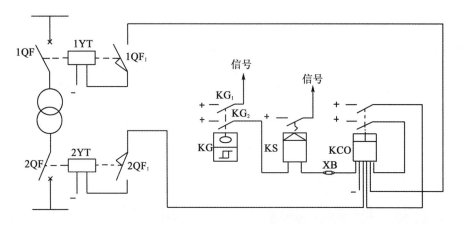

图2-2-3 瓦斯保护的接线原理

护"，下面的触点表示"重瓦斯保护"。当油箱发生严重故障时，由于油流的不稳定可能造成重瓦斯触点的抖动，此时为了使断路器可靠跳闸，应选用具有电流自保持线圈的出口继电器 KCO。此外为防止变压器换油或进行试验时引起瓦斯保护误动作跳闸，可利用切换片将跳闸回路切换到信号回路。

瓦斯保护的优点动作迅速、灵敏度高，能反应变压器油箱内的各种故障，特别是能反应轻微匝间短路。它也是油箱漏油或绕组、铁芯烧损的唯一保护。

缺点是不能反应油箱外变压器套管和引出线的故障。瓦斯保护与纵差动保护在保护范围上有一定互补性，不能相互代替，一起作为变压器的主保护。

瓦斯保护在下列情况时应由跳闸改信号：

（1）变压器进行补、滤油时。

（2）潜油泵更换、硅胶罐更换吸附剂时。

（3）变压器除采油样和瓦斯继电器上部放气阀门放气外，在其他所有地方打开放气、放油阀门前。

（4）开闭瓦斯继电器连接管上的阀门或风冷器进行放油检修工作时。

（5）在瓦斯保护及其二次回路上工作时。

（6）当油位计的油面异常升高或呼吸系统有异常，需打开放气或放油阀前。

三、变压器的纵差动保护

（一）纵差动保护的原理

变压器纵差动保护的原理接线，如图 2-2-4 所示，图 2-2-4（a）表示变压器外部故障时的电流分布；图 2-2-4（b）表示变压器内部故障时的电流分布。

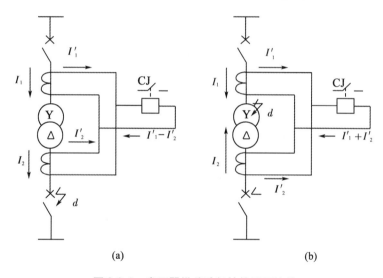

(a)　　　　　　　　　　　　(b)

图 2-2-4　变压器纵差动保护的原理接线

由图可知，当变压器外部故障时，流入继电器的电流是互感器二次侧的两个电流之差。如果适当选择变压器两侧电流互感器的变比，使变压器流过穿越性电流时，在互感器的二次侧出现接近相等的电流，则流入继电器的电流 $I_1' - I_2'$ 接近于零，继电器 CJ 不会动作。

当变压器内部故障时，流入继电器的电流是互感器二次侧的两个电流之和（$I_1' + I_2'$），足以使继电器 CJ 动作。

（二）纵差动保护的不平衡电流

变压器在正常运行及外部短路时，纵差动保护将有不平衡电流流过，为此纵差动保护应能躲过不平衡电流影响，以免保护误动作。下面对不平衡电流的产生原因和消除方法进行分析。

1. 由励磁涌流产生的不平衡电流对纵差动保护的影响

（1）励磁涌流的特点。

当变压器空载投入和外部故障切除后电压恢复时，会出现数值很大的励磁电流，又称励磁涌流。如果空载合闸，正好电源电压瞬时值 $u = 0$ 时接通电路，此时变压器的励磁涌流数值最大，可达额定电流的 6~8 倍，同时含有大量的高次谐波和非周期分量。

对三相变压器，无论在任何瞬间合闸，至少有两相出现程度不同的励磁涌流。励磁涌流的波形如图 2-2-5 所示。

对三相变压器，无论在任何瞬间合闸，至少有两相出现程度不同的励磁涌流。

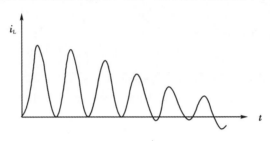

图 2-2-5　励磁涌流的波形

励磁涌流的特点：

① 含有很大成分的非周期分量，使涌流偏向时间轴的一侧；

② 含有大量的高次谐波，而以二次谐波为主；

③ 波形之间出现间断，在一个周期中间断角为 θ。

根据励磁涌流的特点，纵差动保护防止励磁涌流影响的方法有：

① 采用速饱和铁芯的差动继电器；

② 鉴别短路电流和励磁涌流的差别；

③ 采用二次谐波制动。

（2）PST – 1200 型纵差动保护。

① 二次谐波闭锁原理的差动保护。

二次谐波闭锁原理的差动保护原理图，如图 2-2-6 所示。

• 起动元件：保护起动元件用于开放保护跳闸出口继电器的电源及起动该保护故障处理程序。起动方式包括差流突变量起动和差流越限启动。

• 差动电流速断保护元件：本元件是为了在变压器区内严重故障时，快速跳开变压器各侧开关，其动作判据为：

$$I_d > I_{sd}$$

其中：I_d——差动电流；

I_{sd}——差速断保护定值。

• 二次谐波制动元件：本元件是为了在变压器空投时防止励磁涌流引起差动保护误动，其动作判据为：

$$I^{(2)} > I_d * XB_2$$

其中：$I^{(2)}$——二次谐波电流；

I_d——差动电流；

XB$_2$——制动系数。

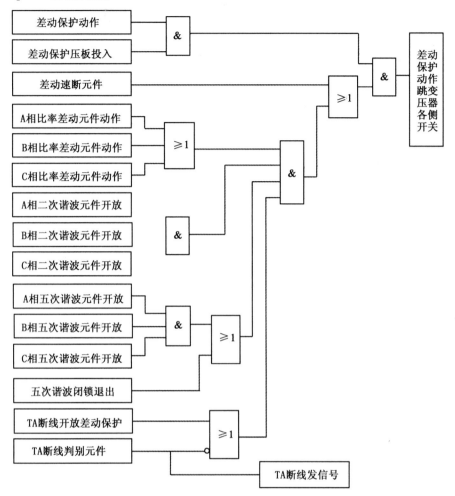

图2-2-6　二次谐波闭锁差动保护原理

- 五次谐波制动元件：本元件是为了在变压器过励磁时防止差动保护误动，其动作判据为：

$$I^{(5)} > I_d * XB_5$$

其中：$I^{(5)}$——五次谐波电流；

　　　I_d——差动电流；

　　　XB$_5$——制动系数。

- 比率制动元件：本元件是为了在变压器区外故障时差动保护有可靠的制动作用，同时在内部故障时有较高的灵敏度，其动作判据为：

$$I_{cdd} = | I_1 + I_2 | , \ I_{zdd} = \max (| I_1 | , \ | I_2 |)$$

其中：I_{cdd}——差动电流；

　　　I_{zdd}——制动电流。

- TA 回路异常判别元件：本元件是为了在变压器正常运行时判别 TA 回路状况，发现异常情况发出报警信号，并可由控制字投退来决定是否闭锁差动保护。

②　波形对称原理的纵差动保护。

波形对称原理的纵差动保护原理图，如图 2-2-7 所示。

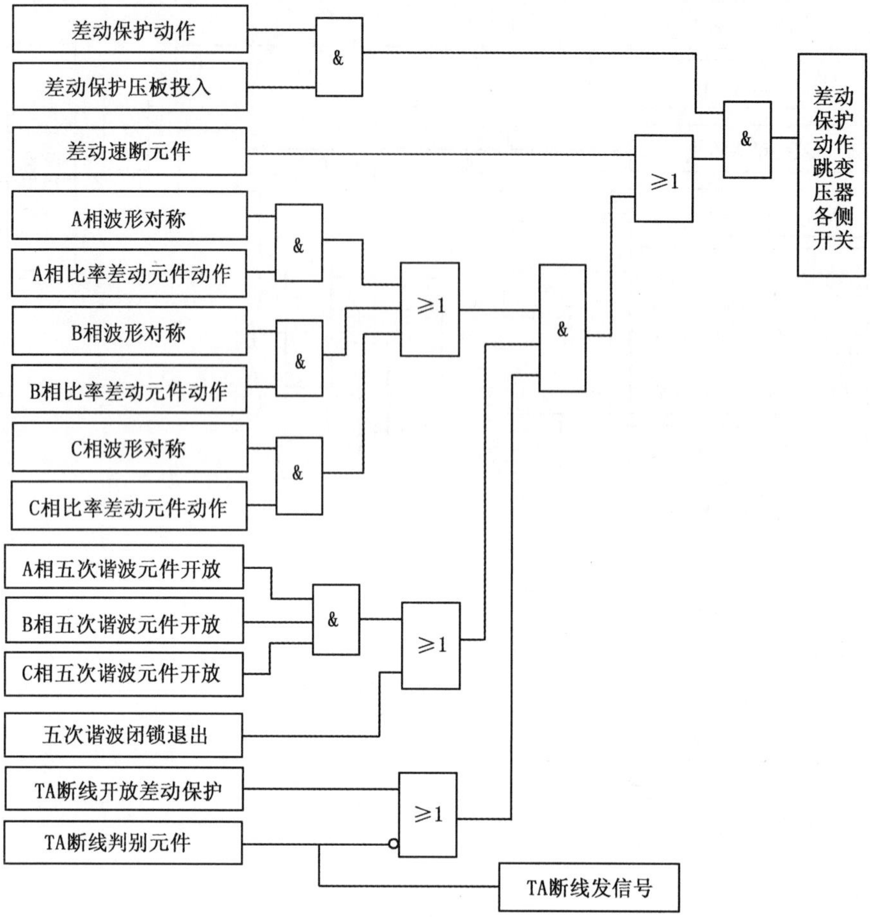

图 2-2-7　波形对称原理的纵差动保护原理

- 启动元件：同二次谐波闭锁原理的差动保护中①。
- 差动电流速断保护元件：同二次谐波闭锁原理的差动保护中②。
- 波形对称判别元件：本元件采用波形对称算法，将变压器空载合闸时产生的励磁涌流与故障电流分开。当变压器空载合闸至内部故障或外部故障切除转化为内部故障时，本保护能瞬时动作。
- 五次谐波制动元件：同二次谐波闭锁原理的差动保护中④。
- 比率制动元件：同二次谐波闭锁原理的差动保护中⑤。
- TA 回路异常判别元件：同二次谐波闭锁原理的差动保护中⑥。

2. 由变压器两侧电流相位不同产生的不平衡电流对纵差动保护的影响

由于变压器通常采用 Y/△—11 接线，△侧电流超前 Y 侧电流 30°，如果变压器两侧的电流互感器都接成星形，在正常运行时，两侧电流互感器的二次电流也会有 30°的相位差，此时会有一个相当大的不平衡电流流入差动继电器，造成保护误动作。

为此通常将变压器 Y 侧的电流互感器接成△形，将变压器△侧的电流互感器接成 Y 形，这样在正常运行时，使两侧电流互感器的二次电流 I_{aY}、I_{bY}、I_{cY} 与 $I_{A\triangle}$、$I_{B\triangle}$、$I_{C\triangle}$ 同相位，再通过适当的选择两侧电流互感器的变比，使二次电流 I_{aY}、I_{bY}、I_{cY} 与 $I_{A\triangle}$、$I_{B\triangle}$、$I_{C\triangle}$

相等，保证流入差动继电器中的电流为零，防止正常运行或外部故障时差动继电器误动作。

Y/△—11 接线变压器纵差动保护接线图，如图 2-2-8 所示。

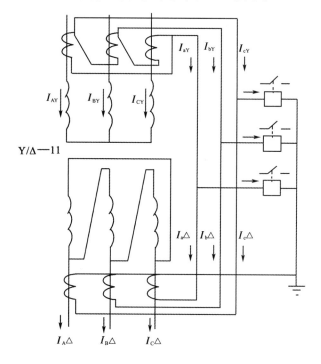

Y/△—11

图 2-2-8　Y/△—11 接线变压器纵差动保护接线

对于现在普遍采用的微机型变压器纵差动保护，变压器两侧电流互感器都采用星形接线，二次电流直接接入装置。变压器两侧电流互感器二次电流的相位由软件调整，装置采用 Y→△ 变化调整差流平衡。

⯈⯈⯈⯈ 四、变压器相间短路的后备保护

为反映变压器外部短路而引起的变压器过电流以及在变压器内部故障，作为差动保护和瓦斯保护的后备，变压器一般装设复合电压起动的过电流保护。

（一）复合电压闭锁元件

变压器过电流保护采用复合电压起动的作用是降低了电流元件的动作电流整定值，从而提高了过电流保护动作的灵敏度。

电流元件的整定值可以不考虑变压器可能出现的最大负荷电流，而是按变压器的额定电流来整定。

过流元件的电流取自本侧的电流互感器。

复合电压元件由负序电压和低电压部分组成。负序电压反映系统的不对称故障，低电压反映系统的对称故障。

当发生各种不对称短路时，由于出现负序电压，由负序电压元件来起动过流保护。当发生对称的三相短路时，由于短路开始瞬间会出现负序电压，由负序电压元件来起动低电压元件，待负序电压消失后，负序电压元件返回，但由于三相短路时三相电压均降低，故低电压元件仍处于动作状态。

复合电压可取本侧电压互感器或变压器各侧电压互感器。

（二）复合电压起动过流保护原理图

图 2-2-9 所示为变压器复合电压起动过电流保护原理图。

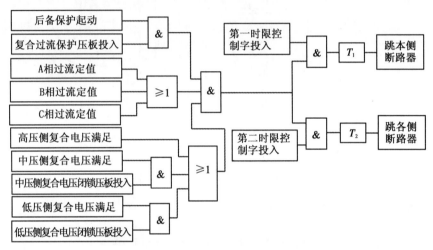

图 2-2-9　变压器复合电压起动过电流保护原理

五、变压器接地短路的后备保护

对于中性点直接接地电网中的变压器，在其高压侧装设接地（零序）保护，用来反应接地故障，并作为变压器主保护的后备保护和相邻元件的接地故障的后备保护。

变压器高压绕组中性点是否直接接地运行与变压器的绝缘水平有关。如 500kV 的变压器中性点的绝缘水平为 38kV，其中性点必须接地运行；220kV 的变压器中性点的绝缘水平为 110kV，其中性点可直接接地运行，也可在系统不失去接地点的情况下不接地运行。变压器中性点运行方式不同，接地保护的配置方式也不同。

（一）变压器中性点直接接地时的零序电流保护

当变电站单台或并列运行的变压器中性点接地运行时，其接地保护一般采用零序电流保护。该保护的电流继电器接到变压器中性点处电流互感器的二次侧，如图 2-2-10 所示。这种保护接线简单，动作可靠。电流互感器的变比为变压器额定变比的 1/2 ~ 1/3，电流互感器的额定电压可选低一个等级。

零序电流保护动作后，以较短的时限跳母联，以较长的时间跳变压器各侧。

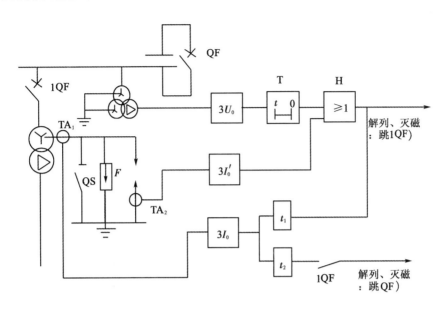

图 2-2-10　变压器接地保护原理图

（二）变压器中性点不接地时的零序电压保护和间隙零序保护

变压器中性点不接地运行时，当电网发生地单相接地且失去中性点时，中性点不接地变压。

器的中性点将出现工频过电压，放电间隙击穿，放电电流时零序电流元件起动，瞬时跳开变压器，将故障切除。此时零序电流元件的一次动作电流取 100A。

如果万一放电间隙拒动，变压器的中性点可能出现工频过电压，为此设置了零序电压保护。在放电间隙拒动时，零序电压保护起动，将变压器切除。零序电压元件的动作电压应低于变压器中性点绝缘的耐压水平，且在变压器发生单相接地而系统又未失去接地中性点时，可靠不动作，一般取 180V。

▶▶▶▶ 六、变压器的非电量保护

变压器的非电量保护，主要有瓦斯保护、压力保护、温度保护、油位保护及冷却器全停保护。

（一）压力保护

压力保护也是变压器油箱内部故障的主保护。其作用原理与重瓦斯保护基本相同，但它反映的是变压器油的压力。

压力继电器又称压力开关，由弹簧和接点组成，置于变压器本体油箱上部。

当变压器内部故障时，温度升高，油膨胀压力增高，弹簧动作带动继电器动接点，使接点闭合，切除变压器。

（二）温度及油位保护

当变压器温度升高时，温度保护动作发出报警信号。

油位保护是反映油箱内油位异常的保护。运行时，因变压器漏油或其他原因使油位降低时动作，发出报警信号。

（三）冷却器全停保护

在变压器运行中，若冷却器全停，变压器的温度会升高。如不及时处理，可能会导致变压器绕组绝缘的损坏。

冷却器全停保护，是在变压器运行过程中冷却器全停时动作。其动作后立即发出报警信号，并延时切除变压器。

第三节 线路保护

培训目标：① 熟悉三段式电流保护的构成、原理。
② 理解零序保护、距离保护、纵联保护的原理。
③ 掌握生产现场常用线路保护的类型、构成及动作过程。

一、三段式电流保护

三段式电流保护的组成：

三段式 $\begin{cases} \text{第Ⅰ段——瞬时电流速断保护} \\ \text{第Ⅱ段——限时电流速断保护} \end{cases}$ 主保护

第Ⅲ段——定时限过电流保护 后备保护

优点：反映电流变化，原理简单、可靠。

缺点：受系统运行方式影响大，保护范围变化大，灵敏度低，不适合高压电网。

（一）瞬时电流速断保护（电流保护Ⅰ段）

仅反应于电流增大而瞬时动作，和其他线路间没有配合关系。

保护范围：只能保护线路一部分，最大运行方式约全长的50%，最小保护范围不应小于全长的15%～20%。

动作速度快，但有0.06s左右的延时。

1. 保护构成

如图2-3-1所示，瞬时电流速断保护原理接线图。

中间继电器2的作用：一是利用2的常开触点（大容量）代替电流继电器1的小容量

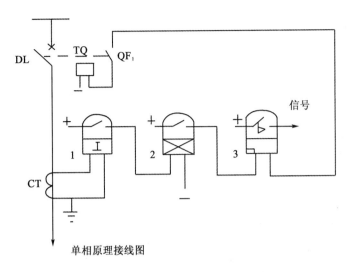

单相原理接线图

图 2-3-1 瞬时电流速断保护原理接线图

触点, 接通 TQ 线圈; 二是利用带有 $0.06 \sim 0.08s$ 延时的中间继电器, 以增大保护的固有动作时间, 躲过避雷器放电时间 (一般放电时间可达 $0.04 \sim 0.06s$), 以防止避雷器放电引起保护误动作。

信号继电器 3 的作用: 是用于指示该保护动作, 以便运行人员处理和分析故障。

2. 工作原理

正常运行时, 负荷电流流过线路, 反映在电流继电器 1 中的电流小于起动电流, 1 不动作, 其常开触点是断开的, 2 常开触点也是断开的, 信号继电器 3 线圈和断路器 QF 跳闸线圈中无电流, 断路器主触头闭合处于送电状态。

当线路短路时, 短路电流超过保护装置的起动电流, 电流继电器 1 常开触点闭合启动中间继电器 2, 2 常开触点闭合将正电源接入 3 的线圈, 并通过断路器的常开辅助触点 QF_1, 接到跳闸线圈 TQ 构成通路, 断路器 DL 执行跳闸动作, DL 跳闸后切除故障线路。

3. 动作电流 I_{dzI} 的整定

$$I_{dZ\,I} = (1.2 \sim 1.3) \times I_{\text{本线路末端三相短路时流过本保护的电流}}$$

图 2-3-2 所示为瞬时电流速断保护的动作电流整定。

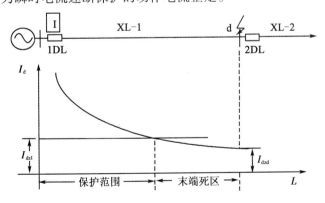

图 2-3-2 瞬时电流速断保护的动作电流整定

（二）限时电流速断保护（电流保护Ⅱ段）

具有较短的动作时限的电流速断保护，故称为限时电流速断。

限时电流速断保护用来切除本线路上瞬时速断范围以外的故障，能保护本线路的全长。

保护范围：可以保护本线路全长，通常要求Ⅱ段延伸到下一段线路的保护范围，但不能超出下一段线路Ⅰ段的保护范围。

在线路上装设了电流速断和限时电流速断保护以后，它们的联合工作就可以保证全线路范围内的故障都能在 0.5s 的时间内予以切除，在一般情况下都能满足速动性的要求。具有这种性能的保护称为该线路的主保护。

保护动作带延时的原因，由于要求限时电流速断保护必须保护本线路的全长，因此它的保护范围必然要延伸到下一条线路中去，这样当下一条线路出口处发生短路时，它就要误动。为了保证动作的选择性，就必须使保护的动作带有一定的时限。一般动作时限比下一条线路的电流速断保护（Ⅰ段）高出一个 Δt 的时间阶段，通常取 0.5s，微机保护取 0.3s。

$I_{dzⅡ}$ 的整定：为了使Ⅱ段电流保护能保护本线路全长，且不能超出下一段线路Ⅰ段的保护范围。则Ⅱ段电流保护的动作电流：

$$I_{dzⅡ} = （1.1 \sim 1.2）\times I_{下一段线路Ⅰ段电流保护的动作电流}$$

图 2-3-3 所示为限时电流速断保护的动作电流整定。

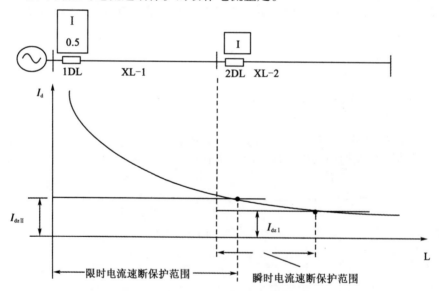

图 2-3-3　限时电流速断保护的动作电流整定

（三）定时限过电流保护（电流保护Ⅲ段）

采用电流第Ⅲ段的原因：Ⅰ段电流速断保护可无时限地切除故障线路，但它不能保护线路的全长。

Ⅱ段限时电流速断保护虽然可以较小的时限切除线路全长上任一点的故障，但它不能做相邻线路故障的后备，即不能保护相邻线路的全长。因此，引入定时限过电流保护，又称为Ⅲ段电流保护。

定时限过电流保护的保护范围：它不仅能够保护本线路的全长，而且也能保护相邻线路的全长，作为本线路Ⅰ段、Ⅱ段主保护的近后备以及相邻下一线路保护的远后备。

1. 动作电流 $I_{dz}{}^{Ⅲ}$ 的整定

按躲过被保护线路最大负荷电流整定。

这样就可保证电流保护Ⅲ段在正常运行时不启动，而在发生短路故障时起动，并以延时来保证选择性。

第Ⅲ段的 $I_{dz}{}^{Ⅲ}$ 比第Ⅰ、Ⅱ段的 I_{dz} 小得多。其灵敏度比第Ⅰ、Ⅱ段更高。

2. 动作时限整定

为了保证选择性，各段线路电流保护Ⅲ段的动作时限按阶梯原则整定，这个原则是从用户到电源的各段线路保护的第Ⅲ段的动作时限逐段增加一个 Δt。

在电网中某处发生短路故障时，从故障点至电源之间所有线路上的电流保护第Ⅲ段的电流元件均可能动作。

图 2-3-4 中，d 点短路时，保护 1～4 都可能启动。为了保证选择性，须对各段线路的定时限过电流保护加延时元件且其动作时间必须相互配合，越接近电源，延时越长。

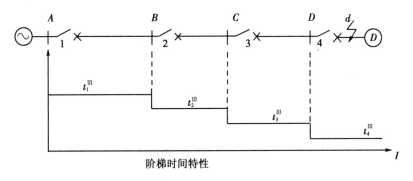

图 2-3-4　定时限过电流保护的时限特性

（四）三段式电流保护的构成

Ⅰ段：保护本线路一部分，最大运行方式约全长的 50%，最小保护范围不应小于全长的 15%～20%。动作时间快。

Ⅱ段：可以保护本线路全长，通常要求Ⅱ段延伸到下一段线路的保护范围，但不能超出下一段线路Ⅰ段的保护范围。动作时间有延时。

Ⅲ段：不仅能够保护本线路的全长，而且也能保护相邻线路的全长，动作时间长。

图 2-3-5 所示为三段式电流保护的时限特性。线路首端附近发生的短路故障，由第 I 段切除，线路末端附近发生的短路故障，由第 II 段切除，第 III 段只起后备作用。

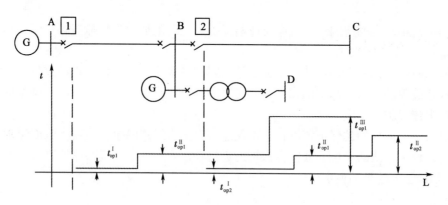

图 2-3-5　三段式电流保护的时限特性

三段式电流保护的整定：

（1）瞬时电流速断的电流整定：是按躲过被保护线路末端的最大短路电流整定。一般整定电流取线路末端最大短路电流 I_{dzd} 的 1.2 ~ 1.3 倍。

（2）第 II 段电流整定：其整定电流一般取下一段线路的瞬时电流速断的 1.1 ~ 1.2 倍，并在本线末端故障最小短路电流时，可靠动作。

（3）第 III 段的动作电流 I_{dz}：按照躲开最大负荷电流来整定。

二、中性点直接接地电网的零序电流保护

1. 中性点直接接地电网单相接地时的零序分量

图 2-3-6 所示为中性点直接接地电网单相接地时的零序分量。

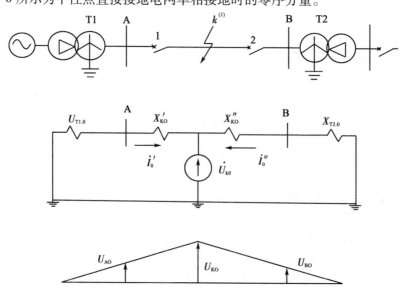

图 2-3-6　中性点直接接地电网单相接地时的零序分量

（1）故障点的零序电压最高。离故障点越远，零序电压越低，变压器接地中性点的零序电压为零。

（2）零序电流是从故障点流向中性点接地的变压器，但零序电流的正方向仍规定为从母线到线路，所以零序电流为 $-3I_0$。

（3）零序电流的大小取决于输电线路的零序阻抗和中性点接地变压器的数目。所以接地短路后，不仅电源侧有零序电流，负荷侧也有零序电流。

（4）短路点零序功率最大，越靠近变压器中性点处零序功率越小。零序功率方向与正序功率方向相反，由线路指向母线。

（5）零序电压与零序电流的相位关系：$3U_0$ 电压在相位上滞后 $3I_0$ 电流 $-110°$，如图 2-3-7 所示。

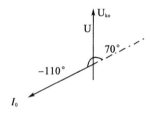

图 2-3-7　零序电压与零序电流的相位关系

2. 零序电压、零序电流滤过器

（1）零序电压滤过器。

图 2-3-8 所示为零序电压滤过器接线。零序电压滤过器开口三角两端电压：

$$\dot{U}_{mn} = \dot{U}_a + \dot{U}_b + \dot{U}_c = 3\dot{U}_0$$

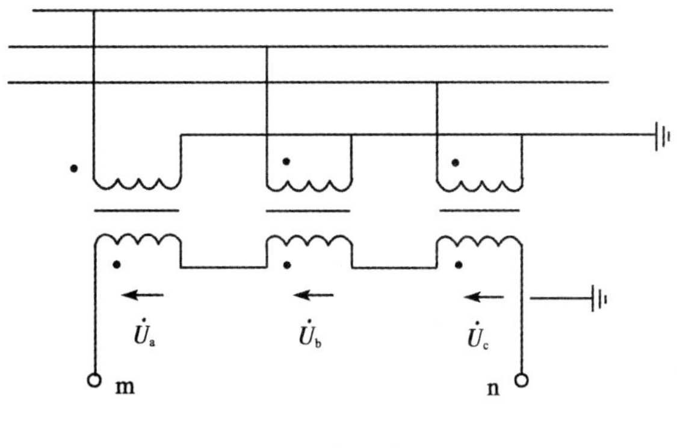

图 2-3-8　零序电压滤过器接线

目前，微机保护的零序功率方向继电器已舍弃了从零序电压滤过器开口三角获取零序电压的方法（外接 $3U_0$），而采用自产 $3U_0$ 的方法获取零序电压。原因是 $3U_0$ 通常是反极性接入继电器，极易造成接线错误，从而在发生短路时使保护误动或拒动。

（2）零序电流滤过器。

零序电流滤过器接线如图 2-3-9 所示。零序电流滤过器的输出电流：

$$\dot{I} = \dot{I}_a + \dot{I}_b + \dot{I}_c = 3\dot{I}_0$$

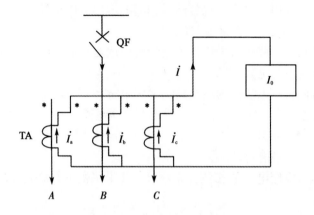

图 2-3-9　零序电流滤过器接线

因为只有在接地故障时才产生零序电流，理想情况下 $I=0$，继电器不会动作。但实际上由于三相电流互感器励磁特性不一致，继电器中会有不平衡电流流过。图 2-3-10 所示为零序电流滤过器的等效电路。

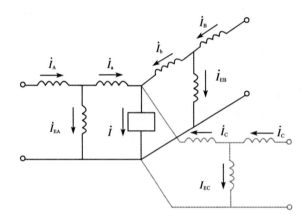

图 2-3-10　零序电流滤过器的等效电路

流入继电器的电流为：

$$\dot{I} = \frac{1}{n_{TA}}[(\dot{I}_A - \dot{I}_{EA}) + (\dot{I}_B - \dot{I}_{EB}) + (\dot{I}_C - \dot{I}_{EC})]$$

$$= \frac{1}{n_{TA}}(\dot{I}_A + \dot{I}_B + \dot{I}_C) - \frac{1}{n_{TA}}(\dot{I}_{EA} + \dot{I}_{EB} + \dot{I}_{EC})$$

$$= \frac{1}{n_{TA}} \times 3\dot{I}_0 + \dot{I}_{unb}$$

不平衡电流

$$\dot{I}_{unb} = \frac{1}{n_{TA}}(\dot{I}_{EA} + \dot{I}_{EB} + \dot{I}_{EC})$$

3. 阶段式零序电流保护

（1）快速零序Ⅰ段：只能保护本线路的一部分。

①灵敏Ⅰ段：定值较小，用于全相运行下的接地故障。

a. 应躲过被保护线路末端发生单相或两相接地短路时流过本线路的最大零序电流。

$$I_{act}^{I} = K_{rel} \times 3I_{0.\,max}$$

b. 躲过由于断路器三相触头不同时合闸出现的最大零序电流。

$$I_{act}^{I} = K_{rel} \times 3I_{0.\,unb.\,max}$$

式中：K_{rel}——可靠系数，取 $1.2 \sim 1.3$；整定值取 a、b 中的大者，作为整定值。

② 不灵敏Ⅰ段：定值较大，用于非全相下的接地故障。

当线路上采用单相自动重合闸时，按躲过非全相状态下发生振荡时所出现的最大零序电流整定。

（2）短延时零序Ⅱ段：能以较短的延时尽可能地切除本线路范围内的故障。

（3）较长延时的零序电流Ⅲ段：作为本线路经电阻接地和相邻元件接地故障的后备保护。确保本线路末端接地短路时有一定的灵敏度。

（4）长延时的第Ⅵ段：后备保护，定值不大于 300A，保护本线路的高阻接地短路。

▶▶▶▶ 三、线路的距离保护

（一）距离保护的原理

根据测量阻抗的大小来反映故障点的远近，也就是根据故障点至保护安装处的距离来确定动作时间的一种保护方式，称为距离保护。然而，由于它是反映阻抗参数而工作的，故也称为阻抗保护。显然其性能不受系统运行方式的影响，具有足够的灵敏性和快速性。

距离保护是反映被保护线路始端电压和线路电流的比值而工作的一种保护，这个比值称为测量阻抗。

1. 正常运行时

如图 2-3-11 所示，距离保护的测量阻抗：

$$Z_{m} = \frac{U}{I} = Z_{f}$$

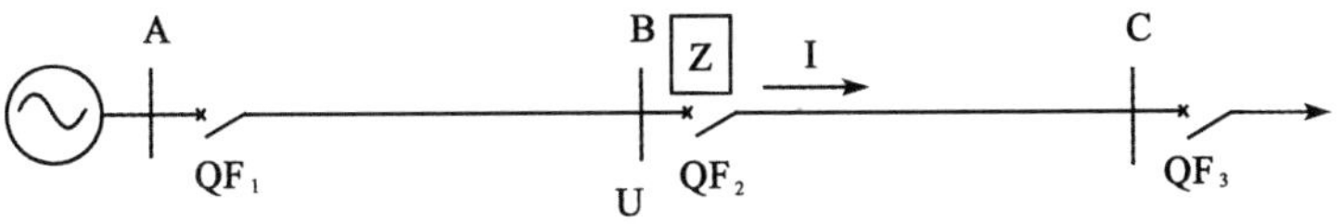

图 2-3-11　正常运行时，距离保护的测量阻抗

正常运行时，距离保护的测量阻抗为负荷阻抗，数值较大，距离保护不动作。

2. 短路故障时

如图 2-3-12 所示，距离保护的测量阻抗：

$$Z_{m} = \frac{U}{I} = Z_{k}$$

短路故障时，距离保护的测量阻抗为短路点至保护安装处这段线路的阻抗，数值很小，距离保护动作。

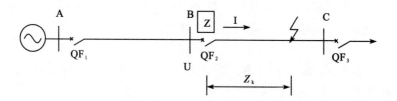

图 2-3-12　短路故障时，距离保护的测量阻抗

（二）距离保护的动作特性

阻抗继电器的动作特性是一个圆特性。如图 2-3-13 所示，圆内为动作区，圆外为非动作区。

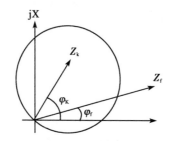

图 2-3-13　阻抗继电器的动作特性

为了消除在正方向的保护出口发生短路时保护死区及消除过渡电阻对距离保护的影响，通常采用四边形特性的阻抗继电器，如图 2-3-14 所示。

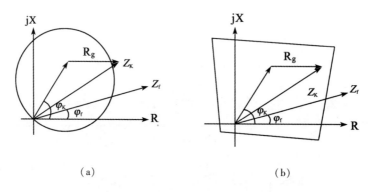

（a）　　　　　　　　　　　　（b）

图 2-3-14　阻抗继电器的特性分析

（三）三段式距离保护

距离保护一般由三段组成，第 I 段整定阻抗较小，动作时限是阻抗元件的固定时限，即瞬时动作；第 II、III 段整定阻抗值逐渐增大，动作时限也逐渐增加，分别由时间继电器来调整时限。

距离 I 段：一般保护线路全长的 80%；

距离 II 段：一般保护线路的全长并且和下一级线路的距离 I 段有重合部分；

距离Ⅲ段：作为本线路和下一级相邻线路的后备保护，按躲过最大负荷阻抗整定。

（四）距离保护的时限特性

距离保护的动作时间 t 与短路距离的关系称为距离保护的时限特性。其中一、二段联合作为主保护，第三段为后备保护，如图 2-3-15 所示。

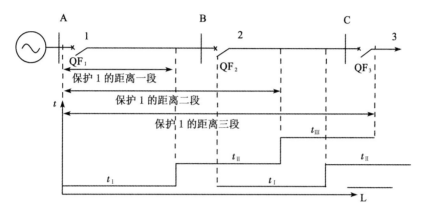

图 2-3-15　距离保护的时限特性

（五）距离保护逻辑图

图 2-3-16 所示为距离保护逻辑回路图。

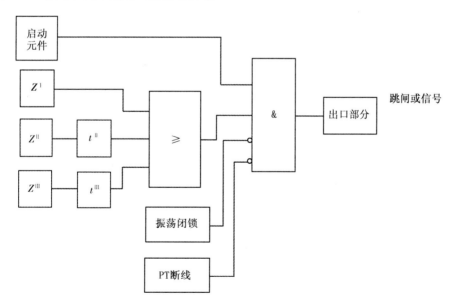

图 2-3-16　距离保护逻辑回路图

（六） 距离保护断线闭锁装置

1. PT 断线距对距离保护的影响

图 2-3-17 所示为 PT 二次侧 C 相发生断线。由相量图 2-3-18 可知，PT 的 C 相二次断线时，阻抗继电器 2ZKJ、3ZKJ 的电压减少一半。

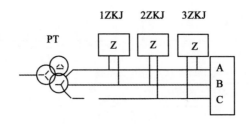

图 2-3-17　PT 二次 C 相发生断线

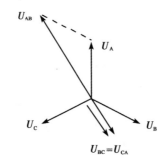

图 2-3-18　PT 二次 C 相断线电压相量图

现在微机保护都是采用起动元件（即相电流突变量和零序电流启动），因此 PT 二次断线时，微机保护的起动元件不会动作，故距离保护不会误动。但如果此时系统出现波动或发生区外故障造成起动元件动作，距离保护就会误动。为此纵联距离保护及采用自产 $3U_0$ 纵联零序方向保护都需闭锁。

2. 对断线闭锁装置的要求

（1）当 PT 二次回路出现一相、两相或三相断线时，断线闭锁装置都应将距离保护闭锁，并发出报警信号。

（2）当一次系统发生短路时，断线闭锁装置不应误动，以免将距离保护误闭锁。

3. RCS - 900 系列保护断线闭锁装置的原理

（1）当 $U_a + U_b + U_c > 8V$，且电流起动元件不起动时，延时 1.25s 发出 PT 二次回路异常信号并闭锁保护。本判据用以判别 PT 二次的一相和两相断线。

（2）当使用母线 PT 时，满足 $U_a + U_b + U_c < 8V$，$U_1 < 30V$，且电流起动元件不起动，延时 1.25s 发出 PT 二次回路异常信号并闭锁保护。本判据用以判别 PT 二次的三相断线。

（七）距离保护振荡闭锁装置

1. 振荡的概念

电力系统稳定运行时，各发电厂发电机的电动势都以相同的角频率旋转，各电动势之间的相位差 φ 维持不变。

当电力系统振荡时，发电厂发电机出现失步，两侧电源电动势之间的相位差 φ 将在 $0°$ ~ $360°$ 间作周期性变化。

完成一个周期变化所需要的时间，叫振荡周期。最长的振荡周期按 1.5s 考虑。

2. 振荡的原因

（1）传输功率超过静稳极限。

（2）无功不足引起电压下降。

（3）故障切除时间过长。

（4）非同期重合闸。

3. 振荡对距离保护的影响

图 2-3-19 所示为系统接线图。图 2-3-20 所示为振荡时两侧电源电势的相位差的变化。

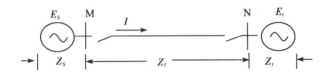

图 2-3-19　系统接线图

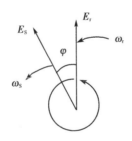

图 2-3-20　振荡时两侧电源电势的相位差的变化

设：$|E_r| = |E_s| = |E|$，$Z_s = Z_r = Z$，振荡电流

$$I = \frac{2E}{Z_s + Z_f + Z_r}\sin\varphi/2 = \frac{E}{Z + Z_f/2}\sin\varphi/2$$

振荡电流曲线，如图 2-3-21 所示。

当 $\varphi = 180°$ 时，振荡电流

$$I = \frac{E}{Z + Z_f/2}$$

相当于在线路中点发生三相短路，线路的中点即为振荡中心。此时线路各点的电压如图 2-3-22 所示。

所以当振荡中心落在阻抗继电器动作特性圆内部时，阻抗继电器在振荡时将会误动。

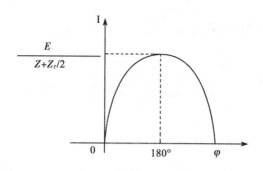

图 2-3-21　振荡电流曲线

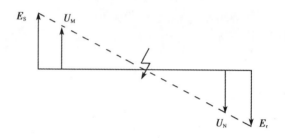

图 2-3-22　振荡时线路各点的电压

4. 对振荡闭锁装置的总体考虑

振荡闭锁只控制距离的Ⅰ段和Ⅱ段，距离Ⅲ段不受振荡闭锁的控制。距离Ⅰ段和Ⅱ段在发出跳令之前，要检查振荡闭锁允不允许它跳闸，如果振荡闭锁发现是振荡，不允许它跳闸。而距离Ⅲ段是独立的，因系统中最长的振荡周期按 1.5s 考虑，阻抗继电器在振荡时误动时间不会大于 1.5s。所以距离Ⅲ段的延时只要大于 1.5s，就可以躲过振荡的影响。

》》》》 四、线路的纵联保护

（一）反映线路一端电气量保护的缺陷

无论是电流保护、电压保护、零序保护还是距离保护都是反映输电线路一端电气量变化的保护。以上保护都存在无法区分本线路末端短路与相邻线路出口短路的问题。如图 2-3-23 所示，本线路末端 d_1 点短路和相邻线路出口 d_2 点短路时，保护 1 感受到的电气量变化相同。为此反映线路一端电气量变化的保护不能保护线路全长，无法实现全线速动。

图 2-3-23　短路示意图

（二）线路的纵联保护

纵联保护是利用某种通信通道将线路两端的保护装置纵向连接起来，将两端的电气量（电流、功率方向）传送到对端，与对端的电气量进行比较，以判断故障在本线路范围内还是在线路范围以外，从而决定是否切除被保护线路。如图 2-3-24 所示，纵联保护构成的示意图。纵联保护的通道过去是采用输电线路作为通信通道，称为载波通道（或高频通道），如今采用光纤作为通信通道，将电信号转化为光信号在通道中传输。光纤通道的优点是通信容量大，不受电磁干扰。通道和输电线路无关，线路故障不影响通道工作。

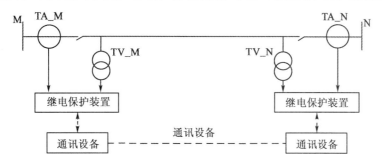

图 2-3-24　纵联保护构成示意图

（三）高频信号的性质

1. 闭锁信号

收不到高频信号是保护动作于跳闸的必要条件，即收到高频信号将跳闸闭锁，如图 2-3-25 所示。

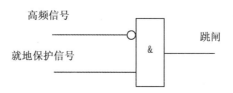

图 2-3-25　闭锁信号

闭锁信号主要在非故障线路上传输，保护装置收到闭锁信号把保护闭锁。在故障线路上最后应该没有闭锁信号，保护才能跳闸。

2. 允许信号

收到高频信号是保护动作于跳闸的必要条件，如图 2-3-26 所示。

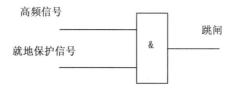

图 2-3-26　允许信号

允许信号主要在故障线路上传输，保护收到对端的允许信号才有可能跳闸。

3. 跳闸信号

收到高频信号是保护动作于跳闸的充分条件，如图 2-3-27 所示。

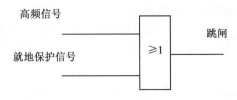

图 2-3-27　跳闸信号

跳闸信号是在故障线路上传输，保护收到跳闸信号就可以去跳闸。

（四）闭锁式纵联方向保护

1. 基本原理

在线路每一端都装两个方向元件：一个是正方向元件 F + ，其保护方向是正方向，反方向短路时不动作；另一个是反方向元件 F － ，其保护方向是反方向，正方向短路时不动作，如图 2-3-28 所示。

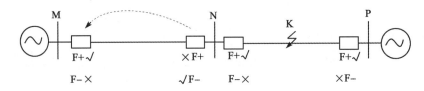

图 2-3-28　闭锁式纵联方向保护基本原理

故障线路的特征是：故障线路两端的正方向元件 F + 均动作，两端的反方向元件 F －均不动作。这在非故障线路中是不存在的。

而非故障线路的特征是：至少有一端（靠近故障点一端）的 F + 元件不动作，而 F －元件动作。这在故障线路中也是不存在的。

闭锁式纵联方向保护的做法是：在 F + 不动作或 F － 动作的这一端（非故障线路上近故障点的一端）一直发高频信号，两端保护收到闭锁信号将保护闭锁。

2. 原理框图

图 2-3-29 所示为闭锁式纵联方向保护原理框图。

（1）各侧保护动作分析。

① 故障线路 NP 两端保护动作情况：以 N 端保护为例分析。NP 线路 N 端保护在发生短路后，低定值起动元件起动，与门 1 有输出立即发信。同时高定值起动元件也起动，由于 F + 元件动作，与门 2 有输出，给与门 5 一个动作条件。在此期间发信机一直在发信，收信机也一直收到信号。一方面将与门 7 闭锁，另一方面 T1 元件一直在计延时。8ms 以后，与门 4 有输出给与门 5 一个动作条件，与门 5 输出给与门 6 一个动作条件，使本侧发信机停信。在两端都停信以后，收信机收不到信号，与门 7 有输出，经 8ms 延时发跳闸命令。

② 非故障线路 MN 两端保护动作情况：先分析近故障点 N 端保护动作情况。短路后

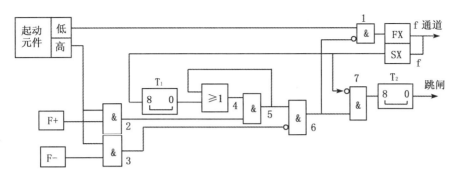

图 2-3-29 闭锁式纵联方向保护原理框图

低定值起动元件起动并立即发信，高定值起动元件起动后，由于 F＋元件不动作，与门 2 没有输出，所以与门 5 也没有输出，与门 6 不具备动作条件，与门 1 一直有输出，N 端保护一直发信。与门 7 没有动作条件，N 端保护不发跳闸命令。对于 M 端保护，如果 F＋元件动作，其方向元件的动作行为与故障线路两端的方向原件动作行为完全一致。M 端保护自己这端虽停信了，但近故障点的 N 端一直发信，将 M 端保护闭锁。

（2）保护动作条件。

① 高定值起动元件动作，只有高定值起动元件动作后程序才进入故障计算程序。

② F－元件不动作。

③ 曾连续收到过 8ms 的高频信号。

④ F＋元件动作。（同时满足上述四个条件时去停信。）

⑤ 收信机收不到信号。（同时满足上述五个条件 8ms 后即可起动出口继电器，发跳闸命令。）

需要指出的是：在故障线路上如果通道异常使收信机收不到对端的高频信号，但两端的高频保护仍能正确的切除故障。但在非故障线路上如果通道异常使远离故障点的 M 端保护收不到近故障点的 N 端的高频信号时将可能造成 M 端保护误动，所以使用闭锁信号的高频保护要比使用允许信号的高频保护误动的几率高。

（3）对方向元件的要求。

① 要有明确的方向性。F＋元件反方向短路时不能误动，F－元件正方向短路时不能误动。

② F＋元件要确保在本线路全长范围内的短路能可靠动作。

③ F－元件比 F＋元件动作更快、更加灵敏。任何时候只要 F－元件动作，说明反方向短路，立即发闭锁信号。

（4）用 F＋、F－两个方向元件。

在区外故障切除或功率倒向或在重负荷线路上发生单相接地时保护在跳开单相同时为了系统稳定需要进行联锁切机等情况时，由于这些情况下变化源在区外，本线路的近变化源一端的 F－元件将比对端的 F＋元件先动作，F－元件动作后发信闭锁两端保护，避免保护误动作。

（5）用灵敏度不同的两个起动元件。

如图 2-3-30 所示，线路 MN 上的两端保护只用一个起动元件，定值都为 1A。外部故障时，若故障电流恰好是 1A，由于各种误差的影响可能出现近故障点的 N 端起动元件不起动，而远离故障点的 M 端起动元件动作，于是 M 端起动发信并开放保护，在收到自发自收的 8ms 高频信号后停信，发出跳闸命令。

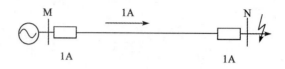

图 2-3-30　外部故障示意图

（6）要先收到 8ms 高频信号后才允许停信。

如图 2-3-31 所示，外部故障时，M 端方向元件 F－不动，M 端方向元件 F＋动作以后就立即停信，此时对端 N 端发的闭锁信号还可能未到达 M 端，尤其在 N 端是远方启信的情况下，所以 M 端保护匆忙停信后，由于收信机收不到信号将造成保护误动。所以 M 端停信等待的延时应包括高频信号往返一次的延时，加上对端发信机起动发信的延时再加上足够的裕度时间，这时间一般为 5～8ms。

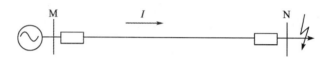

图 2-3-31　系统图

（7）母线保护、失灵保护动作停信。

在保护装置的后端子上有"其他保护动作"的开关量输入端子。该开关量接点来自于母线和失灵保护动作的接点，在母线和失灵保护动作后该接点闭合。纵联方向保护得知母差保护动作后立即停信，为了在开关与电流互感器之间发生短路时让对端的保护立即动作跳闸，如图 2-3-32 所示。

为了让 N 端保护可靠跳闸，在 M 端母线保护动作的开关量返回后继续停信 150ms。

图 2-3-32　死区故障示意图

（五）允许式纵联方向保护

1. 基本原理与框图

如图 2-3-33 所示，在功率方向为正的一端向对端发送允许信号，此时每端的收信机只能接收对端的信号而不能接收自身的信号。每端的保护必须在方向元件动作，同时又收到对端的允许信号之后，才能动作于跳闸，显然只有故障线路的保护符合这个条件。

（1）对方向元件的要求：

① 要有明确的方向性，这是原理决定的；

② F＋要保证在本线路全长范围内故障时可靠动作；

③ F－元件比 F＋元件动作更快、更加灵敏。

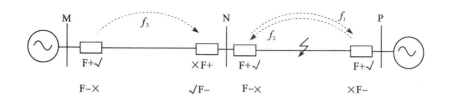

图 2-3-33　允许式纵联保护基本原理

（2）要用双频制，每端的收信机只能接收对端的信号而不能接收本端信号。

图 2-3-34 所示为允许式纵联保护的逻辑框图。

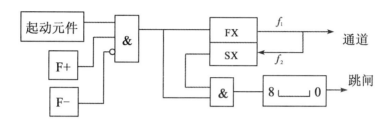

图 2-3-34　允许式纵联保护的逻辑框图

2. 允许式纵联方向保护一些规定

在允许式纵联保护中从原理上讲并不一定要用两个灵敏度不同的起动元件。因为在区外故障时即使一端起动元件起动，另一端起动元件不起动，由于起动元件不起动的一端不会发允许信号，所以不会造成起动元件起动一端的保护误动。

母线保护、失灵保护动作发信。目的是解决在 M 端开关与电流互感器间短路时，N 端纵联保护拒动的问题。M 端保护在母线保护动作的开关量返回后继续发信 150ms。

（六）光纤纵联电流差动保护

1. 纵联电流差动继电器的原理

光纤纵联电流差动保护是将输电线路两端的电流信号转换成光信号经光纤传送到对端，保护装置收到对端传来的光信号先转换成电信号再与本端的电流信号构成纵差保护，如图 2-3-35 所示。

图 2-3-35　纵联电流差动保护示意图

电流正方向：以母线流向线路方向为正。

动作电流（差电流）

$$I_d = | I_M + I_N |$$

制动电流：

$$I_r = | I_M - I_N |$$

制动系数：

$$K_r = I_d / I_r$$

动作条件 $I_d > I_{qd}$（I_{qd}——差动继电器的起动电流）

$$I_d > K_r I_r$$

比率制动特性，如图 2-3-36 所示。

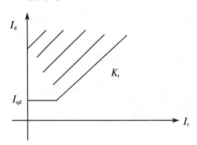

图 2-3-36　比率制动特性

（1）区内故障。

区内故障如图 2-3-37 所示。

$I_d = | I_M + I_N | = I_k$，动作电流很大；

$I_r = | I_M - I_N | = | I_M + I_N - 2I_N | = | I_k - 2I_N |$，制动电流很小。

工作点落在特性的动作区，差动继电器动作。

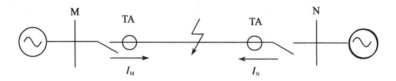

图 2-3-37　区内故障

（2）区外故障。

区外故障如图 2-3-38 所示。

图 2-3-38　区外故障

$I_M = I_k$　$I_N = -I_k$

$I_d = | I_M + I_N | = | I_k - I_k | = 0$，动作电流是 0；

$I_r = | I_M - I_N | = | I_k + I_k | = 2I_k$，制动电流很大，是穿越性故障电流的 2 倍。

差动继电器不动作。

推论：① 只要在线路内部有流出的电流，例如线路内部的短路电流、本线路的电容电流，这些电流都将成为动作电流。

② 只要是穿越性的电流，例如外部短路时流过线路的短路电流、负荷电流，都只能形成制动电流。穿越性电流的 2 倍是制动电流。

2. 纵联电流差动保护应解决的问题

理想状态下线路外部短路时差动继电器里的动作电流应为零。但实际上在外部短路时（含正常运行时）动作电流不为零，把这种电流称为不平衡电流。

（1）产生不平衡电流的因素。

① 输电线路电容电流的影响。

输电电路电容电流如图 2-3-39 所示。

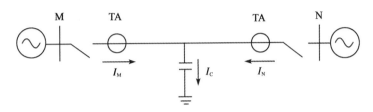

图 2-3-39　输电线路电容电流

本线路的电容电流是从线路内部流出的电流，它构成动作电流。在某种情况下会造成保护误动。电压等级越高，输电线路越长的分裂导线，电容电流就越大，它对纵联电流差动保护的影响就越大。

② 防止电容电流造成保护误动的措施。

• 提高起动电流 I_{qd} 的定值来躲过电容电流的影响。I_{qd} 值可取正常运行时本线路电容电流的 4～6 倍。

• 加短延时（例如 40ms），使高频分量的电容电流得到很大的衰减（在外部短路、外部短路切除和线路空充的初瞬阶段上会产生数值很大高频分量的暂态电容电流），从而降低起动电流 I_{qd} 的定值。用 1.5 倍的电容电流作为起动电流的定值再加延时来躲过电容电流。

• 并联电抗器进行电容电流的补偿。

（2）电流互感器断线时防止电流差动保护误动的措施及"长期有差流"的报警信号。

正常运行时当线路一端 TA 断线时差动继电器的动作电流和制动电流都等于未断线一端的负荷电流。由于制动系数 K_r 小于 1，起动电流 I_{qd} 值又较小，因此造成差动继电器误动。

解决办法：当本线路内部短路时两端的起动元件都是动作的，但一端 TA 断线时 TA 未断线侧的起动元件是不起动的，只有 TA 断线一端的起动元件可能起动。因此采取只有两端起动元件都起动，两端差动继电器都动作的情况下保护才起动跳闸的措施，从而避免正常运行下 TA 断线的误动。

为此纵联电流差动保护跳闸出口的条件：

① 本端起动元件起动。

② 本端差动继电器动作。同时满足以上两个条件，向对端发"差动动作"的允许信号。

③ 收到对端"差动动作"的允许信号。

在 TA 断线时，保护由"高压差流元件"发出"长期有差流"的报警信号。发出报警信号的条件：

① 差流元件动作。

② 差流元件的动作相（只有一个差流元件动作时）或动作相间（有两个差流元件动作时）的电压大于 0.6 倍的额定电压。

③ 满足以上两条件 10s。

第一个条件证明出现差动电流（动作电流），第二个条件证明系统没有出现短路。需要指出：TA 断线或装置内部某相电流数据采样通道故障及两侧装置采样不同步时，都可发"长期有差流"的报警信号。当 TA 断线时无论是断线侧还是未断线侧，如果"高压差流元件"动作，10s 后都可发"长期有差流"的报警信号。

当装置发"长期有差流"的信号后，当控制字为 1 时，闭锁差动保护，防止由于系统波动或发生区外故障时，TA 未断线侧的起动元件起动造成的保护误动作。当控制字为 0 时，不闭锁差动保护，但差动继电器的动作电流抬高到"TA 断线差流定值"。该定值按大于最大负荷电流整定，避免 TA 断线期间由于系统波动使 TA 未断线侧的起动元件起动造成的保护误动作。但在 TA 断线期间又发生区外故障时保护将误动。

3. RCS - 931 型分相电流差动保护框图

RCS - 931 型分相电流差动保护框图如图 2-3-40 所示。

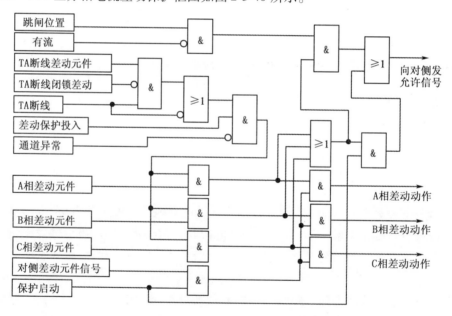

图 2-3-40　RCS - 931 型分相电流差动保护框图

第四节　安全自动装置

培训目标：① 熟悉三相自动重合闸、备用电源自动投入装置的种类、构成。

② 掌握三相自动重合闸、备用电源自动投入装置的原理、要求。

>>>> 一、备用电源自动投入装置

（一）#2 主变备自投

主变备自投一次接线如图 2-4-1 所示。#1 主变运行，#2 主变备用，即 1DL、2DL、5DL 在合位，3DL、4DL 在分位，当#1 主变电源因故障或其他原因断开，#2 变备用电源自动投入，且只允许动作一次。

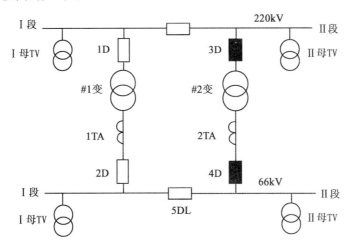

图 2-4-1　主变备自投一次接线

1. 充电条件

主变备自投装置充电的逻辑如图 2-4-2 所示。

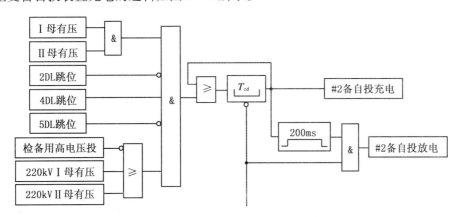

图 2-4-2　主变备自投装置充电的逻辑框图

充电条件：

① 66kV Ⅰ 母、Ⅱ 母均三相有压；

② 2DL、5DL 在合位，4DL 在分位；

③ 当检"备用主变高压侧"控制字投入时，高压侧 220kV 母线任意侧有压。以上条

件均满足，经备自投充电时间后充电完成。

2. 放电条件

主变备自投装置放电的逻辑如图2-4-3所示。

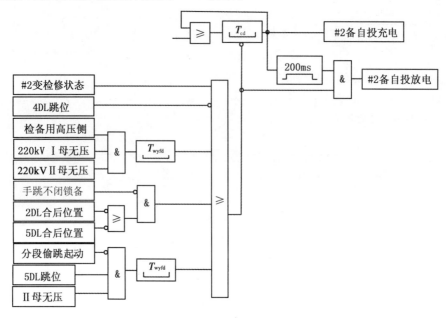

图2-4-3　主变备自投装置放电的逻辑框图

放电条件：

① #2 主变检修状态投入；

② 4DL 在合位；

③ 当检"备用主变高压侧"控制字投入时，220kV 两段母线均无压，经延时放电；

④ 手跳 2DL 或 5DL；

⑤ 5DL 偷跳，母联 5DL 跳位未启动备自投时，且 66kV Ⅱ母无压；

⑥ 其他外部闭锁信号（主变过流保护动作、母差保护动作）；

⑦ 2DL、4DL 位置异常；

⑧ Ⅰ母或Ⅱ母 TV 异常，经 10s 延时放电；

⑨ #1 主变拒跳；

⑩ 主变互投软压板或硬压板退出。上述任一条件满足立即放电。

3. 动作过程

主变备自投动作过程的逻辑如图2-4-4所示。充电完成后，Ⅰ母、Ⅱ母均无压，高压侧任意母线有压，#1 变低压侧无流，延时跳开#1 变高、低压侧开关 1DL 和 2DL，联切低压侧小电源线路。确认 2DL 跳开后，经延时合上#2 变高压侧开关 3DL，再经延时合#2 变低压侧开 4DL。

如果启动跳 2DL 且 2DL 合位不消失，经 T_{jt} 延时报"#1 变拒跳"，并对备投放电。

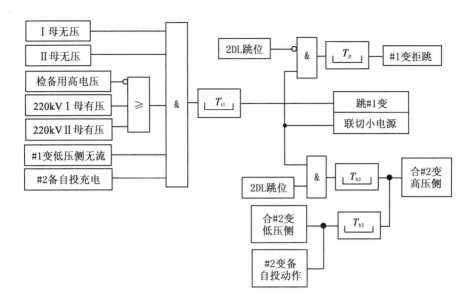

图 2-4-4 主变备自投动作过程的逻辑框图

（二）母联备自投

母联备自投一次接线如图 2-4-5 所示。当两段母线分列运行时，装置选择母联备自投方案，采用低压启动母联开关备方式。

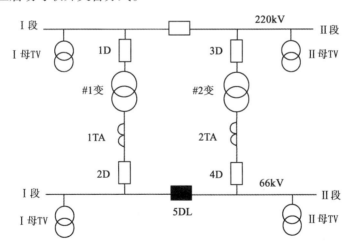

图 2-4-5 母联备自投一次接线

1. 充电条件

① 66kV I 母、II 母均三相有压；

② 2DL、4DL 在合位，5DL 在分位。

以上条件均满足，经 15s 后充电完成。

母联备自投装置充电的逻辑如图 2-4-6 所示。

2. 放电条件

母联备自投装置放电的逻辑如图 2-4-7 所示。

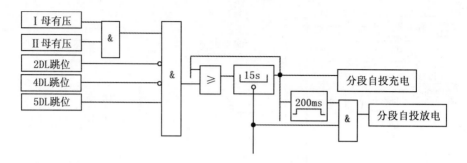

图2-4-6 母联备自投装置充电的逻辑框图

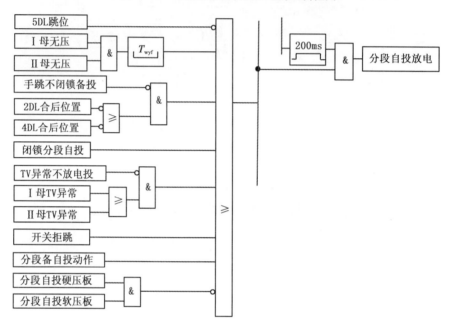

图2-4-7 母联备自投装置放电的逻辑框图

① 5DL 在合位；

② Ⅰ、Ⅱ母均无压，持续时间大于无压放电延时 T_{wyfd}；

③ 手跳 2DL 或 4DL；

④ 其他外部闭锁信号；

⑤ Ⅰ母或Ⅱ母 TV 异常，经 10s 延时放电；

⑥ #1 变拒跳或#2 变拒跳；

⑦ 母联备自投动作；

⑧ 母联自投软压板或硬压板退出。

3. 动作过程

母联备自投动作过程的逻辑如图 2-4-8 所示。Ⅰ母无压、#1 变低压侧无流，Ⅱ母有压，延时 T_{t1} 后跳开#1 变高、低压侧开关 1DL 与 2DL，联切Ⅰ母小电源线路及负荷，确认 2DL 跳开后，经延时 T_{h1} 合上 5DL。

如果启动跳 2DL 且 2DL 合位不消失，经 T_{jt} 延时报 "#1 变拒跳"，同时备投放电。

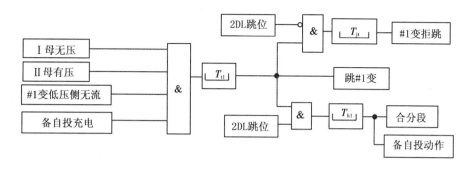

图 2-4-8 母联备自投动作过程的逻辑框图

（三）进线备自投

进线备自投一次接线如图 2-4-9 所示。变压器备自投不成功或一台主变检修（另一台主变故障），Ⅰ 母、Ⅱ 母均无压，#1、#2 主变低压侧均无流，经整定延时合上联络线 1、联络线 2 开关。

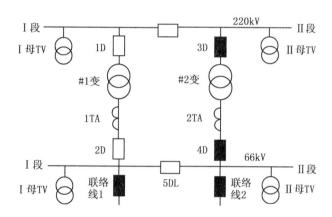

图 2-4-9 进线备自投一次接线

1. 充电条件

① #1 主变低压侧开关合位或#2 主变低压侧开关合位；

② 联络线 1 开关分位，联络线 2 开关分位；

③ Ⅰ 母或Ⅱ 母任一母线有压。

进线备自投装置充电的逻辑如图 2-4-10 所示。

2. 放电条件

① 闭锁进线备投开入；

② 联络线 1 开关合位；

③ 联络线 2 开关合位；

④ 手跳 2DL 且 2#变检修压板投入；

⑤ 手跳 4DL 且 1#变检修压板投入；

⑥ Ⅰ 母或Ⅱ 母 TV 异常，经 10s 延时放电；

⑦ #1 变拒跳，或#2 变拒跳，或母联拒跳；

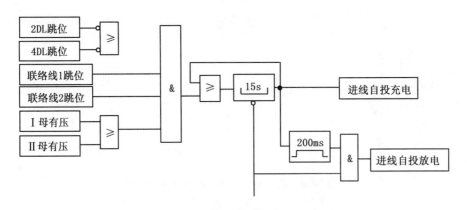

图 2-4-10　进线备自投装置充电的逻辑框图

⑧ 进线备自投动作;

⑨ 进线备投硬压板或软压板退出。

进线备自投装置放电的逻辑如图 2-4-11 所示。

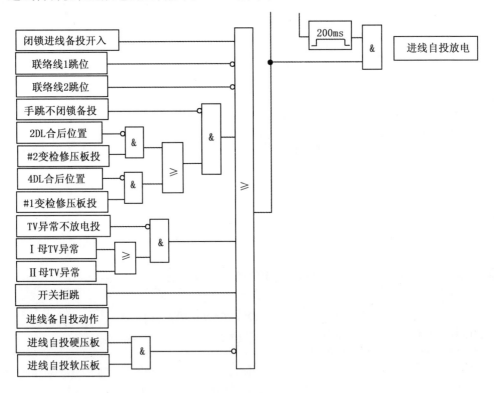

图 2-4-11　进线备自投装置放电的逻辑框图

3. 动作过程

进线备自投动作过程的逻辑如图 2-4-12 所示。

(1) 方式 1:变压器备自投不成功。

Ⅰ母、Ⅱ母均无压,#1、#2 主变低压侧均无流,则经延时 T_{tbl}(躲过变压器备自投动作时间)跳#1、#2 主变低压侧开关 2DL 和 4DL 以及母联开关 5DL,并联切小电源线路及负荷,确认 2DL、4DL 和 5DL 开关均跳开后,经整定延时 T_{hz} 合上联络线 1、联络线 2 开关。

（2）方式2：变压器检修。

1#主变检修状态：

1#主变检修硬压板投入时，Ⅰ母、Ⅱ母均无压，1#、2#主变低压侧均无流，则经延时T_{tb}跳2#主变低压侧开关4DL以及母联开关5DL，确认4DL和5DL开关均跳开后，经整定延时T_{hz}合上联络线1、联络线2开关。

2#主变检修状态：

2#主变检修硬压板投入时，Ⅰ母、Ⅱ母均无压，1#、2#主变低压侧均无流，则经延时T_{tb}跳1#主变低压侧开关4DL以及母联开关5DL，确认2DL和5DL开关均跳开后，经整定延时T_{hz}合上联络线1、联络线2开关。

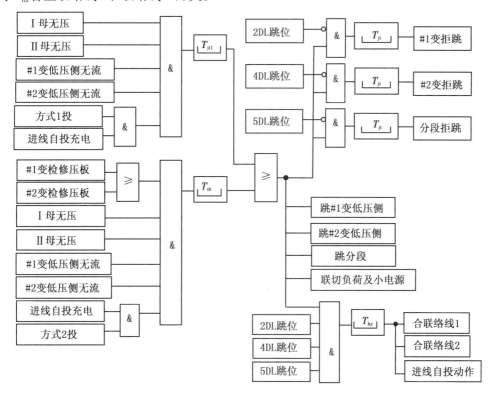

图2-4-12　进线备自投动作过程的逻辑框图

二、三相自动重合闸装置

（一）自动重合闸的作用及要求

自动重合闸装置是将因故跳闸后的断路器自动重新投入的一种自动装置。

1. 自动重合闸的作用

电力系统的实际运行经验表明，在输电网中发生的故障大多是暂时性的。为此，在电力系统中广泛采用了自动重合闸装置，当断路器跳闸后，它能自动将断路器重新合闸。根据运行资料统计，输电线路自动重合闸的成功率在60% ~90% 。

（1）在输电线路上采用自动重合闸的作用。

① 在输电线路发生暂时性故障时，能迅速恢复供电，从而提高供电的可靠性。

② 对于双侧电源的输电线路，可以提高系统并列运行的稳定性。

③ 可以纠正由于断路器本身机构的问题或继电保护误动作引起的误跳闸。

（2）采用自动重合闸的不利影响。

① 电力系统将可能再次受到短路电流的冲击，可能引起系统振荡。

② 使断路器的工作条件更加恶劣，因在短时间内连续两次切断短路电流。

重合闸装置由于本身的投资很低，工作可靠，在电力系统中获得了广泛的应用。

（3）装设重合闸的规定。

① 在1kV 及以上的架空线路或电缆与架空线的混合线路，在具有断路器的条件下，一般都应装设自动重合闸装置。

② 旁路断路器和兼作旁路的母联断路器或分段断路器，应装设自动重合闸装置。

2. 对自动重合闸的基本要求

（1）动作迅速，重合闸的动作时间，一般为0.5 ~1s。

（2）在下列情况下，自动重合闸装置不应动作：

① 由运行人员手动操作或通过遥控装置将断路器断开时，自动重合闸装置不应动作。

② 断路器手动合闸，由于线路上有故障，而随即被继电保护跳开时，自动重合闸装置不应动作。因为在这种情况下，故障多属于永久性故障，再合一次也不可能成功。

③ 当断路器处于不正常状态时（如操动机构中使用的液压、SF_6 气压异常等）。

（3）自动重合闸装置的动作次数应符合预先的规定，如一次重合闸就只应实现重合一次，不允许第二次重合。为此重合闸的充电时间一般整定为15 ~20s。

① 自动重合闸在动作以后，一般应能自动复归，准备好下一次故障跳闸的再重合。

② 重合闸应能与继电保护相配合，并能在重合闸以前或重合闸以后加速继电保护的动作，以便更好地加速故障的切除。

③ 在双侧电源的线路上实现重合闸时，应考虑合闸时两侧电源间的同期问题，即能实现无压检定和同期检定。

④ 当断路器由继电保护动作或其他原因跳闸（偷跳）后，重合闸均应动作，使断路器重新合上。

⑤ 自动重合闸采用保护启动以及控制开关位置与断路器位置不对应的原则来启动重合闸。

（二）自动重合闸的起动方式

重合闸的起动方式有不对应起动和保护起动。

（1）不对应起动可以补救断路器的"偷跳"，如图2-4-13所示。

不对应启动方式的优点是简单可靠，还可以纠正断路器误碰或偷跳，可提高供电可靠性和系统运行的稳定性，在各级电网中具有良好的运行效果，是所有重合闸的基本启动方式。其缺点是当断路器辅助触点接触不良时，不对应启动方式将失效。

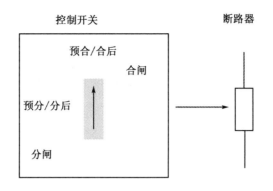

图 2-4-13　不对应起动示意图

（2）保护起动一般是由主保护和 0 秒的保护起动重合闸，后备保护动作闭锁重合闸。保护启动方式是不对应启动方式的补充。同时，在单相重合闸过程中需要进行一些保护的闭锁，逻辑回路中需要对故障相实现选相固定等，也需要一个由保护启动的重合闸启动元件。其缺点是不能纠正断路器误动。

（三）自动重合闸的类型

按照自动重合闸装置作用于断路器的方式，可分为以下类型：

① 单重方式：系统单相故障跳单相，单相重合；多相故障跳三相，不重合。

② 综重方式：系统单相故障跳单相，单相重合；多相故障跳三相，三相重合。

③ 三重方式：系统任意故障跳三相，三相重合。

④ 停用方式：重合闸退出。

（四）自动重合闸选用原则

自动重合闸一般遵循下列原则：

① 一般没有特殊要求的单电源线路，宜采用一般的三相重合闸。

② 凡是选用简单的三相重合闸能满足要求的线路，都应选用三相重合闸。

③ 当发生单相接地短路时，如果使用三相重合闸不能满足稳定性要求而可能出现大面积停电或重要用户停电者，应当选用单相重合闸和综合重合闸。

（五）单侧电源线路的三相一次自动重合闸

单侧电源线路的三相一次自动重合闸由于下列原因，使其实现较为简单：

① 不需要考虑电源间同步的检查问题。

② 三相同时跳开，重合不需要区分故障类别和选择故障相。

③ 只需要在重合时断路器满足允许重合的条件下，经预定的延时，发出一次合闸脉冲。

如图 2-4-14 所示为单侧电源线路三相一次重合闸的工作原理框图，其主要由重合闸启动、重合闸时间、一次合闸脉冲、手动跳闸后闭锁、手动合闸于故障时保护加速跳闸等元件组成。

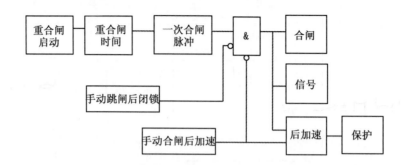

图2-4-14 单侧电源线路三相一次重合闸的工作原理框图

（六）双侧电源线路的三相一次自动重合闸

1. 双侧电源线路自动重合闸的特点

在两端均有电源的线路采用自动重合闸装置时，除应满足在上节中提出的各项要求外，还应考虑下述因素。

（1）动作时间的配合。

（2）当线路上发生故障跳闸以后，常常存在着重合闸时两侧电源是否同步以及是否允许非同步合闸的问题。

2. 双侧电源线路自动重合闸的主要方式

（1）采用不检查同步的自动重合闸。

（2）采用检查同步的自动重合闸。

可在线路的一侧采用检查线路无电压，而在另一侧采用检定同步的重合闸。

（3）非同步重合闸

如图2-4-15所示，具有同步和无电压检定的重合闸。

$U - U$ 为同步检定继电器；

$U <$ 为无电源检定继电器；

AR 为自动重合闸装置。

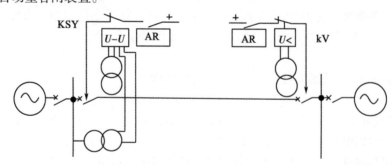

图2-4-15 具有同步和无电压检定的重合闸

在使用检查线路无电压方式的重合闸一侧，当其断路器在正常运行情况下，因为某种原因（如误碰跳闸机构、保护误动等）而跳闸时，由于对侧并未动作，因而线路上有电压，因此就不能实现重合。所以一般在检定无电压的一侧也同时投入同步检定继电器，两者的触点并联工作，如图2-4-16所示。

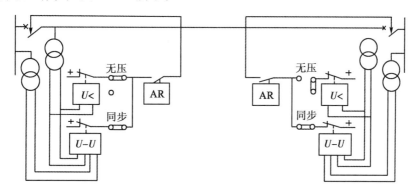

图2-4-16　采用同步检定和无电压检定重合闸的配置关系

（七）重合闸动作时限的选择原则

现在电力系统广泛使用的一般重合闸不能区分故障是瞬时性的还是永久性的。影响重合成功的条件有：

对于瞬时性故障，必须等待故障点的消除、绝缘强度恢复后才可能重合成功，而这个时间与湿度、风速等各种条件都有关。

对于永久性故障，保证断路器能够再次切断短路电流。

（八）自动重合闸装置与继电保护的配合

电力系统中，重合闸与继电保护的关系极为密切。为了尽可能利用自动重合闸所提供的条件以加速切除故障，继电保护与之配合时，一般采用如下两种方式。

① 重合闸前加速保护；

② 重合闸后加速保护。

1. 后加速重合闸

后加速保护一般又简称为"后加速"。所谓后加速就是当线路第一次故障时，保护有选择性动作，然后进行重合。如果重合于永久性故障，则在断路器合闸后，再加速保护动作，瞬时切除故障，而与第一次动作是否带有时限无关。

图2-4-17（a）（b）所示为自动重合闸装置后加速保护动作原理图。

图2-4-18所示为自动重合闸装置后加速保护原理接线图。LJ为过电流继电器的触点，当线路发生故障时，它起动时间继电器SJ，然后经整定的时限后SJ_2触点闭合，起动出口继电器ZJ而跳闸。当重合闸以后，JSJ的触点将闭合1s的时间，如果重合于永久性故障上，则LJ再次动作，此时即可由时间继电器的瞬时常开触点SJ_1，压板LP和JSJ的触点串联而立即起动ZJ动作于跳闸，从而实现重合闸以后使过电流保护加速的要求。

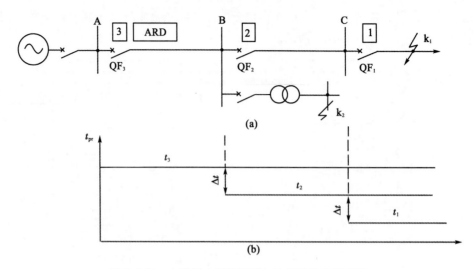

图 2-4-17　自动重合闸装置后加速保护动作原理图

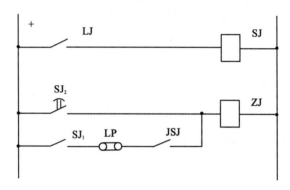

图 2-4-18　自动重合闸装置后加速保护原理接线图

2. 重合闸装置后加速保护的优缺点

（1）重合闸装置后加速保护的优点。

① 第一次跳闸是有选择性的，不会扩大停电范围，特别是在重要的高压电网中，一般不允许保护无选择性的动作。

② 保证了永久性故障能瞬时切除，并仍然具有选择性。

（2）重合闸装置后加速保护的缺点。

① 第一次切除故障可能带时限。

② 每个断路器上都需要装设一套重合闸，与前加速相比较为复杂。

第三章　电网监控

第一节 ┃ 电网监控概述

培训目标：熟悉电网"大运行"体系建设的主要内容，集中监控业务的概念，监控业务的划分原则，调度监控业务的变化。

一、"大运行"体系建设的主要内容

"大运行"体系建设的主要内容为：调整优化公司系统的调度功能，在各层级组建电力调度控制中心，将变电设备运行集中监控业务（包括输变电设备状态在线监测与分析）纳入调度控制中心统一管理，实现调控合一。结合坚强智能电网建设，实现国调、分调运行业务一体化运作。提高驾驭大电网的调度控制能力和大范围优化配置资源的能力，保障国家电网的安全、经济、优质、高效运行。

调控合一模式下事故处理的优势：当危及人身、设备或电网安全时，值班监控员可立即用遥控拉开关的方式隔离故障，避免事故扩大。实行调控一体化减少了同级调度和监控之间电话联系环节，值班调度员可将事故处理必要的操作直接发令至监控员，提高了事故处理效率，尤其是解合环和紧急拉路操作，缩短了运行方式调整时间。

二、集中监控业务

为适应"大运行"模式，将集中监控业务与传统的调度业务进行合并，即实施各级调控一体化。将各电压等级变电设备运行集中监控业务分别纳入相应电网调度机构统一管理。

1. 集中监控的概念

集中监控就是利用先进的计算机技术和通信技术，对多个变电站实现远程集中监视控制。原则上220kV及以下变电设备运行集中监控与地、县两级调度集约融合，500kV及以上变电设备运行集中监控与省级及以上调度集约融合。

2. 各级调控功能定位

国调、国调分中心（以下简称网调）依法对公司电网实施统一调度管理，承担国家电网调度运行、设备监控、系统运行、调度计划、继电保护、自动化、水电及新能源等各专业管理职责，协调各局部电网的调度关系等。

省调负责省级电网调控运行。落实国家电网调度标准化建设、同质化管理要求，承担本省电网运行、设备监控、协调运行、调度计划、继电保护、自动化、水电及新能源等各专业管理；调度管辖省域内 220kV 电网和终端 500kV 变电站变电设备运行集中监控、输变电设备状态在线监测与分析业务。

地调负责地区电网调控运行，承担地区电网调度运行、设备监控、系统运行、调度计划、继电保护、自动化、水电及新能源等各专业管理职责。调度管辖 66kV 电网和终端 220kV 系统，承担地域内 66～220kV 变电设备运行集中监控，输变电设备状态在线监测和分析业务。

县（配）调负责县级（城区）电网调控运行，调度管辖县域（城区）10kV 及以下电网；承担县域（城区）10kV 期以下变电设备运行集中监控业务。

三、监控范围的划分原则

（1）省调：将全省 500kV 变电站、220kV 直流站监控输变电设备状态在线监测与分析业务集中到省调，实现省调层面的"调控合一"。省调负责介入省调的 500kV 受控站、220kV 直流站的运行监视。

（2）地调：将地域内公司资产 220kV 变电站、66kV 变电站监控、输变电设备状态在线监测与分析业务纳入地调统一管理，实现地调层面的"调控合一"。地调负责接入地调的 220kV 变电站、66kV 受控站的运行监视。

（3）县（配）调：将配调纳入地调统一管理，视配网自动化系统建设进度，逐步实现 10kV 配网"调控合一"；加强县调统一管理，逐步将县域内 66kV 变电站 10kV 监控业务并入配调。

四、调度监控业务的变化

1. 调度指令下达方式的变化

调度许可设备的计划检修工作、临时检修工作的管理方式保持不变。调度操作业务流程规定如下。

（1）计划操作。直调设备操作指令票或操作计划由值班调度人员下达给值班监控人员，值班监控人员接到操作指令票后，应立即联系相关人员做好操作准备，包括值班监控人员将操作指令票或操作计划转发给相关变电站运维人员，变电站运维人员准备好现场操作票，参与操作的人员按规定时间到达变电站现场等。待操作准备完成后，汇报值班调度人员，值班调度人员直接下令给变电站运维人员进行操作，操作指令票执行完毕后，变电站运维人员向发令调度汇报的同时，还应报告监控人员操作情况。

（2）临时性操作。由值班调度人员直接下令给变电站内运维人员进行操作，操作指令票执行完毕后，变电站运维人员向发令调度汇报的同时，还应报告监控人员操作情况。

（3）紧急情况。值班调度人员可直接下令给值班监控人员进行拉合断路器的单一操作。

2. 异常及事故处理流程的变化

（1）异常。当监控人员发现设备异常、报警、越限信息时，应立即通知变电站运维人员进行核查，变电站运维人员将现场核实情况汇报监控人员，监控人员汇报值班调度人员。遇有可能危及电网或设备安全运行的紧急情况时，应立即汇报值班调度人员，同时通知变电站运维人员进行核查。

变电站运维人员发现设备有异常、报警、越限情况时，应立即进行核查并将核查结果汇报监控人员，由监控人员汇报值班调度人员。

（2）事故。值班监控人员发现设备故障跳闸后，应立即将故障初步情况汇报值班调度人员，并通知变电站运维人员对现场设备进行检查，运维人员将详细检查情况汇报监控人员，由监控人员汇报值班调度人员。

下列情况下，值班调度人员可直接与直调变电站运维人员进行调度业务联系。

① 当上级调度与下级调度监控人员失去通信联系时；

② 当监控人员与受其监控的本级调度直调变电站失去通信联系时；

③ 当电网或站内设备故障或异常，值班调度人员认为有必要直接与直调变电站运维人员联系时。

第二节　调度监控业务的主要内容

培训目标：①掌握监控信息分类原则。
　　　　　②掌握监控员的职责。
　　　　　③掌握监控职责的移交与回收。
　　　　　④掌握监控信息收集。
　　　　　⑤掌握监控信息处理。
　　　　　⑥掌握监控操作业务。
　　　　　⑦掌握无功电压调整业务。
　　　　　⑧了解配合进行"四遥"信息的传动及变电站的验收。

调度监控业务的主要内容包括信息监控、遥控操作、电压调整、事故异常处理、配合进行"四遥"信息的传动及变电站的验收以及监控日常工作等。

▶▶▶▶ 一、监控信息分类

监控信息分为事故－1级、异常－2级、越限－3级、变位－4级、告知－5级五类。

1. 事故信息

事故信息是反映各类事故的监控信息，需要实时监视、立即处理，包括：

① 全站事故总信息；

② 单元事故总信息；

③ 各类保护、安全自动装置动作信息；

④ 开关异常变位信息。

2. 异常信息

异常信息是反映电网设备非正常运行状态的监控信息，需要实时监视、及时处理，包括：

① 一次设备异常报警信息；

② 二次设备、回路异常报警信息；

③ 自动化、通信设备异常报警信息；

④ 其他设备异常报警信息。

3. 越限信息

越限信息是反映重要遥测量超出报警上下限区间的信息，需要实时监视、及时处理，其中重要遥测量包括有功、无功、电流、电压、主变油温、断面潮流等。

4. 变位信息

变位信息是指各类开关、装置压板等状态改变信息，该类信息直接反映电网运行方式的改变，需要实时监视。

5. 告知信息

告知信息是反映电网设备运行情况、状态监测的一般提醒信息，主要包括主变运行挡位变化、故障录波启动、油泵启动、刀闸变位等信息，该类信息需由运维人员定期查询。

⟫⟫⟫ 二、监控员职责的内容

调控中心负责监控范围内变电站设备监控信息和状态在线监测报警信息的集中监视。具体内容为：

① 负责通过监控系统监视变电站运行工况；

② 负责监视变电站设备事故、异常、越限及变位信息；

③ 负责监视输变电设备状态在线监测系统报警信号；

④ 负责监视变电站消防、安防系统报警总信号；

⑤ 负责通过工业视频系统开展变电站场景辅助巡视。

设备集中监视可分为正常监视、全面监视和特殊监视。

1. 正常监视

正常监视要求监控员在值班期间不得遗漏监控信息，并对监控信息及时确认。正常监视发现并确认的监控信息应按照《调控机构设备监控信息处置管理规定》（国家电网调度〔2012〕282 号）要求，及时进行处置并做好记录。

2. 全面监视

全面监视是指监控员对所有监控变电站进行全面的巡视检查，330kV 及以上变电站每值至少两次，330kV 以下变电站每值至少一次。

全面监视内容包括：

① 检查监控系统遥信、遥测数据是否刷新；

② 检查变电站一、二次设备，站用电等设备运行工况；

③ 核对监控系统检修置牌情况；

④ 核对监控系统信息封锁情况；

⑤ 检查输变电设备状态在线监测系统和监控辅助系统（视频监控等）运行情况；

⑥ 检查变电站监控系统远程浏览功能情况；

⑦ 检查监控系统 GPS 时钟运行情况；

⑧ 核对未复归、未确认监控信号及其他异常信号。

3. 特殊监视

特殊监视是指在某些特殊情况下，监控员对变电站设备采取的加强监视措施，如增加监视频度、定期查阅相关数据、对相关设备或变电站进行固定画面监视等，并做好事故预想及各项应急准备工作。

遇有下列情况，应对变电站相关区域或设备开展特殊监视：

① 设备有严重或危急缺陷，需加强监视时；

② 新设备试运行期间；

③ 设备重载或接近稳定限额运行时；

④ 遇特殊恶劣天气时；

⑤ 重点时期及有重要保电任务时；

⑥ 电网处于特殊运行方式时；

⑦ 其他有特殊监视要求时。

监控员应及时将全面监视和特殊监视范围、时间、监视人员和监视情况记入运行日志和相关记录。

>>>> 三、监控职责的移交与回收

出现以下情形，调控中心应将相应的监控职责临时移交运维单位：

（1）变电站站端自动化设备异常，监控数据无法正确上送调控中心；

（2）调控中心监控系统异常，无法正常监视变电站运行情况；

（3）变电站与调控中心通信通道异常，监控数据无法上送调控中心；

（4）变电站设备检修或者异常，频发报警信息影响正常监控功能；

（5）变电站内主变、断路器等重要设备发生严重故障，危及电网安全稳定运行；

（6）因电网安全需要，调控中心明确变电站应恢复有人值守的其他情况。

1. 监控职责移交

① 监控职责临时移交时，监控员应以录音电话方式与运维单位明确移交范围、时间、移交前运行方式等内容，并做好相关记录；

② 监控职责移交完成后，监控员应将移交情况向相关调度进行汇报。

2. 监控职责收回

① 监控员确认监控功能恢复正常后，应及时通过录音电话与运维单位重新核对变电站运行方式、监控信息和监控职责移交期间故障处理等情况，收回监控职责，并做好相关记录；

② 收回监控职责后，监控员应将移交情况向相关调度进行汇报。

四、各类信息收集

调控中心值班监控人员（简称"监控员"）通过监控系统发现监控报警信息后，应迅速确认，根据情况对以下相关信息进行收集，必要时应通知变电运维单位协助收集以下信息。

① 报警发生时间及相关实时数据；

② 保护及安全自动装置动作信息；

③ 开关变位信息；

④ 关键断面潮流、频率、母线电压的变化等信息；

⑤ 监控画面推图信息；

⑥ 现场影音资料（必要时）；

⑦ 现场天气情况（必要时）。

五、监控信息的处理

1. 事故处理

（1）信息收集。值班监控员通过监控系统发现监控事故信息后，应迅速确认，根据情况对以下相关信息进行收集。

① 事故发生时间；

② 变化动作信息、安全自动装置信息；

③ 断路器变位信息；

④ 关键断面潮流、频率、电压的变化等信息；

⑤ 现场视频信息（必要时）。

（2）事故处理流程。

① 收集事故信息，按照有关规定及时向相关调度汇报，并通知运维单位检查；

② 接受运维单位现场检查情况汇报，及时向调度员汇报事故详细情况；

③ 按照调度指令进行事故处理，并监视相关变电站运行工况，跟踪了解事故处理情况；

④ 事故处理结束后，巡视监控系统，并与运维人员核对设备运行状态是否一致；

⑤ 对事故发生、处理和联系情况进行记录，并根据《调控机构设备监控运行分析管理规定》填写事故信息专项分析报告。

2. 异常处理

（1）缺陷管理。值班监控员负责对监控系统报警信息进行分析判断，及时发现缺陷，通知设备运维单位，跟踪缺陷处置情况，并做好相关记录，必要时通知设备监控管理专责和相关主管领导。

（2）缺陷发起。

① 值班监控员发现监控系统报警信息后，应按照《调控机构信息处置管理规定》进行处置，对报警信息进行初步判断，认定为缺陷的启动缺陷管理程序，报告监控值班负责

人，经确定后通知设备运维单位处理，并填写缺陷管理记录。

② 若缺陷可能会导致电网设备退出运行或电网运行方式改变时，值班监控员应立即汇报相关值班调度员。

（3）缺陷具体处理。

① 值班监控员收到运维单位核准的缺陷定性后，应及时更新缺陷管理记录。

② 值班监控员对设备运维单位提出的消缺工作需求，应予以配合。

③ 值班监控员应及时在调控中心缺陷管理记录中记录缺陷发展以及处理情况。

（4）消缺验收。

① 值班监控员接到运维单位核对的缺陷报告后，应与运维单位核对监控信息，确认缺陷信息复归且相关异常情况恢复正常。

② 值班监控员应及时在缺陷管理记录中填写验收情况并完成归档。

3. 越限处理

（1）信息收集。值班监控员通过监控系统发现监控越限信息后，应迅速确认，根据情况对以下相关信息进行收集：

① 越限信息内容；

② 越限值及越限程度；

③ 越限设备双重名称；

④ 越限设备所属变电站的无功投退情况。

（2）越限处理流程。设备重载后越限：

① 汇报调度；

② 通知运维现场检查，并将详细情况向调度汇报；

③ 加强监视，并依据调度指令处理；

④ 做好相关记录。

4. 变位处理

（1）信息收集。值班监控员通过监控系统发现监控变位信息后，应迅速确认，根据情况对以下相关信息进行收集：

① 变位信息内容；

② 变位设备所在间隔光字牌信息；

③ 断路器变位信息；

④ 相关线路或主变等设备负荷变化等相关信息。

（2）变位处理流程；

① 确认设备变位情况是否正常；

② 如变位信息异常，应根据情况参照事故信息或异常信息进行处理。

六、监控操作业务

（1）监控远方操作范围：

① 拉合断路器的单一操作；

② 调节变压器有载分接开关；

③ 投切电容器、电抗器；

④ 其他允许的遥控操作。

（2）设备有下列情况时，不允许进行监控远方操作：

① 设备未通过遥控验收；

② 设备存在缺陷或异常不允许进行遥控操作时；

③ 设备正在进行检修时（遥控验收除外）；

④ 监控系统异常影响设备遥控操作时。

（3）监控远方操作有关规定。

① 监控员进行监控远方操作应服从相关值班调度员统一指挥；

② 监控员在接受调度操作指令时应严格执行复诵、录音和记录等制度；

③ 监控员执行的调度操作任务，应由调度员将操作指令发至监控员。监控员对调度操作指令有疑问时，应询问调度员，核对无误后方可操作；

④ 监控远方操作前应考虑操作过程中的危险点及预控措施；

⑤ 进行监控远方操作时，监控员应核对相关变电站一次系统图，严格执行模拟预演、唱票、复诵、监护、录音等要求，确保操作正确性；

⑥ 监控远方操作中，若发现电网或现场设备发生事故及异常，影响操作安全时，监控员应立即终止操作并报告调度员，必要时通知运维单位；

⑦ 监控远方操作中，若监控系统发生异常或遥控失灵，监控员应停止操作并汇报调度员，同时通知相关专业人员处理；

⑧ 监控远方操作中，监控员若对操作结果有疑问，应查明情况，必要时应通知运维单位核对设备状态；

⑨ 监控远方操作完成后，监控员应及时汇报调度员，告知运维单位，对已执行的操作票应履行相关手续，并归档保存，做好相关记录。

▶▶▶▶ 七、无功电压调整业务

（1）监控员应根据相关调度颁布的电压曲线及控制范围，投切电容器和调节变压器有载分接开关，操作完毕后做好记录。

（2）由调度员直接发令操作电容器和变压器有载分接开关，监控员应按调度指令执行。

（3）自动电压控制系统（AVC）异常，不能正常控制变电站无功电压设备时，监控员应汇报相关调度，将受影响的变电站退出控制，并通知相关专业人员进行处理。退出AVC系统期间，监控员应按照电压曲线及控制范围调整变电站母线电压。

AVC系统控制的变电站电容器和调节变压器有载分接开关需停用时，监控员应按照相关规定将间隔退出AVC系统。

▶▶▶▶ 八、配合进行"四遥"信息的传动及变电站的验收

"四遥"信息验证：负责监控信息调度端和变电站端之间的验收。变电设备检修时，

涉及信号、测量或控制回路的，即使监控信息表未发生变化，运维单位也应在工作前向值班监控员汇报，检修结束恢复送电前，运维单位还应与值班监控员核对双方监控系统信息一致性。值班监控员根据验收工作方案，按照验收作业指导书要求，与现场运维人员共同对监控信息逐一核对，进行相关遥控试验，验证报警直传和远方预览功能，做好验收记录。

尚未实施集中监控的变电站，在满足集中监控技术条件后，运维单位如需将变电站纳入调控中心设备集中监控，应向调控中心提交变电站实施集中监控许可申请和相关技术资料。提交的技术资料主要包括：

（1）设备台账/设备运行限额（包括最小载流元件）。

（2）现场运行规程（应包括变电站一次主接线图，站内交流系统图，站内不直流系统图、GIS设备气隔图、现场事故预案等）。

（3）变化配置表。存在下列影响正常监控的情况应不予通过评估。

① 设备存在危急或严重缺陷；

② 监控信息存在误报、漏报、频繁变位现象；

③ 现场检查的问题尚未整改完成，不满足集中监控技术条件；

④ 其他影响正常监控的情况。

运维单位和调控中心按照批复进行监控职责移交，调控中心当值值班监控员与现场值班运维人员通过录音电话按时办理集中监控职责交接手续，并向相关调度汇报。

第三节　电网异常及事故时监控重点

培训目标：①熟悉系统频率异常时监控重点。

②熟悉系统电压异常时监控重点。

③熟悉系统过负荷时监控重点。

④熟悉中性点非直接接地系统发生单相接地时监控重点。

⑤熟悉一次设备发热时监控重点。

⑥熟悉带压力运行的设备其压力降低时监控重点。

⑦熟悉继电保护及安全自动装置异常时监控重点。

⑧熟悉电网事故时监控重点。

一、系统频率异常时监控重点

1. 频率偏高时的监控

当系统频率高出正常值时，监控人员要仔细查看系统有无其他异常及事故发生。应根据监视到的各个发电厂有功出力情况、大负荷集中区域等异常信息，给调度处理异常提供依据。

2. 频率偏低时的监控

当系统频率低于正常值时，监控人员要检查系统内的低频减载装置动作情况及频率变化情况，根据调度命令在监控机上进行远方限负荷操作。

3. 频率异常处理时的监控

在调度处理频率异常过程中，监控人员要始终密切监视系统频率变化及各发电厂有功出力变化。

在装有低频减载和高频切机的电网中，发生频率异常时，装置会自动进行减负荷或减有功出力，监控人员不需要进行操作，但要监视和记录装置所减负荷和所切机组，在系统频率恢复正常后再恢复负荷和发电机组。

二、系统电压异常时监控重点

正常运行中，监控人员要监视系统电压始终在调度下发的电压曲线范围内运行。

当某个变电站电压低于下限时，监控人员要增加有载调压变压器的分接头。监视电压恢复情况，决定变压器分接头调整的挡位。

当系统电压严重偏低时，配合调度投入补偿电容器，退出并联补偿电抗器。根据电压缺额决定投退补偿设备的数量。监视每次补偿设备操作后系统电压变化情况、补偿设备实际状态及所带无功负荷，监视补偿设备有无过负荷现象。在补偿设备投退仍不能满足需要时，监控人员根据调令进行限负荷操作。监控人员应始终监控系统电压变化和大用户、重要用户负荷情况，保证用户的保安负荷。

当系统电压升高时，监控人员应根据电网运行及检修情况，分析系统是否有操作等过电压现象。如属于正常电压升高，监控人员应降低有载调压变压器分接头，根据调令投入并联电抗器。

有 AVC 系统的电网，监控人员应监视电压变化和 AVC 系统所操作设备的实际状态，监视无功补偿设备有无过负荷。

三、系统过负荷时监控重点

输电线路或主变压器过负荷时，监控人员要随视并随时计算过负荷倍数，严格控制设备过负荷运行时间（具体时间依照现场运行规程的规定或生产厂家说明书的要求执行）。根据调令进行转移负荷或限负荷操作。

主变压器过负荷时还要严密监视主变压器的温度上升速度，辅助或备用冷却器是否按温度或负荷启动。

线路过负荷时，按照线路所有元件中额定电流最小的控制线路负荷。

四、中性点非直接接地系统发生单相接地时监控重点

中性点非直接接地系统发生单相接地时，监控人员要严密监视相关变电站母续三相电压及线电压变化情况，控制带接地点运行时间不超过2h。监控人员依据调令进行拉路寻找接地点操作。

五、一次设备发热时监控重点

当发现一次设备或一次设备接头发热时，监控人员应监视相关设备所带负荷、环境温度变化情况，根据调令转移负荷或者将严重发热的设备停电。

六、带压力运行的设备其压力降低时监控重点

当运行中 SF_6 设备发出压力降低报警信号时，监控人员应监视压力异常设备的负荷、SF_6 气体压力是否继续降低发出闭锁信号。

GIS 设备气室压力降低时，监控人员应严格监视气室压力下降速度，是否收到自动复归信号，判断设备是否有严重漏气现象，决定设备能否继续运行。

液压机构或气动机构压力降低时，监控人员应继续监视压力下降情况，收到压力降低闭锁报警信号后，监控人员则不能对该断路器进行遥控操作。

七、继电保护及安全自动装置异常时监控重点

双通道的线路纵联保护、远跳保护、高频保护及电网安全稳定控制装置的通信通道其中一条异常时，监控人员应监视保护及自动装置另一条通道的运行状态。如果两条通道均故障时，应监视线路其他相关后备保护及自动装置的运行状态。

双配置的继电保护及自动装置其中一套发生自身故障或电源消失时，应监视另一套保护正常运行。

单配置的保护及自动装置异常时，监控人员要根据收到的信息判断装置能否继续运行。如果装置可以继续运行，则要监视异常现象是否消失或朝严重方向发展。如果判断为保护装置不能继续运行，应立即将相关一次设备转为备用状态，再退出保护装置消缺。

双配置、双主方式运行的电网安全稳定控制装置一套异常时，应退出装置，防止装置误动作。

八、电网事故时监控重点

发生电网事故或设备事故时，直接后果是有断路器跳闸，设备或线路失电。当发生事故时，监控人员应重点监视非故障设备及电网的运行情况，以及系统频率、电压的变化情况。

1. 线路故障监控重点

（1）线路发生故障时，如果自动重合闸装置动作，重合成功，则对电网影响最小。监控人员应监视故障线路重合闸成功后线路负荷的变化情况。监控人员如果发现线路重合闸后所带负荷没有恢复到跳闸前的状态，应根据负荷性质、重要性、事故前运行方式综合判断，给出需要调度及运维操作站人员配合进行的工作。

（2）线路发生故障未进行重合闸或者重合闸不成功时，监控人员应根据收到的信息进行综合判断，分析继电保护及自动装置动作是否正确，根据故障现象判断能否进行线路强

送电。

（3）双回线路中一条发生事故时，应监视另一条线路是否有过负荷现象，监视一条线路发生事故跳闸时对横差保护的影响。

（4）联络线路发生事故时，应监视断面潮流变化，系统是否分片运行。各系统电压及频率是否合格。

（5）电源线路故障后，监控人员应监视相关变电站是否失压，其他电源线路是否有过负荷现象。

2. 主变压器故障跳闸监控重点

（1）主变压器故障跳闸后，监控人员要立即查看与之并列运行的变压器是否过负荷，监视过负荷倍数及负荷上升情况，主变压器油面温度及绕组温度上升情况，运行主变压器通风冷却系统运行情况，辅助及备用冷却器投入情况。根据实际情况转移负荷或限负荷，确保无故障主变压器安全可靠运行。再综合分析故障变压器保护及自动装置动作情况，决定处理方案。

（2）系统中重要联络变压器事故跳闸后（如电磁环网联络变压器），监控人员应立即查看电网结构及系统潮流的变化，查看相关稳定控制装置动作情况，以及局部电网解列后电压、频率、负荷情况。

（3）中性点接地变压器故障跳闸后，应检查与之并列的其他变压器中性点接地情况，查看零序保护配置及投退情况。

（4）重要负荷变压器故障跳闸后，应检查该用户其他电源供电变压器运行情况、负荷情况，监视有无过负荷现象。

3. 母线故障监控重点

母线故障时，母线上所有元件都会失电，监控人员要监视母线分段断路器和母联断路器的动作情况，无故障母线电压、负荷变化情况，故障母线电压互感器所带继电保护及自动装置切换情况。密切监视失压母线所带下一级变电站失压甩负荷量，以及电网断面稳定极限变化情况外。根据所有信息分析判断，在母线不能强送电时，监控人员除了密切监视重要断面、重要设备情况外，还应配合调度立即进行远方操作，改变运行方式，恢复对重要线路的供电。

第四节 ┃ 监控异常及事故判断

培训目标：① 熟悉典型异常信息判断。
②熟悉监控事故处理。

>>>> 一、典型异常信息判断

（一）网络不通判断

（1）变电站后台信息正确，监控主站信息不上送，说明主站与子站或者主站与主站监控后台机之间通信中断，应通知省信通公司通信维护班消缺（三集五大新模式）。

（2）当主站收不到某个变电站任何信息，通信状态又显示该变电站通信正常时，应通知相关运维站人员检查该变电站内后台信息是否刷新。如果站内后台信息不刷新，说明站内信息网络异常，应通知相关运维单位通信及自动化班消缺。

（3）监控主站系统、变电站站端系统及通道异常，造成受控站设备无法监控或监控受限时，监控员应及时与运维站现场人员进行确认，并通知自动化人员处理。受控站全部或部分设备失去监控时还应向相关调度汇报。

（4）监控系统消缺期间，变电站恢复有人值守模式，设备监控职责移交现场运维站人员，由运维站人员负责与各级调度机构进行调度业务联系。

（5）经现场运维人员确认为变电站终端系统异常，造成受控站部分或全部设备无法监控时，监控员应及时通知通信人员和省调自动化人员检查变电站终端设备，同时通知相关检修人员检查厂站端设备。

（6）处理监控系统异常、故障时，应及时联系省调自动化运维人员闭锁相应变电站的遥控操作功能，通知现场运维站人员做好必要的安全措施。

（7）监控系统缺陷消除后，监控员与现场运维站人员全面核对设备运行方式及站内信号正常。确认监控系统正常后，监控员与运维站人员履行交接手续，设备监控职责移交监控员。

（8）无人值班变电站发出远动退出信号时，应立即通知运维站人员恢复变电站有人值守，并汇报调度。

（9）监控员发现变电站画面各遥测量不刷新，大部分遥信信号错误时，应检查厂站状态，监视画面是否为通信中断，若画面显示通信中断，应立即汇报调度并通知运维站人员赶往现场检查。

（10）监控机发出某保护装置通信中断信号时，可能为装置异常或装置失电引起，应立即通知运维站人员赶往现场检查。

（11）异常处理完毕后，监控员应与现场人员进行监控信息核对，确认无误后方可收回监控职责。

（二）监控系统异常及缺陷处理

（1）监控机死机。监控员通知自动化人员分析原因，重启监控系统。

（2）数据不更新。

① 单个单元数据不更新。一般由测控单元失电、测控单元故障、TA/TV 回路异常、通信中断等原因引起，处理方法如下：

a. 通知运维站人员检查测控单元电源是否故障；

b. 判断为测控单元故障时，应联系检修人员处理；

c. 判断为通信中断时，应通知通信人员处理。

② 单座变电站所有数据不更新。一般由前置机、远动装置及通道异常等原因引起，处理方法如下。

a. 与省调自动化专业值班人员联系，了解故障站前置机数据是否更新。如果站端数据更新，通知省调远动人员处理；如果站端数据不更新，则应通知通信人员和省调远动人员检查主站端设备，同时通知运维站联系检修人员检查厂站端设备。

b. 现场检查站端后台机数据是否更新。如果更新，说明至调度端通道有问题；如果不更新，则可能是当地远动装置故障，应由厂站端远动人员处理。

c. 监控系统发生异常，造成受控站部分或全部设备无法监控时，监控员应通知自动化人员处理，并将设备监控职责移交给现场运维人员。在此期间，现场运维人员应加强与监控员联系。在接到该缺陷消除的通知，监控员与现场运维人员核对站内信息正常后，将设备监控职责收回，并做好相关记录。

③ 个别遥信频繁变位。设备倒闸操作后出现遥信频繁变位时，可能属于接点接触不良引起，应及时通知现场运维人员。个别遥信频繁变位，暂时无法处理，又不影响设备正常运行时，为了不影响监控员对其他设备的正常监控，可设置闭锁该信号。设备正常运行中出现遥信频繁变位时，应及时通知现场运维人员检查站端设备及信号二次回路是否正常。

④ 报警窗数据长时间不刷新。报警窗无任何报警信息时，检查本机的消息总线是否良好；如果在报警窗看不到某条报警信息，但在信息总表中可以看到时，可通过下列步骤检查：

a. 查看此条报警的报警定义行为中有无上报警窗动作；

b. 查看报警窗上的报警类型选择对话框中是否包含此条报警的报警类型；

c. 查看此报警类型在节点报警定义中是否禁止上报警窗；

d. 查看本机责任区是否包含该设备。

（三）监控系统监视到电网及设备异常的处理

（1）监控系统发出电网设备异常信号时，监控员应准确记录异常信号的内容与时间，并对发出的信号迅速进行研判，研判时应结合监控画面上断路器变位情况、电流、电压、功率等遥测值、光宁牌信号进行综合分析，判断有无故障发生，必要时通知现场配合检查，不能仅依靠语音报警或事故推画面来判断故障。

（2）若排除监控系统误发信号，确认设备存在异常的，应立即汇报调度，做好配合调度进行遥控操作的准备，并根据异常情况进行事故预想，严防设备异常造成事故。

（3）监控人员应将监控到的信息和分析判断的结果告知运维站人员以协助其检查，并提醒其有关安全注意事项。

（4）监控员应要求现场人员对电气设备缺陷进行定性，详细汇报缺陷具体情况。

（5）对于危急缺陷和可能影响电网安全运行的严重缺陷，要求现场立即汇报设备管辖调度。对于主变压器风冷系统全停、35kV 母线单相接地、直流接地等重大异常，监控人员应记录异常持续时间并监视其发展情况，与现场运维人员密切配合，按有关规程的规定采取措施，并做好事故预想。

（6）异常、缺陷处理过程中，监控员应加强其他相关设备和变电站运行工况监视，及时与运维站人员沟通，严防异常扩大从而导致事故。

（7）现场运维人员在现场巡视、检查、操作时发现的设备缺陷，应及时汇报相关调度并告知监控员。监控员应对相关设备加强监视，全面了解设备缺陷可能给设备运行造成的影响，并做好事故预想及相关遥控操作的准备工作。对于近期不能处理的缺陷，监控员要做好记录，按值重点移交，重点监控。

（8）监控员应将各类异常信息、现场反馈的检查情况、处理过程及异常的汇报情况认真记入相关记录。

（9）现场出现对监控系统有影响的一般缺陷，现场运维人员也应告知监控员。

（10）缺陷消除后，现场运维人员应及时告知监控员消缺情况，并进行核对、确认。

（11）对于危急缺陷，现场运维人员应立即将现场检查结果和需采取的隔离方式汇报给相关调度，并告知监控员。

（12）现场异常隔离、操作完成后，运维站人员应及时汇报监控员。监控员应与在现场的运维人员核对相关信号，确认已复归信号，并将异常处理的结果汇报给调度。

（四）监控操作异常判断及处理

（1）遥控命令发出，断路器拒动时的处理方法。

① 检查操作是否符合规定。

② 检查断路器 SF_6 气体压力降低导致分合闸回路是否闭锁。

③ 检查测控装置"就地/远方"切换把手的位置。

④ 检查控制回路是否断线。

⑤ 检查通信是否中断。

⑥ 如果仍无法进行操作，应通知运维人员处理。

（2）遥控操作出现超时的处理方法。

① 如遥控预置超时，可再试一次；

② 检查测控装置"就地/远方"切换把手的位置；

③ 检查通信是否中断；

④ 检查控制回路是否断线；

⑤ 如果仍无法进行操作，应通知现场运维人员处理。

（3）操作异常时的注意事项。

① 非人员误操作导致的误拉、合断路器时，如怀疑是监控系统的原因造成的，应立即汇报值班调度员，同时汇报主管领导，分析原因，提出整改措施并实施。

② 监控系统发生拒绝遥控、拒绝遥调操作，不能立即处理的，应汇报调度员，并通知运维站人员进行现场操作，通知省调自动化人员检查处理。

③ 监控系统有以下情况时不得进行遥控操作：

a. 监控系统画面上断路器位置及遥测、遥信信息与实际不符；

b. 正在进行现场操作或检修的设备；

c. 监控系统有异常。

（五）运行参数越限异常判断及处理

1. 设备过负荷

（1）设备过负荷时应立即记录过负荷时间，并计算过负荷倍数。

（2）线路过负荷时应立即汇报调度，根据调令处理。

（3）主变压器过负荷按以下流程处理。

① 记录过负荷主变压器的时间、温度（上层油温和绕组温度）、各侧电流、有功和无功功率情况。

② 通知运维站人员手动投入全部冷却器，要求现场对过负荷主变压器进行特巡，了解现场的环境温度，掌握主变压器温升变化情况。

③ 将过负荷情况向调度汇报，配合调度采取减负荷措施。根据变压器的过负荷规定及限值，对正常过负荷和事故过负荷的幅度和时间进行监视和控制。

④ 指派专人严密监视过负荷变压器的负荷及温度变化，若过负荷运行时间或温度已超过允许值时，应立即汇报调度将变压器停运。

（4）设备过负荷期间，监控员应配合调度员进行处理，并做好相关倒闸操作的准备工作。

凡调度指令限制或者切断的负荷，以及安全自动装置动作切断的负荷，未经值班调度员允许，监控员不得自行恢复供电。

2. 温度越限

（1）温度越限包括主变压器上层油温及绕组温度越限、高压电抗器上层油温及绕组温度越限、低压电抗器上层油温越限、站用变压器上层油温及绕组温度越限。

（2）温度越限报警发出后，监控员应记录越限时间及温度值，查看设备负荷情况，并通知运维站人员到现场检查，判断是否因表计问题误报警，若由于过负荷引起，则按设备过负荷规定处理。

（3）如确属主变压器或电抗器油温越限，应根据越限原因按照以下方法进行处理：

① 通知现场开启主变压器全部冷却器并加强测温；

② 汇报调度调整主变压器负荷；

③ 温度越限后应监视温度变化趋势，若主变压器或电抗器负荷及环境温度均正常，且短时间内温度上升较快，应考虑是否设备内部有异常，通知现场详细检查设备，并汇报调度做好停止该设备运行的准备。

主变压器和高压电抗器温度升高且没有其他降温措施时，应采取带电水冲洗降温。

（六）输变电设备状态在线监测系统异常判断及处理

输变电设备状态在线监测系统信息按照紧急程度和所反映的故障缺陷特点，可以分为一级报警信息、二级报警信息、三级报警信息、正常信息四类，各级别报警对应不同的业务流程。

（1）一级报警信息。输变电设备关键特征量的监测数据超过范围值，显示设备有突发故障的可能。

监控员应立即通知运维单位进行现场检查确认、设备状态分析，同时通知值班调度员。监控员将现场反馈的设备分析结果汇报调度员，并做好风险分析和相关事故预案。

（2）二级报警信息。输变电设备关键特征量的监测数据发生突变、重要特征量超过范围值，显示设备有缓慢故障可能。

监控员及时通知运维单位进行检查确认和分析，运维单位将结果反馈至监控员。监控员做好相关记录。

（3）三级报警信息。输变电设备关键特征量、重要特征量的监测数据出现劣化趋势，但未超过范围值，显示设备需跟踪关注。

监控员及时做好相关记录，定期汇总并向运维单位反馈，运维单位跟踪检查设备状态。

（4）正常信息。输变电设备关键特征量、重要特征量的监测数据均未发生劣化或超过范围值，显示设备处于正常状态。

输变电设备状态在线监测系统发出一级报警信息、二级报警信息、三级报警信息时均应通知调控中心设备监控管理处专责，进行异常数据初步分析。

（七）断路器压力降低报警处理

（1）监控员发现断路器压力降低报警时，应详细记录异常发生变电站名称、时间，立即通知运维人员进行检查，并将详细情况汇报给值班调度员。

（2）监控员应做好由于断路器压力降低而造成越级跳闸的事故预想。

（3）异常处理完毕后，现场运维人员应将处理结果告知值班监控员。

（4）监控员应将现场专业人员处理结果汇报值班调度员。

（八）交流、直流系统异常处理

（1）监控员应通过监控机检查各站交流、直流系统电压正常，发现交流、直流系统电压异常时，应立即通知运维站人员现场检查并汇报调度。

（2）监控员应及时了解现场检查情况和处理情况。

（3）监控员应做好相关记录和汇报工作。

（九）GIS 设备异常处理

（1）运行中的 GIS 设备气室 SF_6 额定压力参数见表 4-19。

气室名称	SF_6 气体额定压力/MPa	SF_6 气体报警压力/MPa	SF_6 气体最低功能压力/MPa
开关气室	0.6 ±0.02	0.55 ±0.02	0.5 ±0.02
其他气室	0.5 ±0.02	0.45 ±0.02	0.4 ±0.02

（2）监控员在运行监视中发现 GIS 设备气室压力降低报警信号时，应密切监视压力变化的幅度和具体时间点，通知运维站人员检查设备气室实际压力值。如果属于温度补偿装置的精度问题，应进行校验或更换。如果属于气室漏气，应及时进行补气，或对罐体检漏消缺。当设备气室 SF_6 气体压力达到最低限值时，严禁操作该设备。

（3）GIS 运行中压力释放装置动作后，监控人员应汇报调度，同时通知运维人员立即检查设备，在检查设备接近 SF_6 扩散地或者故障设备时，应做好防止人员 SF_6 气体中毒的安全防护措施。

（十）其他异常判断及处理

（1）直流系统异常。当发现直流系统异常信号时，应首先检查直流电压是否正常、是否有下降趋势，有无站用电系统信号，发现异常情况应立即通知运维人员检查处理。

（2）站用电系统异常。当发现站用电系统异常信号时，应检查带站用变压器的线路有无失电，或有无进线、主变压器失电，有无直流系统信号，如"充电机欠压"等。发现异常情况应通知运维人员检查处理，如果带有直流系统异常信号时必须尽快到现场检查。当发生某站站用变压器切换动作时，应查看交流系统遥测值是否显示正确，且应清楚站用电交流系统的接线方式。当全站失电时应判断交流电是否全失，防止蓄电池过度放电。

▶▶▶▶ 二、监控事故处理

（一）事故处理的原则和规定

监控员负责接入监控系统的受控变电站设备故障的发现、汇报工作，并在各级调度的指挥下进行事故处理，对遥控操作的正确性负责。

1. 事故检查和汇报

（1）事故信号发出后，当值人员应在报警窗中筛选关键信号，结合监控画面上断路器变位或闪烁情况、光字牌动作复归情况、相关遥测值变化情况综合分析判断事故性质，及时将有关事故的情况准确报告值班调度员，主要内容包括：

① 事故发生的时间、过程和现象；

② 断路器跳闸情况和主要设备出现的异常情况；

③ 继电保护和安全自动装置的动作情况（动作或出口的保护及自动装置）；

④ 频率、电压、负荷的变化情况；

⑤ 有关事故的其他情况。

（2）及时通知运维人员进行现场检查、确认，并做好相关记录。

（3）运维站人员到达现场，检查设备实际情况后，应及时与值班监控员核对信息，并在相应调度机构当值调度员的指挥下进行事故处理操作。事故处理过程中的业务联系由现场运维人员与相应调度机构当值调度员直接进行。

2. 监控事故处理时的要求

（1）紧急情况下，为防止事故扩大，监控员可不经调度命令先行进行以下遥控操作，但事后应当尽快报告值班调度员并通知现场运维人员到现场检查。

① 将直接威胁人身安全的设备停电；

② 将故障设备停电隔离；

③ 解除对运行设备安全的威胁；

④ 各级调控机构调度规程中明确规定可不待调令自行处理的事项。

（2）安全自动装置切掉的线路在事故处理过程中不得送电，待系统恢复正常运行方式后根据调令逐步恢复。

（3）当主变压器过负荷时，禁止线路超过允许负荷运行，线路超允许负荷时，需先限电再转供负荷；主变压器正常情况下不能超过额定容量运行。特殊情况下，如果变压器超过额定容量运行，应加强主变压器负荷监视，及时汇报调度员，根据调令按照"电网事故限电序位表"依次进行拉路限电，当调度下达限电命令后，应迅速完成各站的单一拉闸限电操作。

（4）事故处理中应严格执行相关规章制度，监控员在监控长的组织下，密切配合、合理分工，迅速正确配合调度处理电网事故。

（5）监控员应服从各级值班调度员的指挥，迅速正确地执行各级值班调度员的调度指令。当值人员如果认为值班调度员指令有误时应予以指出，并做出必要解释，如果值班调度员确认自己的指令正确时，监控员应立即执行。

（6）在调度员指挥事故处理时，监控员要密切监视监控系统中相关厂站信息的变化，关注故障发展和电网运行情况，及时将有关情况报告相关值班调度员。

（7）调度员和监控员按照职责分工进行各项工作的上报和通知，遇有重大事件时，应严格按照重大事件汇报制度执行。

3. 事故处理完成后的要求

（1）事故及异常处理完毕后，运维操作站人员检查设备正常，并与各级调度机构及监控员核对运行方式及相关信号确已复归。

（2）事故处理后应在监控值班长的组织下完成各种记录，做好事故的分析和总结。

（二）主变压器跳闸事故处理

（1）变电站主变压器发生跳闸事故时，监控员应详细记录事故发生变电站名称、时间、保护动作信息、断路器分闸情况，并严密监视站内其他主变压器有无过负荷情况，若出现严重过负荷，监控员可依据调度指令进行拉闸限电。

（2）及时向值班调度员详细汇报事故内容。

（3）及时通知运维站人员赶赴现场进行检查、确认，并在现场核对相关信息无误。

（4）加强与现场值班人员联系，掌握现场事故处理情况，严防事故扩大，并做好事故预想。

（5）加强对运行主变压器负荷、温度、冷却器运行情况以及全站所用系统和直流系统的监视。

（三）全站失压事故处理

（1）发生变电站全站失电事故时，监控员应详细记录事故发生的变电站名称、时间、保护动作信息、开关分闸情况。

（2）监控员根据相关保护信息、断路器动作情况、所用信息情况判断为全站失电时，应及时通知运维人员确认现场设备实际情况，并将事故情况汇报值班调度员。

（3）运维值班人员依据调度命令拉开所有出线断路器，根据各变电站反事故预案。恢复对所用系统供电，监控员对事故现场倒闸操作等事故处理情况做好详细记录。

（4）监控员应加强对直流系统的监视，确保直流系统的安全运行。

（四）线路保护动作事故处理

线路故障跳闸后，监控员应立即通知运维人员对站内设备进行详细检查，与现场人员核对信息，并详细记录事故发生变电站名称、时间、保护动作信息、断路器分闸情况。不论重合闸动作与否，都要求运维站人员对站内设备进行详细检查。

监控员应及时了解运维人员现场检查情况，并做好相关记录和汇报工作。

第五节 输变电设备状态在线监测

培训目标：熟悉输电线路在线监测的分类和功能，熟悉变电设备在线监测的分类和功能。

⟫⟫⟫ 一、输变电设备状态在线监测技术简介

输变电设备状态在线监测是指在不停电的情况下，通过在线监测装置（以及各种在线监测技术）在不影响设备运行的前提下实时获得状态信息，对电力设备进行连续或周期性地自动监视检测。输变电塞状态在线监测的目的是采用有效的检测手段和分析诊断技术，及时、准确地掌握设备运行状态，通过在线监测技术的应用，实时获取和分析设备状态，根据设备状态和分析诊断结果安排检修时间，有利于及时发现设备的潜在性运行隐患，采取有效防控措施降低事故发生的概率，有利于科学地进行检修需求决策，合理安排检修项目、检修时间和检修工期，有效降低检修成本，提高设备可用性；有利于形成符合状态检修要求的管理体制，提高电网检修、运行管理水平。

相关概念介绍如下。

1. 在线监测装置

指安装在被监测的输变电设备附近或之上，能自动采集和处理被监测设备的状态数据，并能和状态监测代理、综合监测单元或状态接入控制器进行信息交换的一种数据采集、处理与通信装置。输电线路状态监测装置也可以向数据采集单元发送控制指令。

2. 在线监测系统

在线监测系统主要由监测装置、综合监测单元和站端监测单元组成，实现在线监测状态数据采集、传输、后台处理及存储转发功能。

3. 状态监测系统

是能在一个局部范围内管理和协同各类输电线路状态监测装置，汇集各类状态监测装置的数据，并代替状态监测装置与主站系统进行安全的双向数据通信的一种状态监测代理装置。

4. 综合测试单元

部署于变电站内，以变电站被监测设备为对象，接收与监测设备相关的状态监测装置发送的数据，并对数据进行加工处理，实现与状态接入控制器（CAC）进行标准化数据通信的一种装置。

5. 状态接入控制器

部署在变电站内的，能以标准方式对站内各类综合监测单元进行状态监测信息获取及控制的一种装置。

6. 状态接入网管机（CAG）

部署在主站系统侧的一种关口设备，能以标准方式远程连接状态监测代理（CMA）或CAC，获取并校验 CMA 或 CAG、线路 CAG 发出的各类状态监测信息，并可以 CMA 和 CAC 进行控制的一种计算机。

7. 面向服务的体系结构（service‑oriented architecture（SOA））

面向服务的体系结构是一个组件模型，它将应用程序的不同功能单元（称为服务）通过服务之间定义良好的接口和契约联系起来。接口采用中立方式定义，独立于实现服务的硬件平台、操作系统和编程语言。

>>>> 二、输电线路在线监测

1. 微气象监测

气象灾害对输电线路能造成巨大破坏，如微风振动、舞动、覆冰、风偏、污闪等现象，大多是当地恶劣气象环境影响所致。微气象监测属于目前比较成熟的在线监测装置，安装于线路杆塔，对线路通道走廊的气象信息进行实时监测。主要部署于通道气象环境恶劣，微地形、微气象地区，易发生覆冰、舞动的地区等。微气象监测为掌握复杂条件下线路的运行实况提供了一种有效的技术手段，特别是大雨、大雪、大风等气象条件下，能积累大量的线路运行第一手资料，为线路的规划设计及整体检修的实施提供依据。

2. 覆冰监测

线路覆冰会引起各类冰害事故，严重危害输电线路。严重覆冰会引起输变电设备电气性能和机械性能下降，引起过载、不均匀覆冰或张力差，引起绝缘子串覆冰闪络及覆冰导线舞动事故。覆冰在线监测系统可以有效监测覆冰情况，掌握覆冰分布的规律和特点，有利于采用更有效的防冻除冰措施。

覆冰监测的监测内容主要为导线覆冰厚度、综合悬挂载荷、不均衡张力差、绝缘子串倾斜角。在输电线路覆冰时导线载荷明显增加，通过对绝缘子串倾斜角、风偏角及拉力的实时监测，再根据微气象环境监测装置对气象资料的监测通过数学模型的分析，辅以视频在线监测系统的实时观测，可以实现对线路覆冰的实时综合监测。

3. 导线温度监测

导线运行时的温度除了与其载流量有关外，与气象条件、环境温度、日照、风速等紧密相关。导线允许载流量的实际值和规定值之间存在着隐性容量。实现导线实时温度的监测对导线载流量的控制以及实现动态增容有重要意义。

导线温度在线监测的主要监测对象包括：

① 进行动态增容、过载特性试验及大负荷区段的带电导线；

② 容易产生热缺陷的带电导线接续部位，如耐张线夹、接续管、引流板等处；

③ 重冰区进行交直流融冰的导地线；

④ 其他有测温需求的普通和特种导线、金具。

4. 其他监测

输电线路在线监测除了上述技术相对成熟、应用较广泛的三类在线监测外，还有弧垂监测、微风振动、舞动、风偏、现场污秽度、杆塔倾斜等在线监测技术。

三、变电设备在线监测

1. 油中溶解气体在线监测

（1）油中溶解气体分析。66kV 及以上电压等级变电站的主变压器均是油浸式。对变压器来讲绝缘油的作用主要是：

① 绝缘作用：变压器绝缘油具有比空气高得多的绝缘强度。绝缘材料浸在油中，不仅可以提高绝缘强度，而且还可以免受潮气的侵蚀。

② 散热作用：变压器绝缘油的比热大，常用作冷却剂。变压器运行时产生的热量使靠近铁芯和绕组的油受热膨胀上升、通过油的上下对流，热量通过散热散出，保证变压器正常运行。

根据《变压器油中溶解气体分析和判断导则》GB/T7252—2001 第 4 条介绍的产气原理，当变压器内部发生低能量故障（如局部放电等）时产生乙炔、乙烯、甲烷、乙烷等烃类气体；当油纸绝缘遇电弧作用时会分解出较多的乙炔；故障点温度较低时，甲烷比例较大；温度升高时，乙烯、氢气组分急剧增加，比例增大，当严重过热时，还会产生乙炔气体；固体绝缘的过热性故障时，除产生上面的低分子烃类气体外，还会产生较多的一氧化碳、二氧化碳，并且随着温度的升高，一氧化碳/二氧化碳的比例逐步增大。不同故障所产生的气体见表 3-5-1。

表 3-5-1 不同故障产生的气体

故障类型	主要气体成分	次要气体成分
油过热	甲烷、乙炔	氢
油及纸过热	甲烷、乙炔、一氧化碳、二氧化碳	
油纸绝缘中局部放电	氢、甲烷、乙炔	乙烷、二氧化碳
油中火花放电	氢、乙炔	甲烷、乙烯、乙烷
油中电弧	氢、乙炔	
油纸中电弧	氢、乙炔、一氧化碳、二氧化碳	
受潮或油有气泡	氢	

（2）油中水分监测。油中水分监测接入的具体状态信息包括：水分。

（3）局部放电监测。局部放电监测接入的具体状态信息包括：放电量 pC、放电位置、脉冲个数和放电波形。

（4）铁芯接地电流监测。铁芯接地电流监测接入的具体状态信息包括：铁芯全电流。

（5）顶层油温监测。顶层油温监测接入的具体状态信息包括：顶层油温、绕组温度。

2. 断路器/GIS 状态监测

（1）局部放电监测。局部放电监测接入的具体状态信息包括：放电量 pC、放电位置、脉冲个数和放电波形。

（2）SF_6 气体压力监测。SF_6 气体压力监测接入的具体状态信息包括：气室编号、温度、绝对压力、密度和压力（20℃）。

（3）SF_6 气体水分监测。SF_6 气体水分监测接入的具体状态信息包括：气室编号、温度、水分。

（4）分合闸线圈电流波形监测。分合闸线圈电流波形监测接入的具体状态信息包括：动作（0 表示分闸，1 表示合闸）、线圈电流波形。

（5）负荷电流波形监测。负荷电流波形监测接入的具体状态信息包括：动作、负荷电流波形。

（6）储能电机工作状态。储能电机工作状态监测接入的具体状态信息包括：储能时间。

3. 容性设备状态监测

容性设备绝缘监测接入的具体状态信息包括：电容量、介质损耗因数、三相不平衡电流、三相不平衡电压、全电流、系统电压。

4. 金属氧化物避雷器状态监测

金属氧化物避雷器绝缘监测接入的具体状态信息包括：系统电压、全电流、阻性电流、计数器动作次数最后一次动作时间。

5. 变电站微气象环境监测

变电站微气象环境监测接入的具体状态信息包括：气温、湿度、气压、雨量、降水强度、光辐射强度。

6. 视频/图像监测

通过接入视频统一平台，查看变电站视频/图像信息。

第六节 电网、变电站一次监控信息处置原则

培训目标：本节对变电站一次设备、二次设备、保护装置、自动装置、交直流等告警信息进行介绍，要求熟练掌握各类告警信息的信息释义、原因分析、处置原则。

一、断路器

（一）SF_6 断路器

1. ××断路器 SF_6 气压低报警

信息释义：监视断路器本体 SF_6 数值，反映断路器绝缘情况。由于 SF_6 密度降低，密度继电器动作。

原因分析：① 断路器有泄漏点，压力降低到报警值；② 密度继电器损坏；③ 二次回路故障；④ 根据 SF_6 压力温度曲线，温度变化时，SF_6 压力值变化。

造成后果：如果 SF_6 压力继续降低，造成断路器分合闸闭锁。

处置原则：

（1）调度员：做好事故预想，安排电网运行方式。

（2）监控值班员：通知运维单位，根据相关规程处理。① 了解现场 SF_6 压力值；了解现场处置的基本情况和现场处置原则。② 根据处置方式制定相应的监控措施，及时掌握 $N-1$ 后设备运行情况。

（3）运维单位：现场检查，采取现场处置措施并及时向调度和监控人员汇报。

现场运维一般处理原则：

① 检查现场压力表，检查信号报出是否正确，是否有漏气；

② 如果检查没有漏气，是由于运行正常压力降低，或者温度变化引起压力变化造成，则由专业人员带电补气；

③ 如果有漏气现象，SF_6 压力未闭锁，应加强现场跟踪，根据现场事态发展确定进一步现场处置原则；

④ 如果是压力继电器或回路故障造成误发信号应对回路及继电器进行检查，及时消除缺陷。

2. ××断路器 SF_6 气压低闭锁

信息释义：监视断路器本体 SF_6 数值，反映断路器绝缘情况。由于 SF_6 压力降低，压力继电器动作。

原因分析：① 断路器有泄漏点，压力降低到闭锁值；② 压力继电器损坏；③ 回路故障；④ 根据 SF_6 压力温度曲线，温度变化时，SF_6 压力值变化。

造成后果：造成断路器分合闸闭锁，如果当时与本断路器有关设备故障，则断路器拒动，断路器失灵保护出口，扩大事故范围。

处置原则：

（1）调度员：核对电网运行方式，下达调度处置指令。

（2）监控值班员：通知运维单位，根据相关规程处理。① 了解现场 SF_6 压力值；了解现场处置的基本情况和现场处置原则。② 根据处置方式制定相应的监控措施，及时掌握 $N-1$ 后设备运行情况。

（3）运维单位：现场检查，采取现场处置措施并及时向调度和监控人员汇报。

现场运维一般处理原则：

① 检查现场压力表，检查信号报出是否正确，是否有漏气；

② 如果有漏气现象，SF_6 压力低闭锁，应断开断路器控制电源的措施，并立即上报调度和监控，并根据调度指令设法将故障断路器隔离，做好相应的安全措施；

③ 如果是压力继电器或回路故障造成误发信号应对回路及继电器进行检查，及时消除故障。

（二）液压机构

1. ××断路器油压低分合闸总闭锁

信息释义：监视断路器操作机构油压值，反映断路器操作机构情况。由于操作机构油压降低，压力继电器动作，正常应伴有控制回路断线信号。

原因分析：① 断路器操作机构油压回路有泄漏点，油压降低到分闸闭锁值；② 压力继电器损坏；③ 回路故障；④ 根据油压温度曲线，温度变化时，油压值变化。

造成后果：如果当时与本断路器有关设备故障，则断路器拒动无法分合闸，后备保护出口，扩大事故范围。

处置原则：

（1）调度员：核对电网运行方式，下达调度处置指令。

（2）监控值班员：通知运维单位，根据相关规程处理。① 了解操作机构压力值；了解现场处置的基本情况和现场处置原则。② 根据处置方式制定相应的监控措施，及时掌握 N－1 后设备运行情况。

（3）运维单位：现场检查，采取现场处置措施并及时向调度和监控人员汇报。

现场运维一般处理原则：

① 检查现场压力表，检查信号报出是否正确，是否有漏油痕迹；

② 如果检查没有漏油痕迹，是由于运行正常压力降低，或者温度变化引起压力变化造成，则由专业人员带电处理；

③ 如果有漏油现象，操作机构压力低闭锁分闸，应断开断路器控制电源和电机电源，并立即上报调度和监控，并根据调度指令设法将故障断路器隔离，做好相应的安全措施；

④ 如果是压力继电器或回路故障造成误发信号应对回路及继电器进行检查，及时消除故障。

2. ××断路器油压低合闸闭锁

信息释义：监视断路器操作机构油压值，反映断路器操作机构情况。由于操作机构油压降低，压力继电器动作。

原因分析：① 断路器操作机构油压回路有泄漏点，油压降低到分闸闭锁值；② 压力继电器损坏；③ 回路故障；④ 根据油压温度曲线，温度变化时，油压值变化。造成后果：断路器无法合闸。

处置原则：

（1）调度员：核对电网运行方式，下达调度处置指令。

（2）监控值班员：通知运维单位，根据相关规程处理。① 了解操作机构压力值；了解现场处置的基本情况和现场处置原则。② 根据处置方式制定相应的监控措施，及时掌握 N－1 后设备运行情况。

（3）运维单位：现场检查，采取现场处置措施并及时向调度和监控人员汇报。

现场运维一般处理原则：

① 检查现场压力表，检查信号报出是否正确，是否有漏油痕迹；

② 如果检查没有漏油痕迹，是由于运行正常压力降低，或者温度变化引起压力变化

造成，则由专业人员带电处理；

③ 如果有漏油现象，操作机构压力低闭锁合闸，应立即上报调度，同时制定相关措施和方案，必要时向相关调度申请将断路器隔离；

④ 如果是压力继电器或回路故障造成误发信号应对回路及继电器进行检查，及时消除故障。

3. ××断路器油压低重合闸闭锁

信息释义：监视断路器操作机构油压值，反映断路器操作机构情况。由于操作机构油压降低，压力继电器动作。

原因分析：① 断路器操作机构油压回路有泄漏点，油压降低到分闸闭锁值；② 压力继电器损坏；③ 回路故障；④ 根据油压温度曲线，温度变化时，油压值变化。

造成后果：造成断路器故障跳闸后不能重合。

处置原则：

（1）调度员：核对电网运行方式，下达调度处置指令。

（2）监控值班员：通知运维单位，根据相关规程处理。① 了解操作机构压力值；了解现场处置的基本情况和现场处置原则。② 根据处置方式制定相应的监控措施，及时掌握 N－1 后设备运行情况。

（3）运维单位：现场检查，采取现场处置措施并及时向调度和监控人员汇报。

现场运维一般处理原则：

① 检查现场压力表，检查信号报出是否正确，是否有漏油痕迹；

② 如果检查没有漏油痕迹，是由于运行正常压力降低，或者温度变化引起压力变化造成，则由专业人员带电处理；

③ 如果有漏油现象，操作机构压力低闭锁重合闸，应立即上报调度，同时制定相关措施和方案，必要时向相关调度申请将断路器隔离；

④ 如果是压力继电器或回路故障造成误发信号应对回路及继电器进行检查，及时消除故障。

4. ××断路器油压低报警

信息释义：断路器操作机构油压值低于报警值，压力继电器动作。

原因分析：① 断路器操作机构油压回路有泄漏点，油压降低到分闸闭锁值；② 压力继电器损坏；③ 回路故障；④ 根据油压温度曲线，温度变化时，油压值变化。

造成后果：如果压力继续降低，可能造成断路器重合闸闭锁、合闸闭锁、分闸闭锁。

处置原则：

（1）调度员：核对电网运行方式，下达调度处置指令。

（2）监控值班员：通知运维单位，根据相关规程处理。① 了解操作机构压力值；了解现场处置的基本情况和现场处置原则。② 根据处置方式制定相应的监控措施，及时掌握 N－1 后设备运行情况。

（3）运维单位：现场检查，采取现场处置措施并及时向调度和监控人员汇报。

现场运维一般处理原则：

① 检查现场压力表，检查信号报出是否正确，是否有泄漏；

② 如果压力确实降低至报警值时，判断是否可带电处理，如必须停电处理时，应立

即上报相关调度，根据运维单位检查情况确定处置方案，但应采取措施避免出现分合闸闭锁情况；

③ 如果是压力继电器或回路故障造成误发信号，应对回路及继电器进行检查，及时消除故障。

5. ××断路器 N_2 泄漏报警

信息释义：断路器操作机构 N_2 压力值低于报警值，压力继电器动作。

原因分析：① 断路器操作机构油压回路有泄漏点，N_2 压力降低到报警值；② 压力继电器损坏；③ 回路故障；④ 根据 N_2 压力温度曲线，温度变化时，N_2 压力值变化。

造成后果：如果压力继续降低，可能造成断路器重合闸闭锁、闭锁合闸、闭锁分闸。

处置原则：

（1）调度员：核对电网运行方式，下达调度处置指令。

（2）监控值班员：通知运维单位，根据相关规程处理。① 了解 N_2 压力值；了解现场处置的基本情况和现场处置原则。② 根据处置方式制定相应的监控措施，及时掌握 $N-1$ 后设备运行情况。

（3）运维单位：现场检查，采取现场处置措施并及时向调度和监控人员汇报。

现场运维一般处理原则：

① 检查现场 N_2 压力表，检查信号报出是否正确，是否有 N_2 泄漏；

② 如果检查没有泄漏 N_2，是由于温度变化等原因造成，检查油泵运转情况并由专业人员处理；

③ 如果是压力继电器或回路故障造成误发信号应对回路及继电器进行检查，及时消除故障。

6. ××断路器 N_2 泄漏闭锁

信息释义：监视断路器液压操作机构活塞筒中氮气压力情况，由于压力降低至闭锁值时，将使作用在断路器操作传动杆上的力降低，影响断路器的分合闸。

原因分析：① 断路器机构有泄漏点，氮气压力降低到闭锁值；② 压力继电器损坏；③ 回路故障。

造成后果：造成断路器分合闸闭锁，如果当时与本断路器有关设备故障，则断路器拒动，断路器失灵保护出口，扩大事故范围。

处置原则：

（1）调度员：核对电网运行方式，下达调度处置指令。

（2）监控值班员：通知运维单位，根据相关规程处理。① 了解 N_2 压力值；了解现场处置的基本情况和现场处置原则。② 根据处置方式制定相应的监控措施，及时掌握 $N-1$ 后设备运行情况。

（3）运维单位：现场检查，采取现场处置措施并及时向调度和监控人员汇报。

现场运维一般处理原则：

① 检查现场压力表，检查信号报出是否正确，是否有泄漏；

② 如果确实压力降低至闭锁分合闸，应拉开油泵电源闸、断开控制电源（装有失灵保护且控制保护电源未分开的除外）或停保护跳闸出口压板，立即报相关调度，同时制定隔离措施和方案；

③ 如果是压力继电器或回路故障造成误发信号应对回路及继电器进行检查，及时消除故障。

（三）气动机构

1. ××断路器空气压力低分合闸总闭锁

信息释义：监视断路器操作机构空气压力值，反映断路器操作机构情况。由于操作机构油压降低，压力继电器动作，正常应伴有控制回路断线信号。

原因分析：① 断路器操作机构气压回路有泄漏点，气压降低到分闸闭锁值；② 压力继电器损坏；③ 回路故障；④ 根据气压温度曲线，温度变化时，气压值变化。

造成后果：如果当时与本断路器有关设备故障，则断路器拒动无法分合闸，后备保护动作出口，造成事故范围扩大。

处置原则：

（1）调度员：核对电网运行方式，下达调度处置指令。

（2）监控值班员：通知运维单位，根据相关规程处理。① 了解空气压力值；了解现场处置的基本情况和现场处置原则。② 根据处置方式制定相应的监控措施，及时掌握 N－1 后设备运行情况。

（3）运维单位：现场检查，采取现场处置措施并及时向调度和监控人员汇报。

现场运维一般处理原则：

① 检查现场压力表，检查信号报出是否正确，是否有漏气痕迹；

② 如果检查没有漏气痕迹，是由于运行正常压力降低，或者温度变化引起压力变化造成，则由专业人员带电处理；

③ 如果有漏气现象，操作机构压力低闭锁分闸，应断开断路器控制电源和电机电源，并立即上报调度和监控，并根据调度指令设法将故障断路器隔离，做好相应的安全措施；

④ 如果是压力继电器或回路故障造成误发信号应对回路及继电器进行检查，及时消除故障。

2. ××断路器空气压力低合闸闭锁

信息释义：监视断路器操作机构空气压力值，反映断路器操作机构情况。由于操作机构空气压力降低，压力继电器动作。

原因分析：① 断路器操作机构气压回路有泄漏点，气压降低到分闸闭锁值；② 压力继电器损坏；③ 回路故障；④ 根据气压温度曲线，温度变化时，气压值变化。

造成后果：造成断路器无法合闸。

处置原则：

（1）调度员：核对电网运行方式，下达调度处置指令。

（2）监控值班员：通知运维单位，根据相关规程处理。① 了解空气压力值；了解现场处置的基本情况和现场处置原则。② 根据处置方式制定相应的监控措施，及时掌握 N－1 后设备运行情况。

（3）运维单位：现场检查，采取现场处置措施并及时向调度和监控人员汇报。

现场运维一般处理原则：

① 检查现场压力表，检查信号报出是否正确，是否有漏气痕迹；

② 如果检查没有漏气痕迹，是由于运行正常压力降低，或者温度变化引起压力变化造成，则由专业人员带电处理；

③ 如果有漏气现象，操作机构压力低闭锁合闸，应立即上报调度，同时制定相关措施和方案，必要时向相关调度申请将断路器隔离；

④ 如果是压力继电器或回路故障造成误发信号应对回路及继电器进行检查，及时消除故障。

3. ××断路器空气压力低重合闸闭锁

信息释义：监视断路器操作机构气压数值，反映断路器操作机构能量情况。由于操作机构空气压力降低，压力继电器动作。

原因分析：① 断路器操作机构气压回路有泄漏点，气压降低到分闸闭锁值；② 压力继电器损坏；③ 回路故障；④ 根据气压温度曲线，温度变化时，气压值变化。

造成后果：造成断路器故障跳闸后不能重合。

处置原则：

（1）调度员：核对电网运行方式，下达调度处置指令。

（2）监控值班员：通知运维单位，根据相关规程处理。① 了解空气压力值；了解现场处置的基本情况和现场处置原则。② 根据处置方式制定相应的监控措施，及时掌握 N－1 后设备运行情况。

（3）运维单位：现场检查，采取现场处置措施并及时向调度和监控人员汇报。

现场运维一般处理原则：

① 检查现场压力表，检查信号报出是否正确，是否有漏气痕迹；

② 如果检查没有漏气痕迹，是由于运行正常压力降低，或者温度变化引起压力变化造成，则由专业人员带电处理；

③ 如果有漏气现象，操作机构压力低闭锁重合闸，应立即上报调度，同时制定相关措施和方案，必要时向相关调度申请将断路器隔离；

④ 如果是压力继电器或回路故障造成误发信号，应对回路及继电器进行检查，及时消除故障。

4. ××断路器空气压力低报警

信息释义：断路器操作机构空气压力值低于报警值，压力继电器动作。

原因分析：① 断路器操作机构气压回路有泄漏点，气压降低到分闸闭锁值；② 压力继电器损坏；③ 回路故障；④ 根据气压温度曲线，温度变化时，气压值变化。

造成后果：如果压力继续降低，可能造成断路器重合闸闭锁、合闸闭锁、分闸闭锁。

处置原则：

（1）调度员：根据运维单位检查结果确定是否需要拟定调度令。

（2）监控值班员：通知运维单位，根据相关规程处理。① 了解空气压力值；了解现场处置的基本情况和现场处置原则。② 根据处置方式制定相应的监控措施，及时掌握 N－1 后设备运行情况。

（3）运维单位：现场检查，采取现场处置措施并及时向调度和监控人员汇报。

现场运维一般处理原则：

① 检查现场压力表，检查信号报出是否正确，是否有泄漏；

② 如果压力确实降低至报警值时，判断是否可带电处理，如必须停电处理时，应立即上报相关调度，根据运维单位检查情况确定处置方案，但应采取措施避免出现分合闸闭锁情况；

③ 如果是压力继电器或回路故障造成误发信号应对回路及继电器进行检查，及时消除故障。

（四）弹簧机构

1. ××断路器弹簧未储能

信息释义：断路器弹簧未储能，造成断路器不能合闸。

原因分析：① 断路器储能电机损坏；② 储能电机继电器损坏；③ 电机电源消失或控制回路故障；④ 断路器机械故障。

造成后果：造成断路器不能合闸。

处置原则：

（1）调度员：根据现场检查结果，下达调度处置指令。

（2）监控值班员：通知运维单位，根据相关规程处理。① 了解断路器储能情况；了解现场处置的基本情况和现场处置原则。② 根据处置方式制定相应的监控措施，及时掌握 N−1 后设备运行情况。

（3）运维单位：现场检查，采取现场处置措施并及时向调度和监控人员汇报。

现场运维一般处理原则：

① 检查现场机构弹簧储能情况，检查信号报出是否正确，是否有断路器未储能情况；

② 如果检查断路器储能正常，由于继电器接点信号没有上传造成，则应对信号回路进行检查，更换相应的继电器；

③ 如果是电气回路异常或机械回路卡涩造成断路器未储能，应尽快安排检修。

（五）机构通用信号

1. ××断路器本体三相不一致出口

信息释义：反映断路器三相位置不一致性，断路器三相跳开。

原因分析：① 断路器三相不一致，断路器一相或两相跳开；② 断路器位置继电器接点不好造成。

造成后果：断路器三相跳闸。

处置原则：

（1）调度员：根据现场检查结果，下达调度处置指令。

（2）监控值班员：核实断路器跳闸情况上报调度，通知运维单位，加强运行监控，做好相关操作准备。采取相应的措施。

（3）运维单位：现场检查，采取现场处置措施并及时向调度和监控人员汇报。

现场运维一般处理原则：

① 现场检查确认断路器位置；

② 如果断路器跳开且三相不一致保护出口，按事故流程处理；

③ 如断路器未跳开处于非全相运行，需要汇报调度，听候处理（若两相断开时应立即拉开该断路器，若一相断开时应试合一次，如试合不成功则应尽快采取措施将该断路器拉开，同时汇报值班调度员）；

④ 断路器操作造成非全相，应立即拉开该断路器，进行检查并汇报调度。

2. ××断路器加热器故障

信息释义：断路器加热器故障。

原因分析：① 断路器加热电源跳闸；② 电源辅助接点接触不良。造成后果：当断路器加热器故障时，特别是雨雪天气会造成机构内出现冷凝水，可能会造成二次回路短路或接地，甚至造成断路器拒动或误动。

处置原则：

（1）监控值班员：通知运维单位。

（2）运维单位：现场检查，采取现场处置措施并及时向监控人员汇报。

现场运维一般处理原则：

① 根据环境温度，分析温控器运行是否正常；

② 检查加热器电源是否正常，小开关是否跳开；

③ 检查温控器、加热模块及加热回路是否正常；

④ 根据检查情况，由相关专业人员进行处理。

3. ××断路器储能电机故障

信息释义：监视断路器储能电机运行情况。

原因分析：① 电机电源断线或熔断器熔断（空气小开关跳开）；② 电机电源回路故障；③ 电机控制回路故障。

造成后果：断路器操作机构无法储能，造成压力降低闭锁断路器操作。

处置原则：

（1）监控值班员：通知运维单位，采取相应的措施；通知运维单位，加强断路器操作机构压力相关信号监视。

（2）运维单位：现场检查，采取现场处置措施并及时向监控人员汇报。

现场运维一般处理原则：

① 检查电机电源及控制回路是否断线、短路；

② 检查电机电源及控制电源空气开关是否跳开，若跳开，经检查无其他异常情况，试合一次；

③ 根据检查情况，由相关专业人员进行处理。

（六）控制回路

1. ××断路器第一（二）组控制回路断线

信息释义：控制电源消失或控制回路故障，造成断路器分合闸操作闭锁。

原因分析：① 二次回路接线松动；② 控制保险熔断或空气开关跳闸；③ 断路器辅助

接点接触不良，合闸或分闸位置继电器故障；④分合闸线圈损坏；⑤断路器机构"远方/就地"切换开关损坏；⑥弹簧机构未储能或断路器机构压力降至闭锁值、SF_6气体压力降至闭锁值。

造成后果：不能进行分合闸操作及影响保护跳闸。

处置原则：

（1）调度员：根据现场检查结果确定是否拟定调度指令。

（2）监控值班员：通知运维单位。采取相应的措施：①了解断路器控制回路情况；了解现场处置的基本情况和处置原则，根据检查情况上报调度。②根据处置方式制定相应的监控措施，及时掌握 N－1 后设备运行情况。

（3）运维单位：现场检查，采取现场处置措施并及时向调度和监控人员汇报。

现场运维一般处理原则：

①现场检查断路器，是否断路器位置灯熄灭，位置灯熄灭说明控制回路断线。

②检查断路器控制回路开关是否跳开，是否可以立即恢复或找出断路点。

③如控制回路断线且无法立即恢复时，应及时上报调度处理，隔离故障断路器。

④如果是回路故障造成误发信号，应对回路进行检查，及时消除故障。

2. ××断路器第一（二）组控制电源消失

信息释义：控制电源小开关跳闸或控制直流消失

原因分析：①控制回路空开跳闸；②控制回路上级电源消失；③误发信号。

造成后果：不能进行分合闸操作及影响保护跳闸。

处置原则：

（1）调度员：根据现场检查结果确定是否拟定调度指令。

（2）监控值班员：通知运维单位。采取相应的措施：①了解断路器控制回路情况；了解现场处置的基本情况和处置原则，根据检查情况上报调度。②根据处置方式制定相应的监控措施，及时掌握 N－1 后设备运行情况。

（3）运维单位：现场检查，采取现场处置措施并及时向调度和监控人员汇报。

现场运维一般处理原则：

①现场检查断路器，是否断路器位置灯熄灭，位置灯熄灭说明控制回路断线；

②检查断路器控制回路开关是否跳开，是否可以立即恢复；

③如控制回路断线且无法立即恢复时，应及时上报调度处理，隔离故障断路器；

④如果是回路故障造成误发信号，应对回路进行检查，及时消除故障。

▶▶▶▶ 二、GIS（HGIS）

（一）××气室 SF_6 气压低报警（指刀闸、母线 TV、避雷器等气室）

信息释义：××气室 SF_6 压力低于报警值，密度继电器动作发报警信号。

原因分析：①气室有泄漏点，压力降低到报警值；②密度继电器失灵；③回路故障；④根据 SF_6 压力温度曲线，温度变化时，SF_6 压力值变化。

造成后果：气室绝缘降低，影响正常倒闸操作。

处置原则

（1）调度员：核对电网运行方式，下达调度处置指令。

（2）监控值班员：上报调度，通知运维单位。采取相应的措施：① 了解 SF_6 压力值；了解现场处置的基本情况和处置原则。根据处置方式制定相应的监控措施；② 加强相关信号监视。

（3）运维单位：现场检查，采取现场处置措施并及时向调度和监控人员汇报。

现场运维一般处理原则：

① 检查现场压力表，检查信号报出是否正确，是否有漏气，检查前注意通风，防止 SF_6 中毒；

② 如果检查没有漏气，是由于运行正常压力降低或者温度变化引起压力变化造成，则由专业人员带电补气；

③ 如果有漏气现象，则应密切监视断路器 SF_6 压力值，并立即上报调度，等候处理；

④ 如果是压力继电器或回路故障造成误发信号，应对回路及继电器进行检查，及时消除故障。

（二）××断路器汇控柜交流电源消失

信息释义：××断路器汇控柜中各交流回路电源有消失情况。

原因分析：① 汇控柜中任一交流电源小空开跳闸，或几个交流电源小空开跳闸；② 汇控柜中任一交流回路有故障，或几个交流回路有故障。

造成后果：无法进行相关操作。

处置原则：

（1）调度员：核对电网运行方式，下达调度处置指令。

（2）监控值班员：上报调度，通知运维单位。采取相应的措施：

① 了解 SF_6 压力值；了解现场处置的基本情况和处置原则。根据处置方式制定相应的监控措施。② 加强相关信号监视。

（3）运维单位：现场检查，采取现场处置措施并及时向调度和监控人员汇报。

现场运维一般处理原则：

① 检查汇控柜内各交流电源小空开是否有跳闸、虚接等情况；

② 由相关专业人员检查各交流回路完好性，查找原因并处理。

（三）××断路器汇控柜直流电源消失

信息释义：××断路器汇控柜中各直流回路电源有消失情况。

原因分析：① 汇控柜中任一直流电源小空开跳闸，或几个直流电源小空开跳闸；② 汇控柜中任一直流回路有故障，或几个直流回路有故障。

造成后果：无法进行相关操作或信号无法上送。

处置原则。

（1）调度员：核对电网运行方式，下达调度处置指令。

（2）监控值班员：上报调度，通知运维单位。采取相应的措施：① 了解 SF_6 压力值；了解现场处置的基本情况和处置原则。根据处置方式制定相应的监控措施。② 加强相关信号监视。

（3）运维单位：现场检查，采取现场处置措施并及时向调度和监控人员汇报。

现场运维一般处理原则：

① 检查汇控柜内各交流电源小空开是否有跳闸、虚接等情况；

② 由相关专业人员检查各交流回路完好性，查找原因并处理。

▶▶▶▶ 三、隔离开关

（一）××隔离开关电机电源消失

信息释义：监视隔离开关操作电源，反映隔离开关电机电源情况。由于隔离开关电机电源消失，继电器动作并发出信号。

原因分析：① 隔离开关电机电源开关跳闸；② 继电器损坏，误发；③ 回路故障，误发。

造成后果：造成隔离开关无法正常电动拉合，如果有工作或故障，无法隔离相关设备。

处置原则：

（1）监控值班员：通知运维单位。采取相应的措施：① 了解异常对相关设备的影响；了解现场处置的基本情况和处置原则。根据处置方式制定相应的监控措施。② 根据处置方式制定相应的监控措施，及时掌握处缺进度。

（2）运维单位：现场检查，采取现场处置措施并及时向调度和监控人员汇报。

现场运维一般处理原则：

① 检查现场设备，信号报出是否正确，确认电源是否消失；

② 如果电源消失，应尽快查明原因，如运维人员能处理尽快处理，使异常设备恢复正常，如无法自行处理，应尽快报专业班组解决；

③ 如果是继电器或回路故障造成误发信号，应对回路及继电器进行检查，及时消除异常。

（二）××隔离开关电机故障

信息释义：监视隔离开关电机运行，反映隔离开关电机运行情况。由于隔离开关电机故障，继电器动作发出信号。

原因分析：① 隔离开关电机本身发生故障（如运转超时，电机过温等）；② 继电器损坏，误发；③ 回路故障，误发。

造成后果：造成隔离开关无法正常电动拉合，如果有工作或故障，无法隔离相关设备。

处置原则：

（1）监控值班员：通知运维单位。采取相应的措施：① 了解异常对相关设备的影响；了解现场处置的基本情况和处置原则。根据处置方式制定相应的监控措施。② 根据处置方式制定相应的监控措施，及时掌握处缺进度。

（2）运维单位：现场检查，采取现场处置措施并及时向调度和监控人员汇报。

现场运维一般处理原则：

① 检查现场设备，信号报出是否正确，确认电机是否故障；

② 如果电机故障，应尽快查明原因，如运维人员能处理尽快处理，使异常设备恢复正常，如无法自行处理，应尽快报专业班组解决；

③ 如果是继电器或回路故障造成误发信号，应对回路及继电器进行检查，及时消除异常。

（三）××隔离开关加热器故障

信息释义：监视隔离开关加热器运行，反映隔离开关加热器运行情况。由于隔离开关加热器故障，继电器动作发出信号。

原因分析：① 隔离开关加热器本身发生故障；② 继电器损坏，误发；③ 回路故障，误发。

造成后果：造成隔离开关机构箱温度过低或潮湿，易造成隔离开关操作箱内二次设备接地或损坏。

处置原则。

（1）监控值班员：通知运维单位。采取相应的措施：① 了解异常对相关设备的影响；了解现场处置的基本情况和处置原则。根据处置方式制定相应的监控措施。② 根据处置方式制定相应的监控措施，及时掌握处缺进度。

（2）运维单位：现场检查，采取现场处置措施并及时向调度和监控人员汇报。

现场运维一般处理原则：

① 检查现场设备，信号报出是否正确，确认加热器是否故障；

② 如果加热器故障，应尽快查明原因，如运维人员能处理尽快处理，使异常设备恢复正常，如无法自行处理，应尽快报专业班组解决；

③ 如果是继电器或回路故障造成误发信号，应对回路及继电器进行检查，及时消除异常。

四、电流互感器、电压互感器

（一）××电流互感器 SF_6 压力低报警

信息释义：电流互感器 SF_6 数值，反映断路器绝缘情况。由于 SF_6 压力降低，继电器动作。

原因分析：① SF_6 电流互感器密封不严，有泄漏点；② SF_6 压力表计或压力继电器损坏；③ 由于环境温度变化引起 SF_6 电流互感器内部 SF_6 压力变化，一般多发生于室外设备和环境温度较低时。

造成后果：如果 SF_6 压力进一步降低，有可能造成电流互感器绝缘击穿。

处置原则：

（1）调度员：根据运维单位现场检查结果确定是否需要拟定调度指令。

（2）监控值班员：通知运维单位。采取相应的措施：① 了解 SF_6 压力值；了解现场处置的基本情况和处置原则。② 根据处置方式制定相应的监控措施，及时掌握 N-1 后设备运行情况。

（3）运维单位：现场检查，采取现场处置措施并及时向调度和监控人员汇报。

现场运维一般处理原则：

① 检查现场压力表，检查信号报出是否正确，是否有漏气；

② 如果检查没有漏气，是由于运行正常压力降低，或者温度变化引起压力变化造成，则有专业人员带电补气；

③ 如果漏气现象严重，需要停电时，应立即上报调度，同时制定隔离措施和方案；

④ 如果是压力继电器或回路故障造成误发信号，应对回路及继电器进行检查，及时消除故障。

（二） ××TV 保护二次电压空开跳开

信息释义：监视 TV 保护二次电压空开运行情况。

原因分析：① 空开老化跳闸；② 空开负载有短路等情况；③ 误跳闸。

造成后果：造成正常运行的母线、变压器等相关保护失去电压值，使相关保护可靠性降低，对自投装置产生影响。

处置原则：

（1）调度员：根据运维单位现场检查结果确定是否需要拟定调度指令。

（2）监控值班员：通知运维单位。采取相应的措施：① 了解异常对相关设备的影响；了解现场处置的基本情况和现场处置原则，根据检查情况上报调度。② 根据处置方式制定相应的监控措施，及时掌握处缺进度。

（3）运维单位：现场检查，采取现场处置措施并及时向调度和监控人员汇报。

现场运维一般处理原则：

① 现场检查信号报出是否正确，TV 保护二次电压空开是否跳开；

② 如果检查 TV 回路没有异常，可能属于空开误跳，可立即将 TV 保护二次电压空开合上；

③ 如果有问题，应采取防止相关保护及自动装置误动的措施，并立即上报调度；

④ 如果是继电器或回路故障造成误发信号，应对回路及继电器进行检查，及时消除故障。

（三） ××母线 TV 并列

信息释义：主要监视双母线方式下，正常情况或倒母线过程中刀闸是否合到位。

原因分析：① 两条母线刀闸都合上时由保护装置的电压切换发出此信号；② 继电器损坏，误发；③ 回路故障，误发。

造成后果：造成两条母线 TV 并列运行，影响保护装置的正确动作。

处置原则：

（1） 调度员：根据运维单位现场检查结果确定是否需要拟定调度指令。

（2） 监控值班员：通知运维单位。采取相应的措施：① 了解异常对相关设备的影响；了解现场处置的基本情况和现场处置原则，根据检查情况上报调度。② 根据处置方式制定相应的监控措施，及时掌握处缺进度。

（3） 运维单位：现场检查，采取现场处置措施并及时向调度和监控人员汇报。

现场运维一般处理原则：

① 检查现场设备是否属于正常倒闸操作信号；

② 如果刀闸操作时，此信号未能正确反映刀闸位置，应检查相应刀闸切换继电器是否有卡制等异常造成此现象；

③ 如果站内无刀闸操作，应确认是否因继电器或回路故障造成误发信号，应对回路及继电器进行检查，及时消除故障。

⟩⟩⟩⟩ 五、主变压器

（一） 冷却器状态

1. ××主变冷却器电源消失

信息释义：主变冷却器装置失去工作电源。

原因分析：① 冷却器控制回路或交流电源回路有短路现象，造成电源空气开关跳开；② 监视继电器故障。

造成后果：影响变压器冷却系统正常运行，导致变压器不能正常散热。对于强油风冷（水冷）变压器，当两路电源全部失去时，造成变压器停电。

处置原则：

（1） 监控值班员：通知运维单位。到现场检查。了解变压器的温度及负荷情况；了解现场处置的基本情况和现场处置原则。

（2） 运维单位：现场检查，采取现场处置措施并及时向调度和监控人员汇报。

现场运维一般处理原则：

① 检查现场监控机是否发此信号，检查变压器运行情况，冷却系统运行是否正常；

② 检查变压器温度及负荷情况；

③ 如果现场监控机未发此信号，冷却系统运行正常。变压器温度及负荷情况正常，

属于误发信号，应进行上报，让专业班组进行处理；

④ 如果冷却系统运行电源有问题，造成一路或两路电源失电，应检查电源回路能否立即恢复，如果未发现明显故障或不能立即恢复，运维单位应进行上报，让专业班组进行处理。

2. ××主变冷却器故障（强油风冷、水冷变压器）

信息释义：强油风冷、水冷变压器冷却器故障，发此信号。

原因分析：① 冷却器装置电机过载、热继电器、油流继电器动作；② 冷却器电机、油泵故障；③ 冷却器交流电源或控制电源消失造成后果：影响变压器冷却系统正常运行，导致变压器不能正常散热。

处置原则：

（1）监控值班员：通知运维单位。到现场检查。了解变压器的温度、负荷以及备用冷却器投入情况；了解现场处置的基本情况和现场处置原则。

（2）运维单位：现场检查，采取现场处置措施并及时向调度和监控人员汇报。

现场运维一般处理原则：

① 检查变压器温度及负荷情况。将故障冷却器切至停止位置，检查备用冷却器有无自动投入，必要时手动投入。

② 如果冷却器故障（风扇、油泵故障电源故障，热耦继电器动作，二次回路断线、短路等），应检查冷却器回路能否立即恢复，如果未发现明显故障或不能立即恢复，应进行上报，让专业班组进行处理。

③ 如果现场监控机未发此信号，冷却系统运行正常。变压器温度及负荷情况正常，属于误发信号，应进行上报，让专业班组进行处理。

3. ××主变风扇故障（油浸风冷变压器）

信息释义：油浸风冷变压器冷却器故障，发此信号。

原因分析：① 风扇电机故障；② 风扇电源消失造成后果：影响变压器冷却系统正常运行，导致变压器不能正常散热。

处置原则。

（1）监控值班员：通知运维单位。到现场检查。了解变压器的温度和负荷情况；了解现场处置的基本情况和现场处置原则。

（2）运维单位：现场检查，采取现场处置措施并及时向调度和监控人员汇报。

现场运维一般处理原则：

① 检查变压器温度及负荷情况，检查故障风扇情况，将故障风扇手把改为停止；

② 如果风扇故障，应查看能否立即恢复，如果未发现明显故障或不能立即恢复，应进行上报，让专业班组进行处理。

③ 如果现场监控机未发此信号，风扇运行正常。变压器温度及负荷情况正常，属于误发信号，应进行上报，让专业班组进行处理。

4. ××主变冷却器全停延时出口

信息释义：强油风冷（水冷）变压器冷却器系统电源全部消失，延时跳闸。

原因分析：① 两组冷却器电源消失；② 一组冷却器电源消失后，自动切换回路故障，造成另一组电源不能投入；③ 冷却器控制回路或交流电源回路有短路现象，造成两组电源空气开关跳开。

造成后果：变压器三侧断路器跳闸。

处置原则。

（1）调度员：核对电网运行方式，下达处置调度指令。

（2）监控值班员：报调度，通知运维单位。采取相应的措施：① 确定是否变压器冷却器全停。② 了解变压器的温度及负荷情况；了解现场处置的基本情况和现场处置原则。

（3）运维单位：现场检查，采取现场处置措施并及时向调度和监控人员汇报。

现场运维一般处理原则：

① 主变断路器跳闸后，应监视其他运行主变及相关线路的负荷情况，检查另一台主变冷却装置运行是否正常，必要时增加特巡，发现异常及时上报调度；

② 如站用电消失，及时切换或恢复；

③ 检查主变非电量保护装置动作信息及运行情况，检查冷却器故障原因，将检查情况上报调度，按照调度指令处理。

5. ××主变冷却器全停报警

信息释义：监视变压器冷却器状态。变压器冷却器系统电源故障，发此信号。强油风冷（水冷）变压器冷却器系统电源全部消失，延时跳闸。

原因分析：① 两组冷却器电源消失；② 一组冷却器电源消失后，自动切换回路故障，造成另一组电源不能投入；③ 冷却器控制回路或交流电源回路有短路现象，造成两组电源空气开关跳开。

造成后果：影响风冷（水冷）变压器冷却器系统正常运行，导致变压器不能正常散热，到达时间后变压器三侧断路器跳闸。

处置原则：

（1）调度员：核对电网运行方式，下达处置调度指令。

（2）监控值班员：报调度，通知运维单位。采取相应的措施：① 了解变压器的温度及负荷情况，做好倒负荷的准备；② 了解现场处置的基本情况和现场处置原则。

（3）运维单位：现场检查，采取现场处置措施并及时向调度和监控人员汇报。

现场运维一般处理原则：

① 检查变压器温度及负荷情况，密切跟踪变压器温度变化情况，根据规程处理。

② 如果冷却器系统电源故障，应检查冷却器电源回路，能否立即恢复，查找故障原因并及时排除故障，恢复冷却装置的正常运行。如果不能立即恢复，应进行上报，让专业班组进行处理。

③ 如果现场监控机未发此信号，冷却系统运行正常。变压器温度及负荷情况正常，属于误发信号，应进行上报，让专业班组进行处理。

（二）本体信息

1. 主变本体重瓦斯出口

信息释义：反映主变本体内部故障。

原因分析：① 主变内部发生严重故障；② 二次回路问题误动作；③ 油枕内胶囊安装

不良，造成呼吸器堵塞，油温发生变化后，呼吸器突然冲开，油流冲动造成继电器误动跳闸；④ 主变附近有较强烈的震动；⑤ 瓦斯继电器误动。

造成后果：主变跳闸。

处置原则：

（1）调度员：事故处理，下达调度指令。

（2）监控值班员：核实断路器跳闸情况并上报调度，通知运维单位，加强运行监控，做好相关操作准备。采取相应的措施：① 了解主变重瓦斯出口原因；了解现场处置的基本情况和处置原则。② 根据处置方式制定相应的监控措施，及时掌握 N－1 后设备运行情况。

（3）运维单位：现场检查，采取现场处置措施并及时向调度和监控人员汇报。

现场运维一般处理原则：

① 立即投入备用电源，切换站用变，恢复站用变。

② 对主变进行外观检查。若主变无明显异常和故障迹象，取气进行检查分析；若有明显故障迹象，则不必取气即可确定为内部故障。

③ 根据保护动作情况、外部检查结果、气体继电器气体性质进行综合分析，并立即上报调度，同时制定隔离措施和方案。

④ 如果是二次回路、附近强烈震动或重瓦斯保护误动等引起，在差动和后备保护投入的情况下，退出重瓦斯保护，根据调度指令进行恢复送电。

2. ××主变本体轻瓦斯报警

信息释义：反映主变本体内部异常。

原因分析：① 主变内部发生轻微故障；② 因温度下降或漏油使油位下降；③ 因穿越性短路故障或震动引起；④ 油枕空气不畅通；⑤ 直流回路绝缘破坏；⑥ 瓦斯继电器本身有缺陷等；⑦ 二次回路误动作。

造成后果：发轻瓦斯保护动作信号。

处置原则：

（1）调度员：根据现场检查结果决定是否拟定调度指令。

（2）监控值班员：上报调度，通知运维单位，加强运行监控，做好相关操作准备。采取相应的措施：① 了解主变轻瓦斯动作原因；了解现场处置的基本情况和处置原则。② 根据处置方式制定相应的监控措施，及时掌握 N－1 后设备运行情况。

（3）运维单位：现场检查，采取现场处置措施并及时向调度和监控人员汇报。

现场运维一般处理原则：

① 若瓦斯继电器内无气体或有气体经检验确认为空气而造成轻瓦斯保护动作时，主变压器可继续运行，同时进行相应的处理；

② 将空气放尽后，如果继续动作，且信号动作间隔时间逐次缩短，应报告调度，同时查明原因并尽快消除；

③ 轻瓦斯动作，继电器内有气体，应对气体进行化验，由公司主管领导根据化验结果，确定主变压器是否退出运行；

④ 如果是二次回路故障造成误发信号，现场检查无异常时，按一般缺陷上报，等待专业班组来站处理。

3. ××主变本体压力释放报警

信息释义：主变本体压力释放阀门启动，当主变内部压力值超过设定值时，压力释放阀动作开始泄压，当压力恢复正常时压力释放阀自动恢复原状态。

原因分析：① 变压器内部故障；② 呼吸系统堵塞；③ 变压器运行温度过高，内部压力升高；④ 变压器补充油时操作不当。

造成后果：本体压力释放阀喷油。

处置原则：

（1）调度员：根据现场检查结果决定是否拟定调度指令。

（2）监控值班员：上报调度，通知运维单位，加强运行监控，做好相关操作准备。采取相应的措施：① 了解主变压力释放动作原因；了解现场处置的基本情况和处置原则。② 根据处置方式制定相应的监控措施，及时掌握 N－1 后设备运行情况。

（3）运维单位：现场检查，采取现场处置措施并及时向调度和监控人员汇报。

现场运维一般处理原则：

① 检查呼吸器是否堵塞，更换呼吸器时应暂时停用本体重瓦斯，待更换完毕后再重新将本体重瓦斯恢复；

② 检查储油柜的油位是否正常；

③ 检查现场是否有工作人员给变压器补充油时操作不当；

④ 如果是二次回路故障造成误发信号，现场检查无异常时安排处理。

4. ××主变本体压力突变报警

信息释义：监视主变本体油流、油压变化，压力变化率超过报警值。

原因分析：① 变压器内部故障；② 呼吸系统堵塞；③ 油压速动继电器误发。

造成后果：有进一步造成瓦斯继电器或压力释放阀动作的危险。

处置原则：

（1）调度员：根据现场检查结果决定是否拟定调度指令。

（2）监控值班员：上报调度，通知运维单位，加强运行监控，做好相关操作准备。采取相应的措施：① 了解主变压力突变动作原因；了解现场处置的基本情况和处置原则。② 根据处置方式制定相应的监控措施，及时掌握 N－1 后设备运行情况。

（3）运维单位：现场检查，采取现场处置措施并及时向调度和监控人员汇报。

现场运维一般处理原则：

① 检查呼吸器是否堵塞，如堵塞则更换呼吸器；

② 检查储油柜的油位是否正常；

③ 如果是二次回路故障造成误发信号，现场检查无异常时安排处理。

5. ××主变本体油温高报警2

信息释义：监视主变本体油温数值，反映主变运行情况。油温高于超温跳闸限值时，非电量保护跳主变各侧断路器；现场一般仅投信号。

原因分析：① 变压器内部故障；② 主变过负荷；③ 主变冷却器故障或异常。

造成后果：可能引起主变停运。

处置原则：

（1）调度员：根据现场检查结果决定是否拟定调度指令。

（2）监控值班员：上报调度，通知运维单位，加强运行监控，做好相关操作准备。采取相应的措施：① 了解主变油温高原因；了解现场处置的基本情况和处置原则。② 根据处置方式制定相应的监控措施，及时掌握 N-1 后设备运行情况。

（3）运维单位：现场检查，采取现场处置措施并及时向调度和监控人员汇报。

现场运维一般处理原则：

① 检查分析比较三相主变的负荷情况、冷却风扇、油泵运转情况、冷却回路阀门开启情况、投切台数、油流指示器指示、温度计、散热器等有无异常或不一致性；

② 将温度异常和检查结果向调度汇报，必要时向调度申请降负荷、停运。

6. ××主变本体油温高报警1

信息释义：主变本体油温高时发跳闸信号但不作用于跳闸。

原因分析：① 变压器内部故障；② 主变过负荷；③ 主变冷却器故障或异常。

造成后果：主变本体油温高于报警值，影响主变绝缘。

处置原则：

（1）调度员：根据现场检查结果决定是否拟定调度指令。

（2）监控值班员：上报调度，通知运维单位，加强运行监控，做好相关操作准备。采取相应的措施：① 了解主变油温高原因；了解现场处置的基本情况和处置原则。② 根据处置方式制定相应的监控措施，及时掌握 N-1 后设备运行情况。

（3）运维单位：现场检查，采取现场处置措施并及时向调度和监控人员汇报。

现场运维一般处理原则：

① 检查分析比较三相主变的负荷情况、冷却风扇、油泵运转情况、冷却回路阀门开启情况、投切台数、油流指示器指示、温度计、散热器等有无异常或不一致性；

② 将温度异常和检查结果向调度汇报。

7. ××主变本体油位报警

信息释义：主变本体油位偏高或偏低时报警。

原因分析：① 变压器内部故障；② 主变过负荷；③ 主变冷却器故障或异常；④ 变压器漏油造成的油位低；⑤ 环境温度变化造成油位异常。

造成后果：主变本体油位偏高可能造成油压过高，有导致主变本体压力释放阀动作的危险；主变本体油位偏低可能影响主变绝缘。

处置原则。

（1）监控值班员：通知运维单位，加强运行监控，做好相关操作准备。采取相应的措施：① 了解主变油位异常原因，了解现场处置的基本情况和处置原则。② 根据处置方式制定相应的监控措施，及时掌握 N-1 后设备运行情况。

（2）运维单位：现场检查，向监控人员汇报，采取现场处置措施。现场运维一般处理原则：

① 检查分析比较三相主变的负荷情况、冷却风扇、油泵运转情况、冷却回路阀门开启情况、投切台数、油流指示器指示、温度计、散热器等有无异常或不一致性；

② 油位低时补油。

（三）有载调压

1．××主变有载重瓦斯出口

信息释义：反映变压器有载调压箱内部有故障。

原因分析：① 主变有载调压装置内部发生严重故障；② 二次回路问题误动作；③ 有载调压油枕内胶囊安装不良，造成呼吸器堵塞，油温发生变化后，呼吸器突然冲开，油流冲动造成继电器误动跳闸；④ 主变附近有较强烈的震动；⑤ 瓦斯继电器误动。造成后果：造成主变跳闸。

处置原则：（同主变重瓦斯出口）

现场运维一般处理原则：（同主变重瓦斯出口）

2．××主变有载轻瓦斯报警

信息释义：反映变压器有载调压箱内部有异常。

原因分析：① 调压箱内部发生轻微故障；② 因温度下降或漏油使油位下降；③ 因穿越性短路故障或震动引起；④ 油枕空气不畅通；⑤ 直流回路绝缘破坏；⑥ 瓦斯继电器本身有缺陷等；⑦ 二次回路误动作。

造成后果：发有载轻瓦斯保护动作信号。

处置原则：（同主变轻瓦斯报警）

现场运维一般处理原则：（同主变轻瓦斯报警）

3．××主变有载压力释放报警

信息释义：调压箱压力释放阀门启动，当主变内部压力值超过设定值时，压力释放阀动作开始泄压，当压力恢复正常时压力释放阀自动恢复原状态。

原因分析：① 有载调压箱内部故障；② 呼吸系统堵塞；③ 变压器运行温度过高，内部压力升高；④ 变压器补充油时操作不当。

造成后果：有载调压压力释放阀喷油。

处置原则：（同主变本体压力释放报警）

现场运维一般处理原则：（同主变本体压力释放报警）

4．××主变有载油位报警

信息释义：主变有载调压箱油位偏高或偏低时报警。

原因分析：① 变压器内部故障；② 主变过负荷；③ 主变冷却器故障或异常；④ 变压器漏油造成油位低；⑤ 环境温度变化造成油位异常。

造成后果：主变调压箱油位偏高可能造成油压过高，有导致主变调压箱压力释放阀动作的危险；主变调压箱油位偏低可能影响主变绝缘。

处置原则：（同主变本体油位报警）

现场运维一般处理原则：（同主变本体油位报警）

六、断路器保护

（一）××断路器重合闸出口

信息释义：带重合闸功能的线路发生故障跳闸后，断路器自动重合。

原因分析：① 线路故障后断路器跳闸；② 断路器偷跳；③ 保护装置误发重合闸信号。

造成后果：线路断路器重合。

处置原则。

（1）调度员：根据现场检查结果，下达调度指令。

（2）监控值班员：上报调度，通知运维单位，加强运行监控，做好相关操作准备。① 了解现场处置的基本情况和处置原则。② 根据处置方式制定相应的监控措施，及时掌握设备运行情况。

（3）运维单位：现场检查，向调度和监控人员汇报，采取现场处置措施。

现场运维一般处理原则：

① 现场检查动作设备是否正常；

② 如相应保护装置无动作报告，且断路器有实际变位发生，则判断断路器发生偷跳行为，根据调度指令处理；

③ 如相应保护装置无动作报告，且断路器无实际变位发生，只有断路器重合闸信号，立即安排处理。

（二）××断路器保护装置异常

信息释义：断路器保护装置处于异常运行状态。

原因分析：① TA 断线；② TV 断线；③ 内部通信出错；④ CPU 检测到长期启动等。

造成后果：断路器保护装置部分功能处于不可用状态。

处置原则：

（1）调度员：根据现场检查结果，下达调度指令。

（2）监控值班员：上报调度，通知运维单位，加强运行监控，做好相关操作准备。① 了解现场处置的基本情况和处置原则；② 根据处置方式制定相应的监控措施，及时掌握设备运行情况。

（3）运维单位：现场检查，向监控人员汇报，采取现场处置措施。

现场运维一般处理原则：

① 检查断路器保护装置各信号指示灯，记录液晶面板显示内容；

② 检查装置自检报告和开入变位报告，并结合其他装置进行综合判断；

③ 立即报调度并通知运维单位处理。

（三）××断路器保护装置故障

信息释义：断路器保护装置故障。

原因分析：① 断路器保护装置内存出错、定值区出错等硬件本身故障；② 断路器保护装置失电。

造成后果：断路器保护装置处于不可用状态。

处置原则：

（1）调度员：根据现场检查结果，下达调度指令。

（2）监控值班员：上报调度，通知运维单位，加强运行监控，做好相关操作准备。采取相应的措施：① 根据处置方式制定相应的监控措施；② 及时掌握设备运行情况。

（3）运维单位：现场检查，向监控人员汇报，采取现场处置措施。

现场运维一般处理原则：

① 检查断路器保护装置各信号指示灯，记录液晶面板显示内容；

② 检查装置电源、自检报告和开入变位报告，并结合其他装置进行综合判断；

③ 根据检查结果汇报调度，停运相应的保护装置。

⟫⟫⟫ 七、主变保护

（一）××主变差动保护出口

信息释义：差动保护出口，跳开主变三侧断路器。

原因分析：① 变压器差动保护范围内的一次设备故障；② 变压器内部故障；③ 电流互感器二次开路或短路；④ 保护误动。

造成后果：主变三侧断路器跳闸，可能造成其他运行变压器过负荷；如果自投不成功，可能造成负荷损失。

处置原则：

（1）调度员：处理事故，下达调度指令。

（2）监控值班员：核实开关跳闸情况并上报调度，通知运维单位，做好相关操作准备。① 加强监视其他运行主变及相关线路的负荷情况；② 检查站用电是否失电及自投情况。

（3）运维单位：现场检查，向调度和监控人员汇报，采取现场处置措施。

现场运维一般处理原则：

① 立即投入备用电源，切换站用变，恢复站用变。

② 详细检查差动保护范围内的设备：变压器本体有无变形和异状，套管是否损坏，连接变压器的引线是否有短路烧伤痕迹，引线支持瓷瓶是否异常，差动范围内的避雷器是否正常。

③ 差动保护跳闸后，如不是保护误动，再检查外部无明显故障，检修人员进行瓦斯

气体检查（必要时要进行色谱分析和测直流电阻），证明变压器内部无明显故障后，根据调度指令可以试送一次。

（二）××主变××侧后备保护出口

信息释义：后备保护出口，跳开相应的断路器。

原因分析：① 变压器后备保护范围内的一次设备故障，相应设备主保护未动作；② 保护误动。

造成后果：① 如果母联分段跳闸，造成母线分列；② 如果主变三侧断路器跳闸，可能造成其他运行变压器过负荷；③ 保护误动造成负荷损失；④ 相邻一次设备保护拒动造成故障范围扩大。

处置原则：

（1）调度员：处理事故，下达调度指令。

（2）监控值班员：核实开关跳闸情况并上报调度，通知运维单位，做好相关操作准备。① 加强监视其他运行主变及相关线路的负荷情况；② 检查站用电是否失电及自投情况。

（3）运维单位：现场检查，向调度和监控人员汇报，采取现场处置措施。

现场运维一般处理原则：

① 立即投入备用电源，切换站用变，恢复站用变；

② 详细检查站内后备保护范围内的设备：变压器本体有无变形和异状，套管是否损坏，连接变压器的引线是否有短路烧伤痕迹，引线支持瓷瓶是否异常；

③ 检查主变保护范围内是否有故障点，确认是否因主变主保护拒动造成主变后备保护出口；

④ 检查相邻一次设备保护装置动作情况，确认是否因相邻一次设备保护拒动造成主变后备保护出口。

（三）××主变××侧过负荷报警

信息释义：主变××侧电流高于过负荷报警定值。

原因分析：变压器过载运行或事故过负荷。

造成后果：主变发热甚至烧毁，加速绝缘老化，影响主变寿命。

处置原则：

（1）调度员：核对电网运行方式，做好 N-1 事故预想及转移负荷准备。

（2）监控值班员：加强运行监控，通知运维单位，做好相关记录，加强主变负荷监视。采取相应的措施：① 了解主变过负荷原因，了解现场处置的基本情况和处置原则。② 根据处置方式制定相应的监控措施，及时掌握 N-1 后设备运行情况。

（3）运维单位：加强运行监控，采取相应的措施。

现场运维一般处理原则：

① 手动投入所有冷却器；

② 加强运行监控，超过规定值时及时向调度汇报，必要时申请降低负荷或将主变停运。

（四）××主变保护装置报警

信息释义：主变保护装置处于异常运行状态。

原因分析：① TA 断线；② TV 断线；③ 内部通信出错；④ CPU 检测到电流、电压采样异常；⑤ 装置长期启动。

造成后果：主变保护装置部分功能不可用。

处置原则：

（1）调度员：做好事故预想，安排电网运行方式，下达调度指令。

（2）监控值班员：上报调度，通知运维单位，加强运行监控。根据处置方式制定相应的监控措施，及时掌握设备运行情况。

（3）运维单位：现场检查，向调度和监控人员汇报，采取现场处置措施。

现场运维一般处理原则：

① 检查主变保护装置各信号指示灯，记录液晶面板显示内容；

② 检查装置自检报告，并结合其他装置进行综合判断；

③ 立即报调度并通知运维单位处理。

（五）××主变保护装置故障

信息释义：监视主变各侧保护装置的状况，由于装置本身原因，造成主变保护装置故障报警。

原因分析：主变保护装置本身问题。

造成后果：可能造成失去保护，致使故障时保护拒动。

处置原则：

（1）调度员：做好事故预想，安排电网运行方式，下达调度指令。

（2）监控值班员：上报调度，通知运维单位，加强运行监控。根据处置方式制定相应的监控措施，及时掌握设备运行情况。

（3）运维单位：现场检查，向调度和监控人员汇报，采取现场处置措施。

现场运维一般处理原则：

① 及时上报调度，做好倒负荷的准备；

② 做好设备监视工作，现场运维人员查明故障原因，及时排除，不能及时处理的故障应通知专业班组到现场处理。

（六）××主变保护 TV 断线

信息释义：监视主变各侧 TV 及主变保护电压输入量的状况，由于主变各侧 TV 异常及 TV 二次断路器跳闸或者 TV 二次接线松动，造成主变保护电压输入量异常，经过延时后发出主变 TV 断线信号。

原因分析：① 任意一侧 TV 二次小断路器跳闸或者熔断器熔断；② 任意一侧主变 TV 二次回路接线有松动异常；③ 主变任一侧 TV 损坏。

造成后果：可能造成主变对应各侧复合电压闭锁过流保护复压判别元件退出，使合电压闭锁过流保护变成纯过流保护，同时所有距离元件、负序方向元件、带方向的零序保护也闭锁，退出运行。

处置原则：

（1）调度员：根据现场检查结果确定是否拟定调度指令。

（2）监控值班员：上报调度，通知运维单位，加强运行监控。根据处置方式制定相应的监控措施，及时掌握设备运行情况。

（3）运维单位：现场检查，向调度和监控人员汇报，采取现场处置措施。

现场运维一般处理原则：

① 及时上报调度，做好倒负荷的准备；

② 做好设备监视工作，现场运维人员查明故障原因，及时排除，不能及时处理的故障应通知专业班组到现场处理。

（七）××主变保护 TA 断线

信息释义：监视主变各侧 TA 及主变保护电流输入量的状况，由于主变各侧 TA 异常或者 TA 二次接线松动、开路，造成主变保护电流输入量异常，经过延时后发出主变 TA 断线信号。

原因分析：① 任意一侧 TA 损坏、异常；② 任意一侧主变 TA 二次回路接线有松动异常或者开路现象。

造成后果：在 TA 二次产生高压，闭锁有关差动保护。

处置原则：

（1）调度员：做好事故预想，安排电网运行方式，下达调度指令。

（2）监控值班员：上报调度，通知运维单位，加强运行监控。根据处置方式制定相应的监控措施，及时掌握设备运行情况。

（3）运维单位：现场检查，向调度和监控人员汇报，采取现场处置措施。

现场运维一般处理原则：

① 立即上报调度，停用变压器差动保护，并上报；

② 做好设备监视工作，现场运维人员查明故障原因，及时排除，不能及时处理的故障应通知专业班组到现场处理。

八、线路保护

（一）××线路第一（二）套保护出口

信息释义：线路保护出口，跳开对应断路器。

原因分析：① 保护范围内的一次设备故障；② 保护误动。

造成后果：线路本侧断路器跳闸。

处置原则：

（1）调度员：处理事故，下达调度指令。

（2）监控值班员：上报调度，通知运维单位，加强运行监控，做好相关操作准备。采取相应的措施。

（3）运维单位：现场检查，向调度和监控人员汇报，采取现场处置措施。

现场运维一般处理原则：

① 检查断路器跳闸位置及间隔设备是否存在故障；

② 检查保护装置故障报告，结合录波器和其他保护动作启动情况，综合分析初步判断故障原因；

③ 若系保护装置误动，根据调度指令退出异常保护装置。

（二）××线路第一（二）套保护远跳就地判别出口

信息释义：收到远方跳闸令，就地判据满足后跳开本侧开关。

原因分析：① 对侧过电压、失灵、或高抗保护出口；② 保护误动。造成后果：本侧开关跳闸。

处置原则：

（1）调度员：根据现场检查结果确定是否拟定调度指令，安排电网运行方式。

（2）监控值班员：上报调度，通知运维单位，加强运行监控，做好相关操作准备。采取相应的措施。

（3）运维单位：现场检查，向调度和监控人员汇报，采取现场处置措施。

现场运维一般处理原则：

① 检查断路器跳闸位置及间隔设备情况；

② 检查保护装置出口信息及运行情况，检查故障录波器出口情况；

③ 若保护装置误动，根据调度指令退出异常保护装置。

（三）××线路第一（二）套保护通道故障

信息释义：保护通道通信中断，两侧保护无法交换信息。

原因分析：光纤通道：① 保护装置内部元件故障；② 尾纤连接松动或损坏、法兰头损坏；③ 光电转换装置故障；④ 通信设备故障或光纤通道问题。

高频通道：① 收发信机故障；② 结合滤波器、耦合电容器、阻波器、高频电缆等设备故障；③ 误合结合滤波器接地刀闸；④ 天气或湿度变化。

造成后果：① 差动保护或纵联距离（方向）保护无法动作；② 高频保护可能误动或拒动。

处置原则：

（1）调度员：做好事故预想，安排电网运行方式，下达调度指令。

（2）监控值班员：上报调度，通知运维单位，加强运行监控，做好相关操作准备。采取相应的措施。

（3）运维单位：现场检查，向调度和监控人员汇报，采取现场处置措施。

现场运维一般处理原则：

① 检查保护装置运行情况，检查光电转换装置运行情况；

② 如果通道故障短时复归，应做好记录加强监视；

③ 如果无法复归或短时间内频繁出现，根据调度指令退出相关保护。

（四）××线路第一（二）套保护远跳发信

信息释义：保护向线路对侧保护发跳闸令，远跳线路对侧开关。

原因分析：① 过电压、失灵、高抗保护出口，保护装置发远跳令；② 220kV 母差保护出口远跳线路对侧开关；③ 二次回路故障。

造成后果：远跳对侧开关。

处置原则：

（1）调度员：做好事故预想，安排电网运行方式，下达调度指令。

（2）监控值班员：上报调度，通知运维单位，加强运行监控，做好相关操作准备。采取相应的措施。

（3）运维单位：现场检查，向调度和监控人员汇报，采取现场处置措施。

现场运维一般处理原则：

① 检查保护装置动作情况；

② 检查装置故障报告，综合分析初步判断故障原因；

③ 若保护装置误动，根据调度指令退出相关保护。

（五）××线路第一（二）套保护远跳收信

信息释义：收线路对侧远跳信号。

原因分析：对侧保护装置发远跳令。

造成后果：根据控制字无条件跳本侧开关，或需本侧保护起动才跳本侧开关。

处置原则：

（1）调度员：做好事故预想，安排电网运行方式。

（2）监控值班员：上报调度，通知运维单位，加强运行监控，做好相关操作准备。采取相应的措施。

（3）运维单位：现场检查，向调度和监控人员汇报，采取现场处置措施。

现场运维一般处理原则：检查保护装置动作情况。

（六）××线路第一（二）套保护 TA 断线

信息释义：线路保护装置检测到电流互感器二次回路开路或采样值异常等原因造成差

动不平衡电流超过定值延时发 TA 断线信号。

原因分析：① 保护装置采样插件损坏；② TA 二次接线松动；③ 电流互感器损坏。

造成后果：① 线路保护装置差动保护功能闭锁；② 线路保护装置过流元件不可用；③ 可能造成保护误动作。

处置原则：

（1）调度员：做好事故预想，安排电网运行方式，下达调度指令。

（2）监控值班员：上报调度，通知运维单位，加强运行监控，做好相关操作准备。采取相应的措施。

（3）运维单位：现场检查，向调度和监控人员汇报，采取现场处置措施。

现场运维一般处理原则：

① 现场检查端子箱、保护装置电流接线端子连片紧固情况；

② 观察装置面板采样，确定 TA 采样异常相别；

③ 观察装置 TA 采样插件，无异常气味；

④ 观察设备区电流互感器有无异常声响；

⑤ 向调度申请退出可能误动的保护；

⑥ 根据调度指令停运一次设备。

（七）××线路第一（二）套保护保护 TV 断线

信息释义：线路保护装置检测到电压消失或三相不平衡。

原因分析：① 保护装置采样插件损坏；② TV 二次接线松动；③ TV 二次空开跳开；④ TV 一次异常。

造成后果：① 保护装置距离保护功能闭锁；② 保护装置方向元件不可用。

处置原则：

（1）调度员：做好事故预想，安排电网运行方式，下达调度指令。

（2）监控值班员：上报调度，通知运维单位，加强运行监控，做好相关操作准备。采取相应的措施。

（3）运维单位：现场检查，向调度和监控人员汇报，采取现场处置措施。

现场运维一般处理原则：

① 现场检查各级 TV 电压小开关处于合位状态；

② 观察装置面板采样，确定 TV 采样异常相别；

③ 观察装置 TV 采样插件，无异常气味；

④ 检查电压切换是否正常；

⑤ 视缺陷处理需要，向调度申请退出本套保护。

（八）××线路第一（二）套保护装置故障

信息释义：装置自检、巡检发生严重错误，装置闭锁所有保护功能。

原因分析：① 保护装置内存出错、定值区出错等硬件本身故障；② 装置失电。

造成后果：保护装置处于不可用状态。

处置原则：

（1）调度员：做好事故预想，安排电网运行方式，下达调度指令。

（2）监控值班员：上报调度，通知运维单位，加强运行监控，做好相关操作准备。采取相应的措施。

（3）运维单位：现场检查，向调度和监控人员汇报，采取现场处置措施。

现场运维一般处理原则：

① 检查保护装置各信号指示灯，记录液晶面板显示内容；

② 检查装置电源、自检报告，并结合其他装置进行综合判断；

③ 根据检查结果汇报调度，停运相应的保护装置。

（九）××线路第一（二）套保护装置报警

信息释义：保护装置处于异常运行状态。

原因分析：① TA 断线；② TV 断线；③ CPU 检测到电流、电压采样异常；④ 内部通信出错；⑤ 装置长期起动。⑥ 保护装置插件或部分功能异常；⑦ 通道异常。

造成后果：保护装置部分功能不可用。

处置原则：

（1）调度员：做好事故预想，安排电网运行方式，下达调度指令。

（2）监控值班员：上报调度，通知运维单位，加强运行监控，做好相关操作准备。采取相应的措施。

（3）运维单位：现场检查，向调度和监控人员汇报，采取现场处置措施。

现场运维一般处理原则：

① 检查线路保护装置各信号指示灯，记录液晶面板显示内容；

② 检查装置自检报告和开入变位报告，并结合其他装置进行综合判断；

③ 立即报调度并通知运维单位处理；

④ 视消缺需要，向调度申请退出本套保护。

▶▶▶▶ 九、220kV 母差保护

（一）220kV××母线第一（二）套母差保护出口

信息释义：本套保护动作跳开母联及连接在本母线上的断路器。

原因分析：① 母线故障；② 本套保护内部故障造成保护误动；③ 人员工作失误造成保护误动；④ 保护接线错误造成区外故障时保护误动。

造成后果：如母线故障保护正确动作切除故障母线所带断路器及母联断路器；如因各种误动造成的母线跳闸将造成母线无故障停运，此时可根据现场实际情况将误动保护退出运行将无故障母线恢复。

处置原则：

（1）调度员：事故处理，下达调度指令。

（2）监控值班员：上报调度，通知运维单位，加强运行监控，做好相关操作准备。采取相应的措施。

（3）运维单位：现场检查，向调度和监控人员汇报，采取现场处置措施。

现场运维一般处理原则：

① 根据故障录波器是否动作、另一套母差保护是否动作判断是否为误动；

② 如为保护误动应立即报告母线及线路所属调度，并通知运维单位现场检查保护误动原因；

③ 如为母线故障造成保护动作，应立即检查监控界面中断路器位置情况，三相电流情况，保护及自投动作情况、变压器中性点方式并将检查结果报告所属调度，通知运维单位现场检查一次设备情况；

④ 通过视频监视系统、保护信息子站等辅助手段进一步判断故障情况，检查相关设备有无重载情况；

⑤ 运维人员到现场后，向现场详细询问一次设备情况、保护动作情况、故障相别、故障电流等相关信息，并做好记录。

（二）220kV××母线第一（二）套母差经失灵保护出口

信息释义：母差保护出口，但因其他原因造成故障母线断路器未跳开，母差保护启动失灵保护出口，再次跳开故障母线所带断路器。

原因分析：① 母线故障断路器未跳；② 本套保护内部故障造成保护误动；③ 人员工作失误造成保护误动；④ 保护接线错误造成区外故障时保护误动；⑤ 断路器因其他原因闭锁。

造成后果：如母线故障保护正确动作切除故障母线所带断路器及母联断路器而有断路器未动，将启动失灵跳开相应断路器；如因各种误动造成的母线跳闸，将造成母线无故障停运，此时可根据现场实际情况将误动保护退出运行，将无故障母线恢复。

处置原则。

（1）调度员：核对电网运行方式，下达调度处置指令。

（2）监控值班员：上报调度，通知运维单位。采取相应的措施：① 区分保护是因母线故障而正确动作还是因其他原因造成保护误动；② 根据处置方式制定相应的监控措施，检查分区内设备有无重载情况。

（3）运维单位：现场检查，向调度和监控人员汇报，采取现场处置措施。

现场运维一般处理原则：

① 根据故障录波器是否动作、另一套母差保护是否动作判断是否为误动；

② 如为保护误动，应立即报告母线及线路所属调度，并通知运维单位现场检查保护误动原因；

③ 如为母线故障造成保护动作，应立即检查监控界面中断路器位置情况，尤其是失灵断路器位置情况，三相电流情况，保护及自投动作情况、变压器中性点方式并将检查结

果报告所属调度，通知运维单位现场检查一次设备情况；

④ 通过视频监视系统、保护信息子站等辅助手段进一步判断故障情况，检查相关设备有无重载情况；

⑤ 运维人员到现场后向现场详细询问一次设备情况、保护动作情况、故障相别、故障电流等相关信息并做好记录。

（三）220kV ×× 母线第一（二）套母差保护 TA 断线报警

信息释义：母差保护 TA 回路断线。

原因分析：TA 二次回路断线、接点松动、接点虚接、保护装置内部异常等原因。

造成后果：在 TA 二次产生高压，闭锁母线差动保护。

处置原则：

（1）调度员：做好事故预想，安排电网运行方式，下达调度指令。

（2）监控值班员：上报调度，通知运维单位，加强运行监控，做好相关操作准备。采取相应的措施。

（3）运维单位：现场检查，向调度和监控人员汇报，采取现场处置措施。

现场运维一般处理原则：

① 检查本母线另一套母差保护是否发 TA 断线信号，如另一套母差保护也发断线信号，应立即检查本母线各间隔的三相电流值是否正常，并立即报告所属调度及运维单位；

② 如本母线另一套母差保护未发 TA 断线信号，说明异常发生在本套装置内部，应立即报告所属调度及运维单位；

③ 运维单位人员到站检查后，需上报详细检查结果及处理意见，如需停用保护应向相关调度申请。

（四）220kV ×× 母线第一（二）套母差保护 TV 断线报警

信息释义：母线保护 TV 回路断线。

原因分析：TV 二次回路小断路器跳闸、保险熔断、断线、接点松动、接点虚接、保护装置内部异常等原因。

造成后果：母差保护的复压闭锁一直开放，不闭锁母差保护。

处置原则：

（1）调度员：做好事故预想，安排电网运行方式，下达调度指令。

（2）监控值班员：上报调度，通知运维单位，加强运行监控，做好相关操作准备。采取相应的措施。

（3）运维单位：现场检查，向调度和监控人员汇报，采取现场处置措施。

现场运维一般处理原则：

① 检查本母线另一套母差保护、线路保护、变压器差动保护等是否发 TV 断线信号，如其他保护也发断线信号，应立即检查对应母线电压是否正常，并立即报告所属调度及运维单位；

② 如其他保护未发 TV 断线信号，说明异常发生在装置内部，应立即报告所属调度及运维单位；

③ 运维单位人员到站检查后，需上报详细检查结果及处理意见，如需停用保护应向相关调度申请。

（五）220kV××母线第一（二）套母差保护装置异常

信息释义：母差保护装置发生异常，如不及时处理将影响保护的正常运行。

原因分析：TV 断线、TA 断线、长期有差流、通道异常、三相电流不平衡，等等。

造成后果：本套保护装置被闭锁或不被闭锁。

处置原则：

（1）调度员：做好事故预想，安排电网运行方式，下达调度指令。

（2）监控值班员：上报调度，通知运维单位，加强运行监控，做好相关操作准备。采取相应的措施。

（3）运维单位：现场检查，向调度和监控人员汇报，采取现场处置措施。

现场运维一般处理原则：

① 立即报告所属调度及运维单位；

② 运维单位人员到站检查后，需上报详细检查结果及处理意见，如需停用保护应向相关调度申请。

（六）220kV××母线第一（二）套母差保护装置故障

信息释义：母差保护装置内部发生严重故障，影响保护的正确动作。

原因分析：保护装置开入、开出模块、电源模块、管理模块、交流模块、管理板、保护用 CPU 等模块发生故障。

造成后果：本套保护装置被闭锁或不被闭锁。

处置原则：

（1）调度员：做好事故预想，安排电网运行方式，下达调度指令；

（2）监控值班员：上报调度，通知运维单位，加强运行监控，做好相关操作准备，采取相应的措施；

（3）运维单位：现场检查，向调度和监控人员汇报，采取现场处置措施。

现场运维一般处理原则：

① 立即报告所属调度及运维单位；

② 运维单位人员到站检查后，需上报详细检查结果及处理意见，如需停用保护应向相关调度申请。

▶▶▶ 十、备自投

（一）××备自投装置动作

信息释义：备自投装置动作出口信号。

原因分析：① 工作电源失压（备投方式）；② 电源Ⅰ或Ⅱ失压（自投方式）；③ 二次回路故障。

造成后果：① 断开工作电源，投入备用电源；② 跳电源Ⅰ（或Ⅱ），合母联（分段）。

处置原则：

（1）调度员：核对电网运行方式，下达处置调度指令。将故障设备隔离，尽快恢复非故障设备送电。

（2）监控值班员：收集事故信息，上报调度，通知运维单位。采取相应的措施：① 了解现场处置的基本情况和处置原则；② 了解电网运行方式及潮流变化情况，加强有关设备运行监视。

（3）运维单位：现场检查，向调度和监控人员汇报，采取现场处置措施。

现场运维一般处理原则：

① 检查备自投保护装置动作信息及运行情况，检查故障录波器动作情况；

② 检查相关断路器跳、合闸位置及相关一、二次设备有无异常；

③ 检查电压互感器二次回路有无异常；

④ 将检查情况上报调度，按照调度指令处理。

（二）××备自投装置异常

信息释义：备自投装置自检、巡检发生错误，不闭锁保护，但部分保护功能可能会受到影响。

原因分析：① TA、TV断线；② 备自投装置有闭锁备自投信号开入；③ 断路器跳闸位置异常。

造成后果：退出部分保护功能。

处置原则：

（1）调度员：核对电网运行方式，下达处置调度指令。

（2）监控值班员：上报调度，通知运维单位。采取相应的措施：① 了解现场处置的基本情况和处置原则；② 了解受保护装置受影响情况，加强相关信号监视。

（3）运维单位：现场检查，向调度和监控人员汇报，采取现场处置措施。

现场运维一般处理原则：

① 检查保护装置报文及指示灯；

② 检查保护装置、电压互感器、电流互感器的二次回路有无明显异常；

③ 根据检查情况，由专业人员进行处理。

（三）××备自投装置故障

信息释义：备自投装置自检、巡检发生严重错误，装置闭锁所有保护功能。

原因分析：① 装置内部元件故障；② 保护程序、定值出错等，自检、巡检异常；③ 装置直流电源消失。

造成后果：闭锁所有保护功能，如果当时所保护设备故障，则保护拒动。

处置原则：

（1）调度员：核对电网运行方式，下达处置调度指令。

（2）监控值班员：上报调度，通知运维单位。采取相应的措施：① 了解现场处置的基本情况和处置原则；② 了解受保护装置受影响情况，加强相关信号监视。

（3）运维单位：现场检查，向调度和监控人员汇报，采取现场处置措施。

现场运维一般处理原则：

① 检查保护装置报文及指示灯；

② 检查保护装置电源空气开关是否跳开；

③ 根据检查情况，由专业人员进行处理；

④ 为防止保护拒动、误动，应及时汇报调度，停用保护装置。

▶▶▶ 十一、电容器、电抗器

（一）电容器/电抗器保护出口

信息释义：电容器/电抗器保护出口跳闸。

原因分析：电容器/电抗器过电流、过电压、欠电压、零序、不平衡保护出口。

造成后果：系统失去部分无功电源，有可能对电压造成影响。

处置原则：

（1）调度员：处理事故，下达调度指令。

（2）监控值班员：上报调度，通知运维单位，加强运行监控，做好相关操作准备。采取相应的措施。

（3）运维单位：现场检查，向调度和监控人员汇报，采取现场处置措施。

现场运维一般处理原则：

① 现场检查电容器/电抗器保护出口情况；

② 现场检查电容器/电抗器一次设备有无异常，并将检查结果上报调度；

③ 如果相应间隔 AVC 未被闭锁则应退出相应 AVC 控制。

（二）电容器/电抗器保护装置异常

信息释义：电容器/电抗器保护装置出现异常。

原因分析：内部软件异常或外部电源失电。

造成后果：可能影响保护正确动作。

处置原则：

（1）调度员：做好事故预想，安排电网运行方式，下达调度指令。

（2）监控值班员：上报调度，通知运维单位，加强运行监控，做好相关操作准备。采取相应的措施。

（3）运维单位：现场检查，向调度和监控人员汇报，采取现场处置措施。

现场运维一般处理原则：

① 运维队现场检查装置异常发生的原因，判断是否影响保护动作情况，并将情况上报设备监控值班员；

② 如影响保护正确动作，设备监控值班员应上报相关调度，申请将异常设备停电；

③ 如果相应间隔 AVC 未被闭锁则应退出相应 AVC 控制。

（三）电容器/电抗器保护装置故障

信息释义：电容器/电抗器保护装置出现故障。

原因分析：内部软件故障。

造成后果：影响保护正确动作。

处置原则：

（1）调度员：做好事故预想，安排电网运行方式，下达调度指令。

（2）监控值班员：上报调度，通知运维单位，加强运行监控，做好相关操作准备。采取相应的措施。

（3）运维单位：现场检查，向调度和监控人员汇报，采取现场处置措施。

现场运维一般处理原则：

① 运维队现场检查装置异常发生的原因，并将情况上报设备监控值班员；

② 设备监控值班员上报相关调度申请将异常设备停电；

③ 如果相应间隔 AVC 未被闭锁，则应退出相应 AVC 控制。

▶▶▶ 十二、测控装置

（一）××测控装置异常

信息释义：测控装置软硬件自检、巡检发生错误。

原因分析：① 装置内部通信出错；② 装置自检、巡检异常；③ 装置内部电源异常；④ 装置内部元件、模块故障。

造成后果：部分或全部遥信、遥测、遥控功能失效。

处置原则：

（1）监控值班员：通知运维单位。了解现场处置的基本情况和处置原则。

（2）运维单位：现场检查并采取措施进行处置。

现场运维一般处理原则：

① 检查保护装置各指示灯是否正常；

② 检查装置报文交换是否正常；

③ 检查装置是否有烧灼异味；

④ 根据检查情况，由专业人员进行处理。

（二）××测控装置通信中断

信息释义：直流系统有接地现象。

原因分析：直流母线负荷有接地或直流母线接地。

造成后果：造成继电保护、信号、自动装置误动或拒动，或造成直流保险熔断，使保护及自动装置、控制回路失去电源。保护回路中同极两点接地，还可能将某些继电器短路，不能动作与跳闸，造成越级跳闸。

处置原则：

（1）监控值班员：通知运维单位并将无法监视间隔的监视权移交现场。了解现场处置的基本情况和处置原则。

（2）运维单位：现场检查并采取措施进行处置。

现场运维一般处理原则：

① 运维队人员按照直流接地查找原则进行查找；

② 如果查找接地时涉及相关调度范围内调度设备，需向相关调度申请。

⟫⟫⟫ 十三、直流系统

（一）直流接地

信息释义：直流系统有接地现象。

原因分析：直流母线负荷有接地或直流母线接地。

造成后果：造成继电保护、信号、自动装置误动或拒动，或造成直流保险熔断，使保护及自动装置、控制回路失去电源。保护回路中同极两点接地，还可能将某些继电器短路，不能动作与跳闸，造成越级跳闸。

处置原则：

（1）调度员：根据现场检查结果确定是否拟定调度指令。

（2）监控值班员：通知运维单位，加强运行监视。

（3）运维单位：现场检查，向调度和监控人员汇报，采取现场处置措施。

现场运维一般处理原则：

① 运维队人员按照直流接地查找原则进行查找；

② 如果查找接地时涉及相关调度范围内调度设备，需向相关调度申请。

（二）直流系统异常

信息释义：直流系统发生异常。

原因分析：直流系统的蓄电池、充电装置、直流回路以及直流负载发生异常。

造成后果：可能造成直流系统的蓄电池无法充放电，继电保护、信号、自动装置误动或拒动，或造成直流保险熔断，使保护及自动装置、控制回路失去电源。

处置原则：

（1）监控值班员：通知运维单位，加强运行监视。

（2）运维单位：现场检查，向调度和监控人员汇报，采取现场处置措施。

现场运维一般处理原则：

① 运维队人员按照相关处缺处理流程进行检查；

② 不能自行处理时，申请专业班组到站检查处缺。

（三）直流系统故障

信息释义：直流系统发生故障。

原因分析：直流系统的蓄电池、充电装置、直流回路以及直流负载发生故障。

造成后果：造成直流系统的蓄电池无法充放电，继电保护、信号、自动装置误动或拒动，或造成直流保险熔断，使保护及自动装置、控制回路失去电源。

处置原则：

（1）监控值班员：通知运维单位，加强运行监视采取相应的措施：① 与现场核对直流系统相关遥测值；② 了解现场处置的基本情况和处置原则；③ 根据现场处理情况制定相应的监控措施。

（2）运维单位：现场检查，向调度和监控人员汇报，采取现场处置措施。

现场运维一般处理原则：

① 运维队人员按照相关处缺处理流程进行检查；

② 不能自行处理时，申请专业班组到站检查处缺。

≫≫ 十四、交流系统

（一）站用电××母线失电

信息释义：所用电低压母线失电。

原因分析：所内变断路器跳闸或者所内小断路器跳闸。

造成后果：变电站内所用电 ×× 母线所带负荷失去，对控制、信号、测量、继电保护以及自动装置、事故照明有影响。

处置原则：

（1）监控值班员：通知运维单位，采取相应的措施：① 了解现场处置的基本情况和处置原则；② 加强对相关信号的监视。

（2）运维单位：现场检查，向调度和监控人员汇报，采取现场处置措施。

现场运维一般处理原则：

① 运维队人员按照相关处缺处理流程进行检查；

② 不能自行处理时，申请专业班组到站检查处缺。

（二）站用变自投动作

信息释义：所用电低压母线失电，相应低压母线断路器自投。

原因分析：所用电低压母线失电。

造成后果：如果自投于故障母线则所内失压。

处置原则：

（1）监控值班员：通知运维单位，加强运行监视。

（2）运维单位：现场检查，向调度和监控人员汇报，采取现场处置措施。

现场运维一般处理原则：

① 运维队人员按照相关处缺处理流程进行检查；

② 不能自行处理时，申请专业班组到站检查处缺。

（三）交流逆变电源异常

信息释义：公用测控装置检测到 UPS 装置交流输入异常信号。

原因分析：① UPS 装置电源插件故障；② UPS 装置交直流输入回路故障；③ UPS 装置交直流输入电源熔断器熔断或上级电源开关跳开。

造成后果：UPS 所带设备将由另一种电源（交、直）对其进行供电，可能导致不间断电源失电。

处置原则：

（1）监控值班员：通知运维单位。

（2）运维单位：现场检查，向调度和监控人员汇报，采取现场处置措施。

现场运维一般处理原则：

① 检查 UPS 装置运行情况；

② 检查 UPS 板件，交流、直流电源熔断器或空气开关；

③ 检查 UPS 装置交流、直流输入电源回路；

④ 根据检查情况通知专业人员处理。

（四）交流逆变电压故障

信息释义：公用测控装置检测到 UPS 装置故障信号。

原因分析：UPS 装置内部元件故障。

造成后果：可能影响 UPS 所带设备进行不间断供电。

处置原则：

（1）监控值班员：通知运维单位。

（2）运维单位：现场检查，向调度和监控人员汇报，采取现场处置措施。

现场运维一般处理原则：

① 检查交、直流输入电源是否正常，交流输出电源是否正常；

② 检查 UPS 装置内部是否故障；

③ 根据检查情况通知专业人员处理。

>>>> 十五、消防系统

（一）火灾报警装置异常

信息释义：火灾报警装置发生异常报警。

原因分析：火灾报警装置故障或者发生火灾。

造成后果：影响装置的正确报警。

处置原则：

（1）监控值班员：通知运维单位。

（2）运维单位：现场检查，向监控人员汇报，采取现场处置措施。

现场运维一般处理原则：

① 运维队人员按照相关处缺处理流程进行检查；

② 不能自行处理时，申请专业班组到站检查处缺。

（二）火灾报警装置动作

信息释义：火灾报警装置发生报警。

原因分析：变电站起火或者报警装置误动。

造成后果：变电站起火。

处置原则：

（1）调度员：核对电网运行方式，下达处置调度指令。

（2）监控值班员：通知运维单位，通过视频监视系统判断火灾影响，报调度。

（3）运维单位：现场检查，向调度和监控人员汇报，采取现场处置措施。

现场运维一般处理原则：

① 运维队人员按照相关处缺处理流程进行检查；

② 不能自行处理时，申请专业班组到站检查处缺。

>>>> 十六、消弧线圈

(一) ××消弧线圈交直流电源消失

信息释义：××消弧线圈失去交直流电源。

原因分析：消弧线圈小断路器跳闸。

造成后果：消弧线圈调档电源失电造成消弧线圈无法调节分头，发生接地时感应电流不能完全不成容性电流，接地点容易产生间歇电弧，间歇电弧引起的过电压对电器的绝缘程度产生很大的危害。

处置原则：

（1）调度员：核对电网运行方式，下达处置调度指令。

（2）监控值班员：通知运维单位。

（3）运维单位：现场检查，向监控人员汇报，采取现场处置措施。

现场运维一般处理原则：

① 运维队人员按照相关处缺处理流程进行检查；

② 不能自行处理时，申请专业班组到站检查处缺。

(二) ××母线接地（消弧线圈判断）

信息释义：××母线接地，从消弧线圈位移电压判断。

原因分析：××母线接地。

造成后果：母线单相接地时故障相对地电压降低，非故障两相的相电压升高，线电压依然对称。但单相接地如果时间较长会严重影响变电设备和配电网的安全运行，母线接地时对相关设备的绝缘产生较大影响。

处置原则：

（1）调度员：核对电网运行方式，下达处置调度指令。

（2）监控值班员：判断哪相接地，通知运维单位以及相关调度。做好试拉路准备。

（3）运维单位：现场检查，向调度和监控人员汇报，采取现场处置措施。

现场运维一般处理原则：

① 设备监控值班人员根据接地现象通知相关调度及运维队；

② 设备单相接地持续时间不能超过两小时。

(三) ××消弧线圈装置异常

信息释义：××消弧线圈发异常报警。

原因分析：消弧线圈装置异常或者自动调谐装置的交直流空开跳闸。

造成后果：消弧线圈装置异常无法计算调节档位或者消弧线圈调挡电源失电造成消弧

线圈无法调节挡位，发生接地时感应电流不能完全不成容性电流，接地点容易产生间歇电弧，间歇电弧引起的过电压对电器的绝缘程度产生很大的危害。

处置原则：

（1）调度员：核对电网运行方式，下达处置调度指令。

（2）监控值班员：通知运维单位以及相关调度。

（3）运维单位：现场检查，向调度和监控人员汇报，采取现场处置措施。

现场运维一般处理原则：

① 运维队人员按照相关处缺处理流程进行检查；

② 不能自行处理时申请专业班组到站检查处缺。

（四）××消弧线圈装置拒动

信息释义：××消弧线圈调挡动作，未能执行成功。

原因分析：自动调谐装置的交直流空开跳闸失去电源或者调谐装置卡扣。

造成后果：消弧线圈无法调节挡位，发生接地时感应电流不能完全不成容性电流，接地点容易产生间歇电弧，间歇电弧引起的过电压对电器的绝缘程度产生很大的危害。

处置原则：

（1）监控值班员：通知运维单位。

（2）运维单位：现场检查，向监控人员汇报，采取现场处置措施。

现场运维一般处理原则：

① 运维队人员按照相关处缺处理流程进行检查；

② 不能自行处理时，申请专业班组到站检查处缺。

第四章　电网调控

第一节 ｜ 电网调频

培训目标：①理解频率调整的目的、目标、原理和特性。②理解发电机的频率特性、负荷的频率特性。③掌握一次调频和二次调频的作用和调节方式。④掌握频率调整的注意事项。⑤掌握自动发电控制装置（AGC）的基本功能和调节方式。⑥理解频率控制标准。⑦掌握电网低频减载基本要求。

一、频率调整的必要性

在实际电力系统中，如果不采取频率调整措施，则负荷不大的变化就将引起频率的大范围变化，而频率的变化对于用户、发电机组和电力系统本身都会产生不良的影响甚至危害。

1. 对用户

由于电动机的转速与系统频率近似成正比，频率变化将会引起电动机转速的变化，对纺织、造纸等产品质量受到影响；另外一些使用电子设备等行业，如现代工业、国防和科学技术等，频率的不稳定将会影响它们的正常工作。

2. 对发电机组和电力系统本身

当频率下降时，汽轮机叶片的振动将增大，从而影响其使用寿命甚至产生裂纹。在火力发电厂中，很多产用设备都是感应电动机驱动，当频率降低时，它们的机械出力减少，引起锅炉和汽轮机出力的降低，从而可能使频率继续下降而产生恶性循环，甚至引起频率崩溃。

二、频率调整的目标

调整电力系统的频率，使其变化不超过规定的允许范围，以保证电能质量。频率是衡量电能质量的基本指标之一，是反映电力系统电能供需平衡的唯一标志。电力系统的负荷随时都在变化，系统的频率也相应发生变化。因此必须对频率进行调整。频率调整主要与有功功率调节和控制有关。因此，在实用上应将频率调整与电厂有功功率的控制、系统有功功率的经济分配和联络线功率控制结合起来，实现如下目标：

（1）维持系统额定频率（中国为50Hz），不使其偏移超过规定的允许值。以东北电网为例,频率偏差不得超过50Hz±0.2Hz。在自动发电控制(AGC)投运时,电网频率应在50Hz±0.1Hz以内运行。当部分电网解列单运,其单运电网容量小于3000MW时,单运电网的频率偏差不允许超过50Hz±0.5Hz。

(2)经济分配电厂和机组负荷,求得全系统燃料总耗量最低,降低网络损耗。

(3)控制联络线功率,防止过负荷,维持系统稳定运行。

(4)进行电钟和天文钟之间的时间差校正,保持电钟的准确度。

>>>> 三、频率调整的原理及特性

1. 电能系统的有功平衡

功率平衡关系:

$$\Sigma P_{\mathrm{G}} = \Sigma P_{\mathrm{L}} + \Sigma \Delta P_{\mathrm{l}} + \Sigma \Delta P_{\mathrm{g}}$$

式中:ΣP_{G}——电网中所有发电机发出功率的总和;

ΣP_{L}——电网用户负荷总和;

$\Sigma \Delta P_{\mathrm{l}}$——网络中线路和变压器上的有功功率损耗;

$\Sigma \Delta P_{\mathrm{g}}$——网络内发电厂本身厂用电总和。

2. 电力网负荷的功率—频率特性

系统的其他因素保持不变,负荷吸取的有功功率的大小随系统频率变化的静态关系如图4-1-1所示。

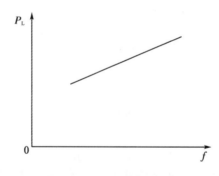

图4-1-1 有功负荷的频率特性

其计算公式为:

$$K_{\mathrm{L}}^{*} = \frac{\Delta P_{\mathrm{L}}^{*}}{\Delta f^{*}} = \frac{\Delta P_{\mathrm{L}}/P_{\mathrm{LN}}}{\Delta f/f_{\mathrm{N}}} = K_{\mathrm{L}}\frac{f_{\mathrm{N}}}{P_{\mathrm{LN}}}$$

K_{L}^{*}——系统负荷的静态效应系数;

$\Delta P_{\mathrm{L}}^{*}$——系统负荷变化量;

P_{LN}——额定频率下的系统负荷;

Δf^{*}——系统频率变化量;

f_{N}——系统额定运行频率。

例如电网负荷为1000万kW的系统,假使系统负荷的静态效应系数为2,当电网因机组跳闸而使电网频率降低0.5Hz,即49.5Hz运行时,若使电网频率保持正常额定频率,需减少多少负荷?

由上面公式可知：系统负荷的静态效应系数 K_L^* 为 2，系统频率变化量 Δf^* 为 0.5/50 = 0.01，系统额定频率 f_N 为 50Hz，系统额定频率下负荷 P_{LN} 为 1000，系统负荷变化量 $\Delta P_L^* = 1000 \times 2 \times 0.01 = 20$，所以需要减少 20 万 kW 负荷才能使系统频率保持正常。

3. 发电机的功率—频率特性

原动机未配置自动调速系统时的功频静特性如图 4-1-2 所示。

（1）原动机未配置自动调速系统时：

$$P_m = C_1 \omega - C_2 \omega^2 = C'_1 f - C'_2 f^2$$

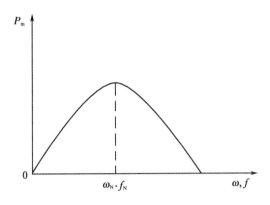

图 4-1-2　未配置自动调速系统的原动机的功频静特性

（2）原动机配置自动调速系统后。

发电机的功频静特性：发电机原动机随机组转速变化不断改变进汽量或进水量，而频率将随发电机功率的增大而线性地降低的特性。

发电机组通过调速器实现频率的调整称为一次调频。

发电机功频静特性直线的斜率：

$$K_G = -\frac{\Delta P_G}{\Delta f}$$

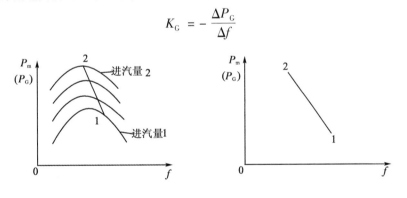

（a）调速器作用　　　　（b）有调速器时的功频静特性

图 4-1-3　发动机的功频静特性

>>>> 四、发电机组的有功调节性能

并网发电厂机组必须具备一次调频功能，且正常投入运行。各发电厂应按照日调度计划曲线、省调 AGC 指令接带负荷，不得自行增减出力。遇特殊情况需变更发电出力时，

必须得到省调值班调度员的同意。省调值班调度员有权修改各发电厂的日调度计划曲线，并做好相应记录。各级调度、发电厂、变电站及监控中心的控制室内应装有频率表和标准钟，并保证其准确性。

发电机组有功调节性能包括：调差性能、AGC 调节性能和一次调频性能。单机容量 5 万千瓦及以上水电机组（含抽水蓄能机组）和单机容量 12.5 万 kW 及以上机组均应具有 AGC 功能。机组 AGC 功能投入前必须经过由省调组织的系统调试验收。机组 AGC 控制模式由省调值班调度员根据系统情况确定。机组 AGC 功能正常投退，应得到省调值班调度员的同意。当机组发生异常或其 AGC 功能不能正常运行时，发电厂运行值班人员可按现场运行规定将 AGC 功能退出，并立即汇报省调值班调度员。设备停役检修影响机组 AGC 功能正常投运时，相关单位应向省调提出申请，经批准后方可进行。在系统正常运行时，机组的一次调频功能必须投入运行。机组一次调频功能正常投退，应得到省调值班调度员的同意。当机组一次调频功能不能正常运行时，发电厂运行值班人员可按现场运行规定将一次调频功能退出，并立即汇报省调值班调度员。

五、一次调频与二次调频

各机组并网运行时，受外界负荷变动影响，电网频率发生变化。这时，各机组的调节系统参与调节作用，改变各机组所带的负荷，使之与外界负荷相平衡。同时，还尽力减少电网频率的变化，这一过程即为一次调频。一次调频是发电机组调速系统的频率特性所固有的能力，随频率变化而自动进行频率调整。其特点是频率调整速度快，但调整量随发电机组不同而不同，且调整量有限，值班调度员难以控制。一次调频是有差调节，不能维持电网频率不变，只能缓和电网频率的改变程度。所以还需要利用同步器增、减速某些机组的负荷，以恢复电网频率，这一过程称为二次调频。只有经过二次调频后，电网频率才能精确地保持恒定值。二次调频目前有两种方法：① 省调下令各厂调整负荷。② 机组采用 AGC 方式，实现机组负荷自动调度。二次调频是指当电力系统负荷或发电出力发生较大变化时，一次调频不能恢复频率至规定范围时采用的调频方式。二次调频分为手动调频及自动调频。手动调频：由运行人员根据系统频率的变动来调节发电机的出力，使频率保持在规定范围内。手动调频的特点是反映速度慢，在调整幅度较大时，往往不能满足频率质量的要求。同时值班人员操作频繁，劳动强度大。自动调频：这是现代电力系统采用的调频方式。自动调频是通过装在发电厂和调度中心的自动装置随系统频率的变化自动增、减发电机的发电出力，保持系统频率在较小的范围内波动。自动调频是电力系统调度自动化的组成部分，它具有完成调频、系统间联络线交换功率控制和经济调度等综合功能。

一次调频和二次调频的区别：简单的说，一次调频是水轮机调速系统根据电网频率的变化，自发地进行调整机组负荷以恢复电网频率；二次调频是人为根据电网频率高低来调整机组负荷。

六、电网频率波动原因

电网的频率是指交流电每秒变化的次数，在稳态条件下各发电机同步运行，整个电网的频率相等，是一个全系统运行参数。但电网频率并不是固定的，是时刻波动的，这是因为电力生产的同时性，即发电、输电、变点、配电、用电必须同时完成，不能存储的特点决定了电能的生产与消耗总是同时进行并时刻保持平衡。由于电网频率的高低与电网中运行的发电机的转速成正比，而转速又与原动机输入功率的大小及发电机所带的有功负荷多少有关，当电网的有功功率负荷变化而发电机原动机输入功率不能紧随其后进行调整时，由于用电负荷与发电负荷的失衡，就将造成发电机转速变化，结果导致电网频率波动。当电网负荷增加，会造成系统有功不足，结果导致发电机转速下降，电网频率降低；当电网负荷减小，会造成系统有功过剩，结果导致发电机转速上升，电网频率升高。

七、电网频率调整注意事项

1. 调频厂的分类和任务

在电网中，所有有调整能力的发电机组都自动参与频率的一次调整。而为了使电网恢复额定频率，则需要电网进行二次调频。同时为了避免在调整过程中出现过调或频率长时间不能稳定的现象，电网频率的二次调整就需要对电网中运行电厂进行分工和分级调整，即将电网中所有电厂分为主调频厂、辅助调频厂和非调频厂三类。主调频厂（一般是 1～2 个）负责全电网的频率调整（即二次调频）工作，其调频能力范围内应保持系统频率在 50Hz±0.2Hz 以内，辅助调频厂也只有少数几个，只在电网频率超出某一规定值后才参加频率调整，其余大多数电厂则都是非调频厂，在电网正常运行时，按预先给定的负荷曲线带固定负荷。调频厂必要时分为主调频厂和辅助调频厂，其余不参与调频电厂负责进行负荷监视。主调频厂应经常保持系统频率不超过运行范围，因此应有一定的可调容量，辅助调频厂当发现频率超过 50Hz±0.2Hz 时，应立即进行调整，使其恢复至 50Hz±0.2Hz 内，频率调整厂无调整容量时应立即报告调度。认真执行日调度负荷曲线，包括开停机炉或少蒸汽运行调峰，各厂自行按计划曲线增减出力或按调度命令增减出力。

2. 调频厂选择原则

调频厂选择的原则是：具有足够的调频容量，以满足系统负荷增、减最大的负荷变量；具有足够的调整速度，以适应系统负荷增、减最快的速度需要；发电出力的调整应符合安全和经济运行的原则；在系统中所处的位置及其与系统联络通道的输送能力，还应考虑以下几点：

（1）主调频厂需具有足够的调频容量和调频范围；

（2）主调频厂需具有与负荷变化相适应的调整速度；

（3）主调频厂在调整出力时应符合安全及经济运行的原则；

（4）主调频厂在调整出力时不应引起有关联络线过负荷跳闸或失去稳定运行；

（5）主调频厂在调频时引起的电压波动应在允许范围内。

在水、火电厂并存的电网中，一般选水电厂为主调频厂，大型火电厂中高效率机组带基荷，效率低的机组可作为辅助调频厂。因为水电厂调频不仅速度快和操作简便，而且调整范围大，只受发电机容量的限制，基本上不影响水电厂的安全运行。

火电厂调频不仅受到汽轮机和锅炉出力增减速度的限制，而且还受到锅炉最低出力的限制。汽轮机增减负荷速度主要受到汽轮机各部分热膨胀的限制，特别是高温高压机组在

131

这方面要求更严，锅炉增减出力一般要比汽轮机快些。但与燃料质量关系很大。供热机组不适宜调频，因为供热机的出力要受抽汽量的限制。

在水电大发季节，为多发水电，一般由水电厂带基荷，而由火电厂调频。水电厂无论是带基荷或是调频，都必须考虑防洪、航运、渔业、工业、人民生活用水等综合利用的要求。

3. 调频厂的出力调节

在频率需要调整情况下应优先发挥水电、火电机组调峰能力，然后依次为风电、核电机组。发生电网频率降低事故，各级运行人员必须认真处理，尽快恢复正常频率。特别要防止由于电网频率严重降低，火电大机组低频率保护动作跳闸的恶性循环而扩大事故。电网在发生解列单运事故的紧急情况下，当两部分电网频率差很大且电源无法调整时，可以降低频率高的电网频率进行并列，但不得降至 49.50 Hz 以下，将频率低的电网的部分负荷切换到频率高的电网受电或直接限制频率低的电网负荷。当电网频率降低并延续至危及发电厂安全时，发电厂为保证厂用电，可解列一台或一部分机组供厂用电。电网事故等紧急情况解除时，应根据省（区）间联络线送受电力情况，解除全部或部分限制的负荷（包括送出低频减载装置动作所切负荷）。电网恢复送电过程中如电源仍不足时，可根据情况重新分配各地区用电计划指标。

4. 预留调整容量

调频前，应该根据日负荷计划，按预计负荷的增长和各个电厂计划出力变更的情况，预留出足够的调频容量。在负荷增长期间，主要预留上调空间；在负荷下降期间，主要预留下降空间。特别注意尖峰负荷和低谷负荷的负荷变化。在电力电量平衡时，不仅应考虑整个系统的电源与负荷的平衡，也应当考虑各地区的电源与负荷的平衡和联络线上输电功率的变化、电网稳定限制。当预计负荷与实际负荷相差较大时，应该进行超短期负荷预测，根据预测结果，修改发电厂计划，调整可调容量。当可调容量不够时，应当修改电厂出力、开停机组，保留足够的可调容量。

▶▶▶ 八、电网频率具体方法的应用

电网频率具体方法的应用有以下几个方面。

（1）周期在 10 秒以内的负荷变化所引起的频率波动是极微小的，在负荷频率特性的作用下，通过负荷效应，负荷能够自行吸收这种频率波动。

（2）对周期在 10 秒至几十秒之间的负荷变化所引起的频率波动，可通过频率的一次调整来减少频差，运行频率将在偏离额定频率的极小值处达到平衡。

（3）对周期在几十秒到几分钟内变化且幅度也较大的负荷变化所引起的频率波动，如电炉、电铁等，仅靠一次调频是不够的，必须进行频率的二次调频。利用人工或者 AGC 进行调整。

（4）变化十分缓慢的持续分量，一般是由于生产和人民生活习惯、气象条件变化造成，这也是负荷变化的主要因数，需要结合负荷预测进行调整。

例：某局部电网，当日实时负荷 500MW，内部有一装机 4×50MW 水电厂 A，开机方式为一台机运行，负荷 50MW；另有装机 2×600MW 火电厂 B，开机方式为一台机运行，负荷 550MW，该局部电网外送功率 100MW。因电网故障，对外联络线跳闸，该局部电网解列运行。

处理：

① 立即通知电厂 A 为调频厂，负责小系统调频；并将电厂 A 备用机组全部开出，将电厂 A 的 AGC 退出。

② 逐步调整电厂 B 出力，保证电厂 A 上下调节有足够负荷空间；将电厂 B 的 AGC 退出。

③ 通知在频率波动时损失负荷逐步恢复。

④ 及时操作将该局部电网并入系统，并收回调频权，恢复正常方式。

九、自动发电控制（AGC）

自动发电控制装置（AGC）是并网发电厂提供的有偿辅助服务之一，发电机组在规定的出力调整范围内，跟踪电力调度交易机构下发的指令，按照一定调节速率实时调整发电出力，以满足电力系统频率和联络线功率控制要求的服务。它是按电网控制中心的目标函数将指令发送给有关电厂的机组，通过电厂或机组的自动控制装置，实现自动发电控制，从而达到电网控制中心的调控目标，是保证电网安全经济运行、调峰、联络线关口电力调整的重要手段之一。

1. 自动发电控制装置（AGC）基本功能

（1）调整全网的发电出力使之与负荷需求的供需静态平衡，保持电网频率在正常范围内运行。

（2）在联合电网中，按联络线功率偏差控制，使联络线交换功率在计划值允许偏差范围内波动。

（3）在 EMS 系统内，AGC 在安全运行前提下，对所辖电网范围内的机组间负荷进行经济分配，从而作为最优潮流与安全约束、经济调度的执行环节。

（4）在电网故障时，AGC 将自动或手动退出运行。而在非事故情况下，当电网出现功率缺额和频率下降，或当电网负荷下降且频率上升时，AGC 均可具有向动开停机组的功能。因此若抽水蓄能电厂采用 AGC 及其自动开停机或转换运行工况的功能，将大大增加抽水蓄能机组的事故备用和调峰作用。

2. 自动发电控制装置（AGC）运行状态

（1）在线状态（RUN）。AGC 在这种工作状态时，所有功能都投入正常运行，进行闭环控制。

（2）离线状态（STOP）。AGC 在这种工作状态时，对机组的控制信号均不发送，但测量监视、ACE 计算、AGC 性能监视等功能投入正常运行，可以在画面上监视所有工作情况和运行数据，接受调度人员更改数据。离线状态 STOP 可以由调度人员手动转换成在线状态 RUN。

（3）暂停状态（PAUS）。暂停状态并非调度人员选择的状态，而是由于无有效的频率测量使得 AGC 不能可靠地执行其功能而设置的暂时停止状态，在给定的时间内，一旦得到可靠的测量数据，立即恢复原工作状态。但如果在规定的时间内不能得到可靠的测量数据，则自动转至离线状态。暂停状态与离线状态执行同样的功能。

3. 自动发电控制装置（AGC）速率与响应时间

采用直吹式制粉系统的火电机组：

（1）AGC 调节速率不小于每分钟 1% 机组额定有功功率；

（2）AGC 响应时间不大于 60s。

采用中储式制粉系统的火电机组：

（1）AGC 调节速率不小于每分钟 2% 机组额定有功功率；

（2）AGC 响应时间不大于 40s。

4. 自动发电控制装置（AGC）调节方式

（1）NOB 为不带基点的跟踪联络线模式，即控制联络线交换功率偏差为零；

（2）BLR 为带基点的跟踪联络线模式，即控制电网频率偏差为零；

（3）BLO 为跟踪计划出力模式，即恒定机组出力控制方式。

在不同调度层面自动发电控制装置（AGC）应选择不同调节模式，在区域电网中，网调一般担负系统调频任务，其控制模式应多采用定频率控制模式，省网中，省调应保证联络线按计划调度，应多采用定联络线控制模式。

5. 自动发电控制装置（AGC）调频时注意事项

（1）电网安全约束。通过 AGC 进行负荷调整时，必须满足电网所有安全约束条件，不能造成设备过载或者超过稳定控制极限。对于调整过程中跟踪联络线进行调整可能造成设备过限的电厂，调度指挥中心对于该部分机组可以将其 AGC 投入"设定"负荷模式，其机组只能带调度员设定负荷，或者设置其 AGC 上下调节范围，保证机组出力在允许范围内波动。

（2）节能优化调度原则。避免水电厂弃水，提高水能利用率，同时满足防洪及灌溉、航运等要求。在这种情况下，调度中心需要根据实际情况，协调不同水电厂之间和水火电厂 AGC 投入方式，当进入丰水期后，水电厂根据来水情况，投入"设定"模式，以水定电，而火电厂投入"等比例"或者"超短期负荷预测"模式，负责跟踪联络线，火电厂尽量不要投入"自动模式"。正常情况下，可由水电厂投入"自动"模式，跟踪负荷变化，而火电厂投入"计划"模式，跟踪负荷变化趋势，并使水电机组目标功率逐渐恢复到应有的水电机组二次调频的目标功率。煤耗低、损耗小、污染少电厂多发。可以在 AGC 中增加相关的程序判断，同时，该项原则在发电计划中也有所体现。

（3）满足三公调度原则。保证各个电厂按照年度计划发电。在该种情况下，将需要的机组投入"计划"模式。

6. 自动发电控制装置（AGC）具体操作

（1）投入/退出自动发电控制装置（AGC）

在要设定目标值机组上右键 – 自动发电控制装置（AGC）运行状态中选择"AGC 投入/退出"，即可启动/退出自动发电控制装置（AGC），同时信息窗口弹出，显示 AGC 投入/退出成功或失败。

（2）自动发电控制装置（AGC）的有功目标值设定

在要设定目标值机组上右键 – 自动发电控制装置（AGC）目标值中输入机组的有功目标值，在远方控制模式下电厂自动发电控制装置（AGC）将自动获取由省调下发的有功目标值。在输入目标值过程中可以看到机组可调上、下限，是指机组有功出力可以调整的范围，如上限为：30万kW，下限为16万kW，则机组只能在16~30万kW之间调节。

（3）自动发电控制装置（AGC）的控制模式选择

在要设定目标值机组上，右键–控制模式下拉菜单中，选择自动发电控制装置（AGC）的控制模式即以下三种：

① NOB–为不带基点的跟踪联络线模式，即控制联络线交换功率偏差为零；

② BLR–为带基点的跟踪联络线模式，即控制电网频率偏差为零；

③ BLO–为跟踪计划出力模式，即恒定机组出力控制方式。

》》》 十、频率控制标准

1. A1、A2标准

北美电力系统可靠性协会（NERC）早在1973年就正式采用A1、A2标准来评价电网正常情况下的控制性能，其内容是：

A1：控制区域的ACE在10min内必须至少过零一次。

A2：控制区域的ACE 10min内的平均值必须控制在规定的范围Ld内。

要求各控制区域达到A1、A2标准的控制合格率在90%以上。这样通过执行A1、A2标准，使各控制区域的ACE始终接近于零，从而保证用电负荷与发电、计划交换和实际交换之间的平衡。国内各大电网的联络线指标考核一直按照A1，A2的规定进行。但是，A1、A2标准也有缺陷：

（1）控制ACE的主要目的是为保证电网频率的质量，但在A1、A2标准中，却未体现出对频率质量的要求。

（2）A1标准要求ACE应经常过零，从而在一些情况下增加了发电机组无谓的调节。

（3）由于要求各控制区域严格按Ld来控制ACE的10min平均值，因而在某控制区域发生事故时，与之互联的控制区域在未修改联络线交换功率时，难以做出较大的支援。

2. CPS1、CPS2标准

相对于主要根据经验制定的A系列标准而言，基于统计学理论的CPS指标计算公式具有较强的理论基础，它着眼于频率质量和一个控制区域在频率偏差控制方面的长期表现，因而更为合理，它主要要求：

CPS1：控制区域的控制行为对电网频率质量有贡献。

CPS2：控制区域ACE每10min的平均值必须控制在规定的范围。

目前，国内各大电网多采用CPS标准对电网频率进行考核，对比A标准，有以下优点：

（1）CPS标准不要求ACE经常过零，可以避免一些不必要的调节，有利于机组的稳定运行。

（2）CPSl标准中的参数体现了电网频率控制的目标，有利于促使省、市电网在控制行为上注意关心电网的频率质量，有利于提高电网的频率质量。

（3）CPSl标准对各控制区域对电网频率质量的"功过"评价十分明确，特别有利于某一控制区域内发生事故时，其他控制区域对其进行支援。

>>>> 十一、低频减载

由于频率反映电网的有功平衡，当所有发电机的总有功出力与总有功负荷出现差额时，电网频率要发生变化。在有功备用不足的电网，在发生忽然大量的功率缺额时，因为负荷功率大于发电功率，电网频率会下降。而频率的下降会使有功负荷按频率静态特征下降，使电网发电功率和负荷功率在一个较低的频率下达到平衡。当电网运行频率偏离额定值较多时，会使网内各电厂发电机机械输入功率降低，输出功率减少，从而加剧供需的不平衡，有功缺额继续增大，会使频率进一步下降，使电源和负荷的平衡彻底破坏，最终造成频率崩溃。因此为防止电网频率过低和频率崩溃事故的发生，各电网要求配置低频减负荷装置，当电网出现故障引起有功功率缺额时，分级快速切除部分负荷，防止频率下降，从而防止频率崩溃的发生。

低频减负荷装置配置应具备以下几个基本要求。

（1）电网发生功率缺额时，必须能及时切除相应负荷，使保留系统部分能迅速恢复到额定频率下继续运行，不发生频率事故。

（2）低频减负荷装置动作后，应使运行系统稳态频率不低于49.5Hz，为了考虑某些难以预计的情况，应增设长延时特殊动作轮次。

（3）因负荷过切引起恢复时系统频率过高，最大值不应超过51Hz，并必须与运行中自动化过频率保护相协调，且留有一定裕度，避免进一步造成事故扩大。

（4）低频减负荷装置动作后，在任何情况下不应导致电网其他设备过载和联络线超稳定极限。

（5）低频减负荷装置动作后，所切除的负荷不应被自动重合闸装置再次投入，应与其他安全自动化装置合理配合使用。

（6）低频减负荷装置动作的先后顺序，应按负荷的重要性安排，先切除次要负荷再切除重要负荷。

（7）电网中应设置长延时特殊轮次，在一般快速自动低频切负荷后，许多电网实际情况与设计情况不可避免地存在差异会产生电网频率长期悬浮于较低数值下跌可能，为此设置启动频率较高但延时很长的特殊轮次，这种情况出现时，待系统旋转备用发挥了作用但还不足以恢复系统频率时发挥作用。

以辽宁电网为例：

为迅速抑止事故下系统频率下降深度，在低频减载整定方案的基础上，鞍山、营口、辽阳公司配置了防止发生电网频率崩溃事故的第二道防线，低频切负荷措施动作定值为49.3Hz、延时0.3s。其中，鞍山公司250MW、营口公司220MW、辽阳公司190MW。此部分负荷根据重要程度和停电影响选择次要负荷切除，且不与低频减载其他轮次负荷重复。

表4-1-1　　　　　2015年辽宁电网安全稳定控制第二道防线整定方案　　　　　MW

地区	频率定值/Hz	时间定值/s	负荷值/MW
鞍山	49.3	0.3	250
营口	49.3	0.3	220
辽阳	49.3	0.3	190

表 4-1-2　　　　　　　　　　**2015 年辽宁电网低频减载整定方案**　　　　　　　　MW

地区	基　　　本　　　级						特　　殊　　级			合计
	49.2	49.0	48.8	48.6	48.4	48.2	49.2	49.2	49.2	
	0.3	0.3	0.3	0.3	0.3	0.3	20	25	30	
沈　阳	145	145	305	290	280	300	110	100	120	1795
大　连	150	145	305	300	290	300	110	100	120	1820
鞍　山	75	85	165	190	215	220	75	65	80	1420
营　口	45	50	110	135	175	155	75	70	80	1115
本　溪	71	73	135	125	120	120	50	50	50	794
抚　顺	75	75	140	130	125	125	65	60	60	855
辽　阳	30	35	75	80	120	105	45	45	40	765
朝　阳	64	57	110	105	90	90	55	55	55	681
葫芦岛	43	40	80	80	65	65	40	30	20	463
锦　州	50	48	90	90	75	75	40	35	35	538
丹　东	36	35	70	60	55	55	30	35	0	376
盘　锦	40	40	70	70	55	60	30	30	30	425
铁　岭	30	27	50	50	45	40	25	35	35	337
阜　新	26	25	45	45	40	40	0	40	25	286
合　计	880	880	1750	1750	1750	1750	750	750	750	11010

第二节 ▎电网调压

培训目标：①理解电压调整的必要性和目标。②掌握电力系统的无功功率特性和无功功率平衡。③熟悉电网无功功率电源。④掌握电网电压调整的策略和调压方式。⑤掌握简单变压器分接头选择计算方法。⑥掌握自动电压控制装置（AVC）的基本功能和调节指标。⑦掌握电网低压减载基本要求。

≫≫≫ 一、电压调整的必要性和目标

电压是衡量电能质量的一个重要指标。质量合格的电压应该在供电电压偏移、电压波动和闪变、电网谐波和三相不对称程度这四个方面都能满足有关国家标准规定的要求。各种用电设备都是按额定电压来设计制造的。这些设备在额定电压下运行将能取得最佳的效果，电压过大的偏离额定值将对用户和电力系统本身都有不利影响。在电力系统的正常运行中，随着用电负荷的变化和系统运行方式的改变，网络中的电压损耗也将发生变化。要严格保证所有用户在任何时刻都有额定电压是不可能的，因此，系统运行中各节点出现电压偏移是不可避免的。实际上，大多数用电设备在稍许偏离额定值的电压下运行，仍有良好的技术性能。

电压调整的目的是保证系统中各负荷点的电压在允许的偏移范围内。

电压偏移公式为：

$$\Delta U = \frac{U - U_{\mathrm{N}}}{U_{\mathrm{N}}} \times 100\%$$

我国规定的在正常运行情况下供电电压的允许偏移值（以东北电网为例）：

500kV 母线，正常运行方式时，电压允许偏差为系统额定电压的 0 ~ +10%，发电厂和 500kV 变电所的 220kV 母线，正常运行方式时，电压允许偏差为系统额定电压的 0 ~ +10%。220kV 变电所的 220kV 母线，正常运行方式时，电压允许偏差为系统额定电压的 −3% ~ +7%。发电厂和 220kV 变电所的 35 ~ 66kV 母线，正常运行方式时，电压允许偏差为系统额定电压的 −3% ~ +7%。

二、电力系统的无功功率特性和无功平衡

电力系统的运行电压水平取决于无功功率的平衡。系统中各种无功电源的无功功率输出应能满足系统负荷和网络损耗在额定电压下对无功功率的需求，否则电压就会偏离额定值。

负荷的无功特性就是指负荷的无功功率和电压之间的关系，称作无功电压静态特性。

（1）异步电动机在电力系统负荷（特别是无功负荷）中占的比重很大。系统无功负荷的电压特性主要由异步电动机决定。异步电动机的无功损耗包括励磁功率 Q_{m} 和漏抗中无功损耗 Q_{σ}，呈二次曲线：

$$Q_{\mathrm{M}} = Q_{\mathrm{m}} + Q_{\sigma} = \frac{U^2}{X_{\mathrm{m}}} + I^2 X_{\sigma}$$

（2）变压器的无功损耗包括励磁损耗 $\Delta Q_{Y_{\mathrm{T}}}$ 和漏抗损耗 $\Delta Q_{Z_{\mathrm{T}}}$，即

$$\Delta Q_{\mathrm{T}} = \Delta Q_{Y_{\mathrm{T}}} + \Delta Q_{Z_{\mathrm{T}}} = \frac{I_0\%}{100} S_{\mathrm{N}} + \frac{U_s\%}{100} \frac{S^2}{S_{\mathrm{N}}}$$

（3）电力线路的无功损耗也由两部分组成，并联导纳中的无功损耗 $\Delta Q_{Y_{\mathrm{L}}}$（容性）和串联阻抗中的无功损耗 $\Delta Q_{Z_{\mathrm{L}}}$（感性）：

$$\Delta Q_{\mathrm{L}} = \frac{P_1^2 + Q_1^2}{U_1^2} Z_{\mathrm{L}} - \frac{U_1^2 + U_2^2}{2} B_{\mathrm{L}}$$

式中：P_1，Q_1，U_1——线路首端的功率和电压；

$\qquad U_2$——线路末端的电压；

$\qquad Z_{\mathrm{L}}$，B_{L}——线路的电抗和电纳。

35kV 及以下的线路，ΔQ_{L} 为正，消耗无功；330kV 及以上线路，ΔQ_{L} 为负，为无功电源；110kV 和 220kV 线路，需通过具体计算确定。

三、无功电源

1. 发电机

系统有功充裕、无功不足时，可以使发电机降低功率因数，多发出一些无功，甚至不发出有功，只发无功，即做同步调相机运行。如果系统无功过剩，还可运行在第二象限，此时发电机处于欠励磁状态，发出有功但吸收无功，称为进相运行。

2. 同步调相机

实质上是空载运行的同步电动机，过励磁运行时发出无功，欠励磁运行时吸收无功。额定容量定义为过励磁运行时的额定无功功率，而欠励磁容量通常为过励磁容量的 50% ~ 65%。

优点：能连续调节，调节范围宽。

缺点：旋转设备，运行维护复杂，有功损耗大（额定容量的 1.5% ~ 5%），成本高。容量越小，单位投资越大，有功损耗的百分比值越大，所以宜大容量地（5Mvar）装设于枢纽变电站。

3. 电容器

$$Q_C = \frac{U^2}{X_C} = U^2 \omega C$$

缺点：电压越高，发出的无功越大；电压越低，发出的无功越小。具有正的调节效应，调节性能不理想。（电源应具有负的调节效应，负荷具有正的调节效应，才能保证运行的稳定性）。

优点：运行维护简单，有功损耗小（约为容量的 0.3% ~ 0.5%），成本低，装设灵活方便，故得到广泛应用。

4. 静止无功补偿器（SVC）

动态：可以根据运行状态的变化自动调节发出的无功。

电容 C 发出无功；电抗器 L 吸收无功；电容器 CK、电感线圈 LK 组成滤波电路，滤去高次谐波，以免产生电压和电流畸变；可控硅有适当控制回路，控制导通角的大小。

优点：能快速平滑地调节无功，对冲击负荷有较强的适应性，运行维护简单，损耗较小，还能分相补偿。

▶▶▶ 四、无功平衡与电压水平的关系

电力系统无功平衡的基本要求：系统中的无功电源可能发出的无功功率应该大于或至少等于负荷所需要的无功功率和网络中的无功损耗之和。为保证运行可靠性和适应负荷的增长，系统必须配备一定的无功备用容量。电力系统的无功平衡如图 4-2-1 所示。

$$Q_{G\Sigma} - Q_{D\Sigma} = Q_{G\Sigma} - Q_D - Q_L = Q_{res}$$

式中，$Q_{G\Sigma}$、Q_D、Q_L、Q_{res} 分别为电源供应的无功功率之和、无功负荷之和、网络无功功率损耗之和、无功功率备用。

$Q_{res} > 0$ 表示系统中无功功率可以平衡且有适量的比用；

$Q_{res} < 0$ 表示系统中无功功率不足，应考虑加设无功补偿装置。

在电力系统运行中，电源的无功出力在任何时刻都同负荷的无功功率和网络的无功损耗之和相等（$Q_{GC} = Q_{LD} + Q_L$），问题在于无功功率是在什么样的电压水平下实现的，现举例如下。

隐极发电机经过一段线路向负荷供电，略去各元件电阻，假定发电机和负荷的有关功率为定值，可以确定发电机送到负荷节点的负荷功率为

$$P = UI\cos\varphi = \frac{EU}{X}\sin\delta$$

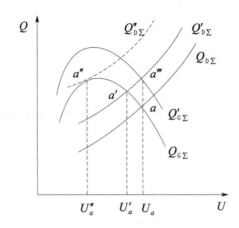

图 4-2-1　电力系统的无功平衡

$$Q = UI\sin\varphi = \frac{EU}{X}\cos\sigma - \frac{U^2}{X}$$

当 P 为一定值时，得

$$Q = \sqrt{\left(\frac{EU}{X}\right)^2 - P^2} - \frac{U^2}{X}$$

当电势 E 为一定值时，Q 同 U 的关系是一条向下开口的抛物线。负荷的主要成分是异步电动机，为二次曲线，这两条曲线的交点就是无功平衡点，该点确定了系统的电压。当负荷增加时，其无功电压特性如曲线 $Q'_{D\Sigma}$ 所示，如果系统的无功电源没有相应的增加，仍然是 $Q_{G\Sigma}$，这时 $Q_{G\Sigma}$ 和曲线 $Q'_{D\Sigma}$ 的交点 a' 就是新的无功平衡点，并由此决定了负荷点的电压为 U'_a。显然 $U'_a < U_a$。这说明负荷增加后，系统的无功电源已不能满足在电压 U_a 下无功平衡的需求，因而只能降低电压运行，以取得在较低电压下的无功平衡。

如果发电机具有充足的无功备用，通过调节励磁电流，增大发电机的电势 E，则发电机的无功特性曲线向上移到 $Q'_{G\Sigma}$，从而使曲线 $Q'_{G\Sigma}$ 和 U'_a 的交点所确定的负荷节点电压达到或接近原来的 U_a。无功留有一定的备用容量，一般为最大无功负荷的 7% ~ 8%。

为了避免大量无功由输电线路远距离传送，造成大的电压损耗和功率损耗，无功应当做到分层分区平衡。

五、电压控制的策略

系统中的负荷点总是通过一些主要的供电点供应电力，这些点称为电压中枢点，电压中枢点是具有代表性的电厂和变电站作为电压质量的监视和控制点。电压控制的策略：选择合适的中枢点；确定中枢点电压的允许偏移范围；采用一定的方法将中枢点的电压偏移控制在允许范围内。

1. 电压中枢点的选择

（1）区域性水、火电厂的高压母线。

（2）枢纽变电站的低压母线。

（3）有大量地方性负荷的发电厂母线。

2. 中枢点电压允许偏移范围的确定

中枢点的最低电压等于在地区负荷最大时，电压最低一点的用户电压的下限加上该用户到中枢点的电压损失；中枢点的最高电压等于地区负荷最小时，电压最高点的用户电压的上限加上该用户到中枢点的电压损失。

3. 中枢点电压调整方法

（1）逆调压，在电压允许偏移范围内，供电电压的调整使在电网高峰负荷时的电压值高于电网低谷负荷时的电压值。

（2）恒调压，任何情况下均保持中枢点的电压为一基本不变的值。

（3）顺调压，高峰负荷时中枢点的电压低于低谷负荷时的电压。

各调压方法的适用范围：

① 逆调压：中枢点至负荷点的线路较长，各负荷变化规律大致相同，且变化幅度较大的情况。

② 恒调压：负荷变动较小的情况。

③ 顺调压：负荷变动较小，线路损耗也小，或者用户处电压偏移允许较大的情况。

▶▶▶ 六、电网电压调整

电压调整是指线路末端空载与负载时电压的幅值差。电压调整的目的就是采取措施，使用户的电压偏移保持在规定范围内，各级调度单位应对所辖电网按季（月）进行无功平衡和无功优化计算工作，并按计算结果编制和下达各发电厂和变电站无功补偿设备的无功（电压）调度曲线。

1. 电网调压方式

（1）发电机调压。发电机调压是指改变发电机励磁电流就可以调节其端电压，一般情况下端电压的调节范围为 $\pm 5\%$。大中型同步发电机都装有自动励磁调节装置，通过调节励磁电流，可以改变发电机空载电势，从而改变发电机的端电压。对于不同类型的供电网络，发电机调压所起的作用是不同的。

由孤立发电厂不经升压直接供电的小型电力网，因供电线路不长，线路上电压损耗不大，故改变发电机端电压（例如实行逆调压）就可以满足负荷点的电压质量要求，而不必另外再增加调压设备。这是最经济合理的调压方式。

对于线路较长、供电范围较大、有多级变压器的供电系统，从发电厂到最远处的负荷点之间，电压损耗的数值和变化幅度都比较大。图 4-2-2 所示为一多级变压供电系统，其各元件在最大和最小负荷时的电压损耗已注明图中。从发电机端到最远处负荷点之间在最大负荷时的总电压损耗达 35%，最小负荷时为 15%，其变化幅度达 20%。这时调压的困难不仅在于电压损耗的绝对值过大，而且更主要的是在于不同运行方式下电压损耗之差太大，因此单靠发电机调压不能解决问题，只能满足近处地方负荷的电压质量要求，采用逆调压方式，最大负荷时 $U_{\rm G} = 1.05 U_{\rm N}$，最小负荷时 $U_{\rm G} = U_{\rm N}$。

对若干发电机并列运行的电力系统，利用发电机调压会出现新问题，因为节点的无功功率与节点的电压有密切的关系，每提高一次电压电厂需要多输出很大部分的无功功率，这要求进行电压调整的电厂需要有相当充裕的无功容量储备。此外，在系统内并列运行的

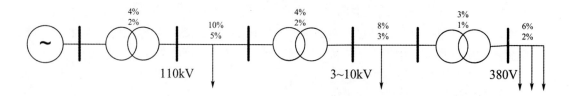

图 4-2-2　多级变压器供电系统的电压损耗分布

发电厂中，调整个别发电厂的母线电压，会引起系统中无功功率的重新分配，还可能同无功功率的经济分配相矛盾。

（2）变压器调压。普通变压器结构简单，成本低，运行维护方便，使用最多。

有载调压变压器（见图 4-2-3）和加压调压变压器结构复杂，成本高，运行维护不便，在特殊情况下选用。选用变压器应进行技术经济比较，并遵循电力部门的相关规定。

调节范围的确定：

变压器分接开关调压范围应经调压计算确定，无励磁调压变压器一般可选 $\pm 2 \times 2.5\%$（10kV 配电变压器为 $\pm 5\%$）；对于有载调压变压器，66kV 及以上电压等级的宜选 $\pm 8 \times (1.25\% \sim 1.5\%)$，35kV 电压等级的宜选 $\pm 3 \times 2.5\%$，位于负荷中心地区发电厂的升压变压器其高压侧分接开关的调压范围应适当下降 $2.5\% \sim 5.0\%$，位于系统送端发电厂附近降压变电站的变压器其高压侧调压范围应适当上移 $2.5\% \sim 5\%$。

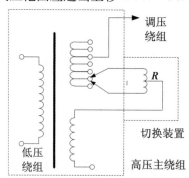

图 4-2-3　有载调压变压器调压原理

分接头位置的计算：改变变压器的变比可以升高或降低次级绕组的电压。为了实现调压，在双绕组变压器的高压绕组上设有若干个分接头以供选择，三绕组变压器一般是在高压侧绕组和中压绕组设置分接头，变压器的低压绕组不设分接头。改变变压器的变比调压实际上就是根据调压要求适当选择分接头。

降压变压器分接头的选择：

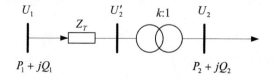

图 4-2-4　降压变压器分接头计算

如图 4-2-4 所示进行降压变压器分接头计算。

变压器二次侧电压

$$U_2 = U'_2/k = (U_1 - \Delta U)/k$$

电压损失

$$\Delta U = \frac{P_1 R + Q_1 X}{U_1}$$

变压器的变比取决于待选分接头位置

$$k = U_{1t}/U_{2N}$$

高压侧分接头电压为

$$U_{1t} = U'_2 \frac{U_{2N}}{U_2} = (U_1 - \Delta U)\frac{U_{2N}}{U_2}$$

用户提出的电压要求是最大负荷和最小负荷时的电压 U_{2max} 和 U_{2min} ，此时有：

$$\begin{cases} U_{1max} = (U_{1max} - \Delta U_{max})\dfrac{U_{2N}}{U_{2max}} \\[2mm] U_{1min} = (U_{1min} - \Delta U_{min})\dfrac{U_{2N}}{U_{2min}} \end{cases}$$

即可得到的 U_{1t} 取最接近的分接头，称为规格化。对于有载调压变压器可以根据负荷情况实时调整。

普通的双绕组变压器分接头只能在停电的情况下改变，在正常运行方式中只能使用一个固定的分接头。通常取最大负荷和最小负荷时分接头电压的算术平均值，即

$$U_{1t} = \frac{U_{1max} + U_{1min}}{2}$$

同样根据 U_{1t} 可选择一个与它接近的分接头，然后根据所选取的分接头校验最大负荷和最小负荷时低压母线上的实际电压是否负荷要求。

升压变压器分接头的选择：

选择升压变压器分接头的方法与选择降压变压器的基本相同。但因升压变压器中功率方向是从低压侧送往高压侧的，所以其分接头电压为

$$U_{1t} = (U_1 + \Delta U)\frac{U_{2N}}{U_2}$$

式中，U_2 为变压器低压侧实际电压或给定电压，U_1 为高压侧所要求的电压。在选择发电厂中升压变压器的分接头时，在最大和最小负荷情况下，要求发电机的端电压都不能超过规定的允许范围。

例 4.1：某降压变压器归算到高压侧的参数、负载及分接头范围如图所示，经潮流计算得到最大负荷时高压侧电压为 110kV，最小负荷时为 115kV。要求低压侧母线上电压不超过 6~6.6kV 的范围，试选择分接头。

解：由分接头范围可知，该变压器为普通变压器。

因为已知电压为一次侧电压 U_1，故需先求出一次侧功率 $\dot{S}_1$，得

$$\dot{S}_{max} = 28 + j14\text{MVA}$$

$$\dot{S}_{min} = 10 + j6\text{MVA}$$

$$\dot{S}_{1max} = \dot{S}_{2max} + \Delta\dot{S}_{max} = 28 + j14 + \frac{28^2 + 14^2}{110^2}(2.44 + j40) = 28.20 + j17.24$$

$$\dot{S}_{1min} = \dot{S}_{2min} + \Delta\dot{S}_{min} = 10.03 + j6.45$$

从而

$$\Delta U_{1max} = \frac{P_{1max}R + Q_{1max}X}{U_{1max}} = 6.89kV$$

$$\Delta U_{1min} = \frac{P_{1min}R + Q_{1min}X}{U_{1min}} = 2.46kV$$

计算变压器分接头电压（图4-2-5）：

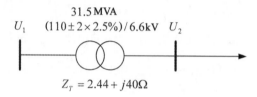

图4-2-5　变压器分接头电压

$$\begin{cases} U_{1max} = (U_{1max} - \Delta U_{max})\dfrac{U_{2N}}{U_{2max}} = (110 - 6.89)\dfrac{6.6}{6} = 113.42kV \\[3mm] U_{1min} = (U_{1min} - \Delta U_{min})\dfrac{U_{2N}}{U_{2min}} = (115 - 2.46)\dfrac{6.6}{6.6} = 112.54kV \end{cases}$$

$$U_{1t} = \frac{U_{1max} + U_{1min}}{2} = 112.98$$

选择最接近的分接头为 $110 + 2.5\% \times 110 = 112.75kV$。

校验最大负荷和最小负荷时低压侧的实际电压：

$$U_{2max} = (110 - 6.89) \times 6.6/112.75 = 6.04kV$$

$$U_{2min} = (115 - 2.46) \times 6.6/112.75 = 6.59kV$$

满足要求。

升压变压器与降压变压器不同之处在于，其二次绕组大多数和发电机直接相连，从而 $U_{1N} = 1.05U_N$，而降压变压器低压绕组的额定电压一般为 $1.1U_N$。

例4.2：三绕组变压器的额定电压为110/38.5/6.6kV，高压绕组和中压绕组设有分接头 $\pm 2 \times 2.5\%$。中压侧最大负荷为 6.42 + j4.79MVA，低压侧最大负荷为 6.42 + j5.00MVA。最小负荷为最大负荷的一半。已知高压母线最大和最小负荷时电压分别为 112kV 和 115kV。要求最大和最小负荷时中压、低压母线的允许电压偏移为 0～7.5%，试选择变压器高压和中压绕组的分接头。

解：先根据低压母线要求选择高压绕组和分接头。

$$\dot{S}'_{IImax} = \dot{S}_{IImax} + \Delta\dot{S}_{IImax} = 6.42 + j4.79MVA$$

$$\dot{S}'_{IImin} = \dot{S}_{IImin} + \Delta\dot{S}_{IImin} = 3.21 + j2.40MVA$$

$$\dot{S}'_{IIImax} = \dot{S}_{IIImax} + \Delta\dot{S}_{IIImax} = 6.42 + j5.00MVA$$

$$\dot{S}'_{IIImin} = \dot{S}_{IIImin} + \Delta\dot{S}_{IIImin} = 3.21 + j2.45MVA$$

从而

$$\dot{S}'_{\text{I max}} = \dot{S}'_{\text{II max}} + \dot{S}'_{\text{III max}} = 12.85 + j9.79 \text{MVA}$$

$$\dot{S}'_{\text{I min}} = \dot{S}'_{\text{II min}} + \dot{S}'_{\text{III min}} = 6.41 + j4.84 \text{MVA}$$

于是

$$\dot{S}_{\text{I max}} = \dot{S}'_{\text{I max}} + \Delta\dot{S}_{\text{I max}} = 12.85 + j9.79 + \frac{12.85^2 + 9.79^2}{110^2} \times (2.94 + j65)$$

$$= 12.9102 + j11.1930 \text{MVA}$$

$$\dot{S}_{\text{I min}} = \dot{S}'_{\text{I min}} + \Delta\dot{S}_{\text{I min}} = 6.4273 + j5.1950 \text{MVA}$$

求各点电压：

$$U_{0\text{max}} = U_{\text{I max}} - \Delta U_{\text{I max}} = 112 - (12.91 \times 2.94 + 11.19 \times 65)/112 = 105.17 \text{kV}$$

$$U_{0\text{min}} = U_{\text{I min}} - \Delta U_{\text{I min}} = 111.90 \text{kV}$$

$$U_{\text{II max}} = U_{0\text{max}} - \Delta U_{\text{II max}} = 104.96 \text{kV}$$

$$U_{\text{II min}} = U_{0\text{min}} - \Delta U_{\text{II min}} = 111.81 \text{kV}$$

$$U_{\text{III max}} = U_{0\text{max}} - \Delta U_{\text{III max}} = 103.10 \text{kV}$$

$$U_{\text{III min}} = U_{0\text{min}} - \Delta U_{\text{III min}} = 110.95 \text{kV}$$

最大负荷和最小负荷时，低压母线要求的电压分别为 6kV 和 6.45kV，所以

$$U_{1\text{tmax}} = 103.1030 \times 6.6/6 = 113.41 \text{kV}$$

$$U_{1\text{tmin}} = 110.9474 \times 6.6/6.45 = 113.53 \text{kV}$$

$$U_{1\text{t}} = \frac{U_{1\text{max}} + U_{1\text{min}}}{2} = 113.47 \text{kV}$$

规格化后，取 110 + 2.5% 分接头，即 $U_{1\text{t}} = 112.75 \text{kV}$。

校验低压母线电压：最大负荷时为 6.04kV，最小负荷时为 6.49kV，符合要求。

再根据中压母线电压的要求确定中压绕组分接头，中压绕组要求的电压为 35kV 和 37.63kV。

$$U_{2\text{tmax}} = 112.75 \times 35/104.9640 = 37.60 \text{kV}$$

$$U_{2\text{tmin}} = 112.75 \times 37.625/111.8051 = 37.94 \text{kV}$$

$$U_{2\text{t}} = \frac{U_{2\text{max}} + U_{2\text{min}}}{2} = 37.77 \text{kV}$$

规格化后，取 38.5 − 2.5% 分接头，即 $U_{2\text{t}} = 37.54 \text{kV}$。

校验中压侧电压，最大负荷时 34.94kV，最小负荷时 37.22kV，最大负荷时略低于要求的 35kV。如需满足要求，需采用有载调压变压器。

通过上例可以看到，采用固定分接头的变压器进行调压，不能改变电压损耗的数值，也不能改变负荷变化时次级电压的变化幅度；通过对变比的适当选择，只能把这一电压变化幅度对于次级额定电压的相对位置进行适当的调整（升高或降低）。

（3）并联电容器补偿调压。将电容器、同步调相机和静止无功补偿器等并联在主电路中，以发出一定无功为目的的调压方式。

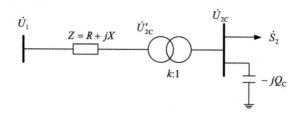

图 4-2-6 并联补偿调压

$$U_1 = U'_{2C} + \frac{P_2 R + (Q_2 - Q_C)X}{U_{2C}}$$

设补偿前后供电点的电压 U_1 不变

$$Q_C = \frac{U'_{2C}}{X}\left[(U'_{2C} - U'_2) + \left(\frac{P_2 R + Q_2 X}{U'_{2C}} - \frac{P_2 R + Q_2 X}{U'_2} \right) \right]$$

$$\approx \frac{U_{2C}}{X}(U'_{2C} - U'_2)$$

上式第二项为补偿前后电压损耗的变化量，很小，可略去。设变压器的变比为 $k:1$，则 $U'_{2C} = kU_{2C}$，可得

$$Q_C = kU_{2C}(kU_{2C} - U'_2)/X$$

补偿容量 Q_c 与变压器变比有关，选择变压器变比的原则是既满足调压要求，又使补偿容量最小。

对于电容器，按最小负荷时全部退出，最大负荷时全部投入的原则选择变压器变比，即现在最小负荷时确定变压器变比

$$k = \frac{U_t}{U_{2N}} = \frac{U'_{2min}}{U_{2min}}$$

对 k 规格化，选取最接近的分接头，然后在最大负荷时求出所需的无功补偿容量

$$Q_C = kU_{2Cmax}(kU_{2Cmax} - U'_{2Cmax})/X$$

对于同步调相机，按最小负荷时欠励磁运行，最大负荷时过励磁运行的原则选择变压器的变比。注意欠励磁时同步调相机吸收无功，同时其满额运行的容量与过励磁的满额容量不同，为其 α 倍（一般为 $0.5 \sim 0.65$）

$$\begin{cases} -\alpha Q_C = kU_{2Cmin}(kU_{2Cmin} - U'_{2min})/X \\ Q_C = kU_{2Cmax}(kU_{2Cmax} - U'_{2max})/X \end{cases}$$

$$k = \frac{(U_{2Cmin}U'_{2min} + \alpha U_{2Cmax}U'_{2max})}{U^2_{2Cmin} + \alpha U^2_{2Cmin}}$$

电容器调压的要求与优缺点：由于系统的负荷是随时变化的，电容器必须随负荷变化而实时投切，不应使无功功率倒送系统而增加损耗，另外，在调压过程中，应优先投切电容器，再调节变压器变比。电容器调压优点是它的一次性投资和运行费用都比较低，且安装调试简单，比较经济；损耗低，效率高。现代电容器的损耗只有本身容量的 0.02% 左右；电容器是静止设备，运行维护简单，没有噪声；电容器的应用范围广，可以集中安装在中心变电站，也可以分散安装在配电系统和厂矿用户，非常适用于"分层、分区"的电网补偿。缺点是当电网突然增加的无功需求使得电网电压持续降低时，其无功功率输出会随着电压的降低而大大降低（与电压的平方成反比），这样有可能将电网电压拖入崩溃的

边缘。

例4.3：某110kV城区变电站如图4-2-7所示，主变为有载调压±8×1.25%，电容器每组3Mvar，造成10kV母线电压降低至规定值以下，如何进行调整？若采取所列措施后，电压仍在合格范围以下，还有哪些方法可以使用？

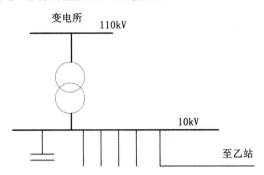

图4-2-7　变电站示意图

解：城区变电站负荷较重，若居民用户较多，则负荷变化也比较大；正常情况下，在高峰负荷时间，若系统运行正常，电压降低的原因可能为负荷增大，变压器、线路损耗增大，无功不足引起，故可以优先考虑投切变电站并联电容器。

调整方案：

① 投入变电站并联电容器组；

② 改变变压器分接头；

③ 将可转移负荷调整至乙站。

若采取所列措施后，电压仍在不合格范围以下，因系统的无功平衡、网络结构对电压影响很大，故可采取调整发电机无功出力及改变网络结构等方法进行电压调整。

调整方案：

① 增加发电机的无功处理；

② 改变为该变电站供电线路的电源点；

③ 汇报上一级调度协助处理；

④ 利用负控装置控制负荷；

⑤ 拉闸限电。

≫≫≫ 七、综合调压

（一）各种调压方式比较

1. 发电机调压

简单灵活，无需投资，应充分利用，是发电机直接供电的小系统的主要调压手段。在多机系统中，调节发电机的励磁电流会引起发电机间无功功率的重新分配，应根据发电机与系统的连接方式和承担的有功负荷情况，合理整定，考虑的因素较多。P–Q曲线范围内调压的优点是不需要额外投资，不仅可以发出有功功率，也能发出无功功率，调整发电机的端电压、分配无功功率以及提高发电机同步运行的稳定性。缺点为在生产实际中，受到一些因素制约，如发电机母线最高电压受靠近负荷的限制；发电机母线最低电压受末端负荷的限制；受到远近负荷距离及性质差异大小的限制。对于由多台发电机并列运行的大电网，或具有多级电压的电网，由于供电范围广，单纯调节某一台发电机的端电压，不仅不能满足所有负荷的调压要求，而且会造成系统中无功功率的重新分配。调整发电机端电压只能是一种辅助手段。

发电机改调相运行调压，即发电机不向电网输送有功，只向电网输送无功。发电机进相运行调压：所谓发电机进相运行，是指发电机发出有功而吸收无功的稳定运行状态，励磁电流较小，发电机处于低励磁情况下运行。

优点：能够充分利用设备资源，额外投资非常少。

缺点：从理论上讲，发电机是可以进相运行的，但发电机进相运行时会存在静、动态稳定性降低、端部漏磁引起定子端部温度升高及厂用电电压的降低等问题。

适用场合：在电网低谷负荷时，利用发电机吸收系统多余的无功，是降低电厂及附近电压较为有效的调压方法。

2. 变压器调压

变压器调压只能改变电压的高低，从而改变无功功率的流向和分布，而不能发出或吸收无功，所以变压器调压只能用于系统无功充裕时。普通变压器只能无载调节分接头，所以只能适用于电压波动幅度不大且调压要求不高时；有载调压变压器调节灵活，调节范围大，但结构复杂，投资大，运行管理与维护要求高，一般用于重要的枢纽变电站和调压要求较高的用户。必须指出，在系统无功不足的条件下，不宜采用调整变压器分接头的方法来提高电压。因为当某一地区的电压由于变压器分接头的改变而升高后，该地区所需的无功功率也增大了，这可能扩大系统的无功缺额，从而导致整个系统的电压水平更加下降。

3. 并联补偿调压

达到无功功率分层分区平衡的主要手段。可分散于用户，此时主要用并联电容器提高用户的功率因数，应具有按电压、功率因素自动投切的功能；可集中装于电压中枢点，此时宜采用同步调相机或静止无功补偿器。并联补偿调压灵活方便，还可以减小网损，但需增加投资。

（二）电网电压调整注意事项

为了确保电压质量，电网必须拥有足够的无功功率电源，如果电网无功不足，致使电压水平偏低，则应先采取措施解决电网无功平衡问题。可采取提高各类用户功率因数；挖掘电网无功潜力，将电网中未投入电容器投入运行，必要时将电网中闲置的发电机改为调相机运行，抬高电厂主变分接头挡位，按照无功分层、分区和就地平衡的原则，装设无功补偿设备。

应优先采用发电机调压和无激励调压变压器调压。因为这类措施不用附加设备，节约投资。发电厂的无功出力应按制定好的无功平衡和无功优化调度曲线进行调节，高峰负荷时，将无功出力在无功允许最大范围内调整，直至高压母线电压接近电压允许上限，为电网多提供无功电源。低谷负荷时，将无功出力在无功允许最小范围内调整，直至高压母线电压接近电压允许下限，防止电网因无功过剩而造成电压过高。220kV 变电站在主变最大负荷时其高压侧功率因数应不低于 0.95，在低谷负荷时功率因数不应高于 0.95，不低于 0.92。220kV 变电站主变二、三次侧受电力率在高峰负荷时应达到下列数值：距主力发电厂较近的变电站应不低于 0.95；一般变电站为 0.97；距主力发电厂较远的变电站为 0.99。

在无功平衡略有富裕的电网，若负荷波动较大，可采用有载调压变压器进行调节，对有载调压变压器低压侧有并联电容器的，应优先投切电容器调节电压，防止变压器分接头频繁调整，触头来回滑动对设备安全不利。个别 35kV 以下线路末端电压太低时，可采用串联电容补偿。

（三）综合调压原则

统筹兼顾，满足要求，即在满足分层分区无功平衡的前提下，针对各种调压方法的优缺点取长补短，合理安排，使电压质量达到规定的要求：

无功不足时，首先考虑挖掘现有的无功潜力；其次采用并联补偿以增加无功电源的容量。在确定并联补偿容量时，应与变压器分接头的选择相互配合，以充分发挥设备的调压效果。

无功充足时，可充分发挥变压器的调压作用，在允许范围内适当提高线路的电压水平，减小网损和提高系统的稳定性。

（四）综合调压分析方法——灵敏度分析法

控制变量 u：各类调压措施的调整量（包括发电机电压、变压器变比、补偿设备的容量调整），m 维。

扰动变量 p：各负荷的变化量，1 维。

状态变量 x：节点电压和支路无功功率为因变量，n 维。

系统正常运行状态下满足方程

$$F(x_0, u_0, p_0) = 0$$

系统受到扰动以后，方程为

$$F(x_0 + \Delta x, u_0 + \Delta u, p_0 + \Delta p) = 0$$

将上式在初始运行点展开为 Taylor 级数，并设偏移量很小，从而可以略去二次以上高阶项。

$$F(x_0, u_0, p_0) + J_x \Delta x + J_u \Delta u + J_p \Delta p = 0$$

式中：

$$J_x = \frac{\partial F}{\partial x}\bigg|_{n \times n} = \begin{bmatrix} \dfrac{\partial f_1}{\partial x_1} & \dfrac{\partial f_1}{\partial x_2} & \cdots & \dfrac{\partial f_1}{\partial x_n} \\ \dfrac{\partial f_2}{\partial x_1} & \dfrac{\partial f_2}{\partial x_2} & \cdots & \dfrac{\partial f_2}{\partial x_n} \\ \vdots & \vdots & & \vdots \\ \dfrac{\partial f_n}{\partial x_1} & \dfrac{\partial f_n}{\partial x_2} & \cdots & \dfrac{\partial f_n}{\partial x_n} \end{bmatrix}$$

$$J_u = \frac{\partial F}{\partial u}_{n \times m} = \begin{bmatrix} \dfrac{\partial f_1}{\partial u_1} & \dfrac{\partial f_1}{\partial u_2} & \cdots & \dfrac{\partial f_1}{\partial u_m} \\[2ex] \dfrac{\partial f_2}{\partial u_1} & \dfrac{\partial f_2}{\partial u_2} & \cdots & \dfrac{\partial f_2}{\partial u_m} \\[2ex] \vdots & \vdots & & \vdots \\[2ex] \dfrac{\partial f_n}{\partial u_1} & \dfrac{\partial f_n}{\partial u_2} & \cdots & \dfrac{\partial f_n}{\partial u_m} \end{bmatrix}$$

$$J_p = \frac{\partial F}{\partial p}_{n \times l} = \begin{bmatrix} \dfrac{\partial f_1}{\partial p_1} & \dfrac{\partial f_1}{\partial p_2} & \cdots & \dfrac{\partial f_1}{\partial p_l} \\[2ex] \dfrac{\partial f_2}{\partial p_1} & \dfrac{\partial f_2}{\partial p_2} & \cdots & \dfrac{\partial f_2}{\partial p_l} \\[2ex] \vdots & \vdots & & \vdots \\[2ex] \dfrac{\partial f_n}{\partial p_1} & \dfrac{\partial f_n}{\partial p_2} & \cdots & \dfrac{\partial f_n}{\partial p_l} \end{bmatrix}$$

解得

$$\Delta x = - J_x^{-1} (J_u \Delta u + J_p \Delta p) = s_{xu} \Delta u + s_{xp} \Delta p$$

上式表达了控制变量变化和扰动变量变化时状态变量的变化，即反映了状态量对控制量和扰动量变化的灵敏程度，称为灵敏度方程。

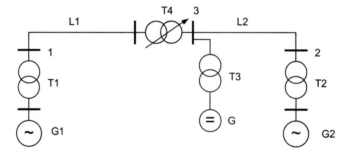

图 4-2-8　某变电站接线图

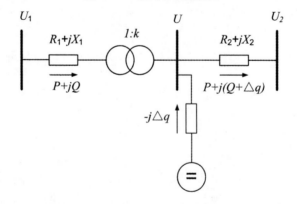

由图 4-2-8 和图 4-2-9 可得

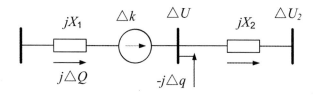

图 4-2-9　某变电站等效电路图

$$\begin{cases} \Delta U_1 - \Delta U + \Delta k = X_1 \Delta Q \\ \Delta U - \Delta U_2 = X_2 (\Delta Q + \Delta q) \end{cases}$$

写成矩阵形式

$$\begin{bmatrix} 1 & X_1 \\ 1 & -X_2 \end{bmatrix} \begin{bmatrix} \Delta U \\ \Delta Q \end{bmatrix} = \begin{bmatrix} 1 & 0 & 1 & 0 \\ 0 & 0 & 0 & X_2 \end{bmatrix} \begin{bmatrix} \Delta U_1 \\ \Delta U_2 \\ \Delta k \\ \Delta q \end{bmatrix}$$

从而

$$\begin{bmatrix} \Delta U \\ \Delta Q \end{bmatrix} = \frac{1}{X_1 + X_2} \begin{bmatrix} X_2 & X_1 & X_2 & X_1 X_2 \\ 1 & -1 & 1 & -X_2 \end{bmatrix} \begin{bmatrix} \Delta U_1 \\ \Delta U_2 \\ \Delta k \\ \Delta q \end{bmatrix}$$

节点 3 的电压对发电机 G1 和变压器 T4 的变比灵敏度相同，表明调 U_1 和 k 的效果一样。

X_2 越大表明节点 3 距离发电机 G2 的电气距离越远，调 U_1 效果越好；反之 X_1 越大，调 U_2 效果越好。

调并联补偿容量 q 的效果取决于 X_1，X_2，如节点 3 离发电机 G1 和 G2 距离都很远，则调 q 效果好。

一般说来，各种调压措施的调节效果同网格的结构和参数有关。调压设施的设置地点越靠近被控制中枢点调节越好，因此调压设备一般总是分散配置的。

▶▶▶ 八、自动电压控制（AVC）调节指标

自动电压控制（AVC）是发电厂和变电站通过集中的电压无功调整装置自动调整无功功率和变压器分接头，使注入电网的无功值为电网要求的优化值，从而使全网调无功潮流和电压都达到要求。自动电压控制（AVC）系统是保证电网安全、优质和经济运行的重要措施，各级调度主站均应具备 AVC 功能，且在正常情况下应投入闭环运行，自动调控无功补偿设备。机组自动电压控制（AVC）调节合格率 = 执行合格点数/调节指令次数 × 100%；机组跟踪主站电压（无功）指令，每次调节在 1 分钟内到达规定死区为合格点，否则为不合格点，要求调节合格率按月统计，达到 100%；自动电压控制（AVC）可用率 = AVC 计算结果月可用次数/月计算次数 × 100%；要求月可利用率大于 90%。自动电压控制（AVC）计算周期不大于 120s，控制周期不大于 300s，单次计算时间不大于 30s。

◢◢◢◢ 九、低压减载

由于电压反映电网的无功平衡，在无功备用不足的电网，在发生忽然大量的无功缺额时，电网电压会下降。当电网电压偏离额定值较多时，会使网内各电厂发电机机端电压降低，无功功率输出减少，从而加剧供需的不平衡，当电网无功备用不足时容易造成电网电压崩溃。因此为防止电网电压过低和电压崩溃事故的发生，各电网要求配置低压减负荷装置，当电网出现故障引起无功功率缺额时，分级快速切除部分负荷，防止电压下降过快，从而防止电压崩溃的发生。

低压减负荷装置配置应具备以下几个基本要求：

（1）电网发生无功功率缺额时，必须能及时切除相应负荷，使保留系统部分能迅速恢复到额定电压下继续运行，不发生电压崩溃事故；

（2）因负荷过切引起恢复时系统电压过高，应与运行中自动化装置保护相协调，且留有一定裕度，避免进一步造成事故扩大；

（3）低压减负荷装置动作后，所切除的负荷不应被自动重合闸装置再次投入，应与其他安全自动化装置合理配合使用；

（4）低压减负荷装置动作的先后顺序，应按负荷的重要性安排，先切除次要负荷再切除重要负荷。

以辽宁电网为例：为防止辽宁电网出现电压崩溃事故，2015 年，沈阳、大连、鞍山、营口、本溪、辽阳电网的低压减负荷装置按照低压减负荷方案的基本级前四轮投入，定值为 $0.9U_e/6s$。

表 4-2-1 　　　　　　　　　2015 年辽宁电网低压减载整定方案 　　　　　　　　　MW

地　区	低压切负荷功能投入轮次				合　计
	基本级第一轮	基本级第二轮	基本级第三轮	基本级第四轮	
沈　阳	145	145	305	290	885
大　连	150	145	305	300	900
鞍　山	75	85	165	190	515
营　口	45	50	110	135	340
本　溪	71	73	135	125	404
辽　阳	30	35	75	80	220
合　计	516	533	1095	1120	3264

第五章 电网操作

第一节 | 倒闸操作规定

培训目标：熟悉倒闸操作的一般要求、倒闸操作的注意事项、操作票编写制度。

一、倒闸操作一般要求

（1）倒闸操作是指将电气设备由一种状态（运行、备用、检修、试验等）转换到另一种状态。主要是指拉开或合上某些开关和刀闸，改变继电保护、自动装置的使用方式，拆除或挂接接地线，拉开或合上某些直流操作回路等。

（2）一切正常倒闸操作都要填写操作票。仅拉合开关的单一操作、事故应急处理、拉闸限电、调整发电机出力，可以不填写操作票，使用口头命令。上述操作在完成后应做好记录，事故应急处理应保存原始记录。

（3）一般操作应尽量避免安排在交接班时间和高峰负荷时进行，如因影响供电质量和用户生产必须在交接班时操作，应待操作全部结束或系统操作告一段落后再进行交接班。

（4）下列操作一般不应安排在交接班时进行：

① 发电厂机组的正常启停（调频厂的启停机除外）；

② 双回线或环状网络中一回线以及两台变压器中的一台变压器停送电而不影响供电的操作；

③ 发电厂和变电站的母线正常倒闸操作及线路开关以侧路代送的操作；

④ 设备转入备用及由备用转入检修的操作。

（5）有计划的操作预令（逐项令、综合令），一般于执行前一天由当值调控员下达给操作单位，无特殊情况，不得迟于执行前4小时下达。

（6）现场的正常倒闸操作，应得到管辖该设备的值班调控员的正式操作指令，操作单位接受操作指令并复诵无误后，填写本单位的详细倒闸操作票，并经审核、预演无误后，正式进行操作前，必须得到值班调控员许可后方可执行。

（7）操作单位每项操作执行完成后，应及时报告调控员，值班调控员下达的综合操作指令或一次下达的几项逐项操作指令可根据调控员指令汇报执行情况。

（8）操作单位在操作过程中发生疑问时，不得擅自更改操作票，应立即停止操作，并向值班调控员报告，弄清楚后再进行操作。

（9）任何情况下，严禁"约时"停、送电。

（10）正常情况下，不允许两名调控员对同一操作任务向操作单位发布操作指令。

（11）调控员在操作前，应先在 D5000 调度自动化系统进行核对，无误后再进行正式操作，并及时更改电网系统图板运行方式。

（12）调控员操作过程中，应遵守监护、复诵、记录、录音制度并互报单位及姓名。

（13）在倒闸操作过程中，要利用现有的调度自动化设备，随时检查开关位置及潮流变化，以验证操作的正确性。

（14）值班调控员在操作完毕时，要全面检查操作令（包括备注部分），以防遗漏，并及时更改电网系统图板运行方式。

（15）值班调控员是地区电力系统倒闸操作的指挥人，凡接于本系统的变电站运行人员都必须严肃认真执行调度命令，如对命令有疑问可向发令人询问，经发令人核查或解释确认无误后重复命令时不得拒绝。

（16）调控员在发布正式操作指令时，应发布调度指令号，操作任务，操作项号、内容及下令时间等，并明确操作指令的类别（系统令、综合令、逐项令），现场复诵无误后，调控员方可发布"可以执行"的指令。

（17）调控员发布送电指令前，应了解现场停电作业及操作准备情况，并提醒现场拆除自行装设的安全措施。

（18）调控员按系统操作票指挥操作时，应按操作顺序逐项下达操作指令，除允许连续执行的操作项目外，下一个操作应在接到现场值班负责人上一项操作结束汇报后，才能下达。

（19）系统操作票中，一个操作单位有几个连续操作项目，虽然有先后操作顺序，但与其他单位没有配合，也不必观察对系统的影响，又不需要在操作中间和调度联系的，调控员可以将连续操作项目一次下达，现场可连续执行完后汇报调度。

（20）各地县调控机构在指挥电力生产运行、倒闸操作及事故处理的全过程中，应严格执行《辽宁电网调度运行规程》规定的调度系统"两票三制四对照"制度，即"两票"指"检修计划票、操作票"，"三制"指"监护制、复诵录音制、记录制"，"四对照"指"对照系统（模拟图）、对照现场、对照检修计划票、对照典型操作票"。

（21）检修工作（含事故处理）所装设的地线在管理上分如下 4 种：

① 发电厂、变电站内部（即送电线路刀闸内侧）所装设的地线由该厂（站）值班人员自行负责；

② 发电厂、变电站的单电源直配线线路侧接地线由该厂（站）负责装设；

③ 双电源线路线路侧接地线由地调负责装设；

④ 线路检修人员在工作地点所装设的地线由检修人员自行负责。

（22）系统重大试验、工程改建以及设备检修引起运行方式较大变化时，调控运行专责人或有关单位事先做出方案，组织调控值班人员讨论，并报公司副总工程师、总工程师（生产副总经理）批准后执行，调控人员必要时可到现场了解作业、倒闸操作等情况。

►►►► 二、倒闸操作注意事项

（1）充分考虑系统变更后，系统接线的正确性，特别注意对重要用户供电的可靠性。

（2）充分考虑系统变更后，有功和无功功率的平衡，保证系统的稳定性。

（3）充分考虑系统变更后，继电保护、自动装置的配合协调，使用合理。

（4）充分考虑系统变更后，系统调谐的合理性。

（5）充分考虑系统变更后，系统解列点的重新布置。

（6）充分考虑系统变更后，有适当的备用容量，各系统母线消弧线圈补偿应适当调整。

（7）充分考虑系统变更后，电网事故处理措施，拟订新方式下的事故处理预案，并通知有关现场，包括调度通信和自动化部门。

（8）应考虑变压器操作，变压器中性点运行方式的相应调整。

（9）应考虑切换电压互感器操作，对继电保护、自动装置及计量装置的影响，并采取相应措施。

（10）应考虑带有小电源的线路操作，对侧电源及负荷问题。

（11）系统变更前后，注意监视系统潮流、电压、频率的变化。防止造成局部元件过载，应将改变的运行接线及潮流变化及时通知有关单位，由于系统变更而使潮流增加应通知有关单位加强设备巡查。

（12）应考虑新设备投运操作，设备本身故障开关拒动，保护失灵的情况，必须有可靠的快速保护和后备跳闸开关，以防故障扩大，危及电网安全。要考虑到操作中万一发生问题，对系统产生的影响，并针对倒闸后的运行方式可能引起的问题做好事故预想，并将有关部分通知现场。

（13）严防非同期合闸、带负荷拉刀闸、带地线合闸等误操作、误调控事故的发生。

》》》 三、操作票编写制度

（1）电力系统正常倒闸操作，均应使用操作票。调度端操作票分为：系统操作票和综合操作票两种。

（2）系统操作票使用逐项操作指令，综合操作票使用综合操作指令；口头操作指令使用逐项操作指令或综合操作指令，但必须记录。

（3）填写操作票应使用正规的调度术语和设备双重名称。

（4）对于一个操作任务需要两个或两个以上单位共同配合的操作，或只有一个单位操作，影响主要系统运行方式，或需要观察对系统的影响者，应使用系统操作票。

（5）对于一个操作任务只需一个单位操作，不需要其他单位配合，不影响主要系统运行方式，也不需要观察对系统的影响者，应使用综合操作票。

（6）系统操作票填写内容：

① 开关、刀闸的操作；

② 有功、无功电源及负荷的调整；

③ 保护装置的投入、停用，定值或方式的变更；

④ 中性点接地方式的改变及消弧线圈补偿度的调整；

⑤ 装设、拆除接地线；

⑥ 必要的检查项目和联系项目。

（7）以下操作可以使用综合操作票填写：

① 发电厂、变电站变更主母线运行方式；

② 线路开关的相互代送或经侧路代送；

③ 单一电源变电站全停电；

④ 变压器由运行转检修或转备用，或由备用转运行。

（8）系统操作票应按操作先后顺序，按项依次填写，不得漏项、并项和后加项，填写要明确，分项操作中不允许使用"停电"或"送电"等笼统说法代替开关和刀闸的拉合操作。操作任务栏内要填写操作设备的电压等级。

（9）逐项操作命令（逐项令）：一个操作任务同时涉及两个及以上运行单位的操作，调度应逐项下达操作命令，受令单位按操作命令的顺序逐项执行，为简化操作命令，在逐项命令中可以包含综合操作命令。

（10）综合操作票的填写内容：需填写操作任务、操作时间、注意事项及相关备注。操作任务应简单、明确，写明操作目的和要求。凡属操作的内容均应填入任务栏内。

（11）综合操作命令（综合令）：一个操作任务只涉及一个运行单位的操作，如变电所倒母线等。

（12）操作票由值班调控员填写，应根据检修票、系统运行方式变更单及新设备投运方案的要求，对照现场、对照系统、对照典型操作票填写操作票，填写完确认无误后在编制人处签字盖章。

（13）操作票由值班调度长负责审核并签字，只有经过编制、审核人签字的操作票方可下达到操作单位。

（14）操作票的检查项或联系项目，在操作票中均应单独列项。

（15）前班编制的操作票，执行班的值班调控长应重新审核签字后才能批准执行，如认为有问题应重新填写操作票，对已下达的操作预令应办理作废并重新下达操作预令。对前班编制的操作票的正确性，执行班负主要责任。

（16）系统操作票和综合操作票均按统一规定格式进行填写，统一编号。

（17）操作票不准涂改或损毁，如有错字需要修改时，必须将错字划两道横线，在错字上方填上正确文字并盖章，不允许用刀刮以保证准确清晰。合格的操作票每页修改错字、漏字不得超过三个字。

（18）对填写错误无法执行的操作票，或因故不能操作的操作票，在操作票规定位置盖"作废"章。

（19）执行完的操作票，由值班调度长对操作票进行详细检查，确认无误后，在操作票规定位置盖"执行完毕"印章，操作票才算执行完毕。执行完毕的操作票要求保存一年。

（20）下列操作不填写操作票，但必须做好记录以备查。

① 拉合开关的单一操作；

② 拆除全（厂）站仅有的一组接地线；

③ 抢救人身伤亡或设备损坏的操作；

④ 事故处理的操作，但恢复送电时须履行操作票制作的规定。

第二节 系统并、解列操作

培训目标：掌握电网同期并解列条件、并解列注意事项。

（1）电网同期并列条件：

① 相位、相序一致；

② 频率相等；

③ 电压相等。

（2）相序、相位。设备由于检修（如导线拆接引）或新设备投运有可能引起相位紊乱，对单电源供电的负荷线路以及对两侧有电源的唯一联络线，在受电后或并列前，应试验相序；环状系统在并列前应试验相位。

（3）频率。同期并列必须频率相同，无法调整时可以不超过 ±0.5Hz。如某系统电源不足，必要时允许降低较高系统的周波进行同期并列，但正常系统的周波不得低于49.5Hz。

（4）电压。系统间并列无论是同期还是环状并列，应使电压差（绝对值）调至最小，最大允许电压差为20%，特殊情况下，环状并列最大电压差不得超过30%，或经过计算确定允许值。

（5）电气角度引起的电压差。系统环状并列时，应注意并列处两侧电压向量间的角度差，环路内变压器接线角度差必须为零。潮流分布造成的功率角，其允许数值根据环内设备容量，继电保护等限制情况而定。

（6）环状并列点处如有同期装置，应在环状并列点前用同期装置检验同期，以增加操作的正确性。

（7）系统间的解列操作，需将解列点处有功调整为零，无功近于零；如难于调整时，一般可以设法调整至使小容量系统向大容量系统送少量有功功率时再断开解列开关，避免解列后频率、电压显著波动。

（8）环状回路并列或解列时，必须考虑环内潮流的变化及对继电保护、系统稳定、设备过载等方面的影响。

（9）用刀闸解并环网时，只有经过计算及有长期运行经验方可进行，但第一次操作时需制定方案，经公司总工程师批准。

第三节 线路停送电操作

培训目标：掌握线路停送电操作原则、注意事项及重合闸投切规定。

（1）线路停电时，应依次断开开关、线路侧刀闸、母线侧刀闸、线路上电压互感器刀闸后，再在线路上验电装设地线。

（2）线路送电时，应先拆除线路地线，再依次合上线路上电压互感器刀闸、母线侧刀闸、线路侧刀闸、开关。

（3）线路停、送电操作原则：

① 单一线路停电，受电端先减负荷后，再由送电端将线路停电；

② 一般双电源线路停电时，应先在大电源侧解列，然后在小电源侧停电，送电时应先由小电源侧充电，大电源侧并列，以减小电压差和万一故障时对系统的影响；

③ 双回并列送电线路，一回线停电时有分歧负荷先倒出然后由受电端解列，送电端将线路停电，送电时由送电端送电，受电端并列；

④ 线路负荷侧无开关的线路，在停电前先将负荷倒出，线路电源侧停电，负荷侧拉刀闸。送电时，对检修后的线路尽可能利用开关试送电，对线路进行充电一次，良好后，再用刀闸给线路充电，就是负荷侧合上刀闸，再由电源侧送电（带变压器一起充电）；如线路无检修可由电源侧直接送电（带变压器一起充电）；

⑤ 双回线并列或解列送电的线路同时停电，受电端先减负荷送电端将线路停电；

⑥ 环状线路停送电操作时必须考虑两系统潮流分布变化、继电保护及自动装置配合、消弧线圈补偿合适；

⑦ 地方电厂及厂矿自备电厂与系统间联络线停、送电由地方电厂及厂矿自备电厂侧并、解列，系统侧停、送电。

（4）线路停送电操作前后，当开关断开或合上后，应及时检查三相电流、有功及无功功率的指示情况，以验证开关状态及操作的正确性。

（5）大修后或新投入的线路，要做三次全电压合闸冲击，冲击时重合闸停用，使用速断保护，对于环状系统在并列前要测定相位，对于单电源线路，送电前要测定相序，继电保护应完好，并投入运行。

（6）有通信设施的线路因故停运或检修时，应及时通知通信部门，以便采取措施保证通信畅通。

（7）线路重合闸投停或检定方式的改变应按调度指令执行。

（8）向线路充电前，现场自行将充电开关的重合闸停用，开关合上后重合闸恢复开关停电前的方式（如果调度有要求按调度指令执行）。

① 对于负荷线路应在带负荷前投入重合闸；

② 对于双回线或电源联络线应在并列后投入重合闸；

③ 对于环形线路应在环并后投入相应的重合闸。

（9）符合下列情况之一的线路重合闸停用：

① 空充电线路；

② 试运行线路；

③ 纯电缆线路；

④ 有带电作业的线路；

⑤ 有严重缺陷的线路；

⑥ 开关遮断容量不够或开关达到小修次数的线路；

⑦ 变压器本身保护因故全脱离而由上一级线路保护做变压器后备保护时。

第四节 ▎变压器操作

培训目标：掌握变压器并列条件、注意事项及变压器停送电操作规定。

（1）变压器并列条件：

① 相位相同，接线组别相同；

② 电压比相等；

③ 短路阻抗相等或相近，允许差值不超过 10%。

如电压比和短路阻抗不符合上述条件时，应经必要的计算和试验，以保证并列后，任一台变压器均不过载。

（2）在中性点直接接地系统中，为防止高压开关三相不同期时可能引起过电压，变压器停、送电操作前，应将中性点直接接地后，才能进行操作，包括处于热备用状态的变压器。

（3）并列运行中的变压器，其直接接地中性点由一台变压器改到另一台变压器时，应先合上原不接地变压器的中性点刀闸后，再拉开原直接接地的变压器的中性点刀闸。

（4）变压器投运时，先由电源侧充电，负荷侧并列；停电时先由负荷侧解列，电源侧停电。如变压器高低压侧均有电源时，一般情况下，送电时应先由高压侧充电，低压侧并列，停电时先在低压侧解列，再由高压侧停电。

（5）变压器停、送电操作时，应使用开关，无开关时可用刀闸投切 66kV 及以下且空载电流不超过 2A 的空载变压器。

（6）有载调压变压器并列运行时，其调压操作应轮流逐级或同步进行。

（7）变压器差动保护二次电流回路有变更（有过工作或二次线拆装过）及新投入的变压器充电时，应投入差动保护；变压器充电成功带负荷前，应将差动保护停用，待负荷测试合格后再投入运行。

（8）新投运变压器应全电压冲击合闸 5 次，更换线圈的变压器应全电压冲击合闸 3 次。

（9）新变压器应装有完整的继电保护，并投入运行位置。

（10）新投变压器或检修后可能影响相序正确性的变压器在投运时应进行核相；单独带负荷前应测相序。

（11）有条件时，新变压器投运后要连续空载运行 24 小时，无问题后再带负荷。

（12）带有消弧线圈的变压器停电时，必须考虑消弧线圈补偿度的调整。一台消弧线圈可接入两台变压器中性点，不准同时接入两台主变运行，其切换操作时不准以并列方式进行，必须停电切换。

（13）变压器更改分接头开关位置时，应事先校核差动保护定值是否合适。并应测量分接开关接触电阻，在允许范围内方可投入。对有载调压变压器应事先计算差动保护允许调压分接头的调整位置。

（14）单电源二次变电站与电源线路同时停送电时，应由送端变电站一并停送电。若只主变压器以下全停电时，先停负荷侧，后停电源侧；送电时与之相反。

（15）对长线路末端的变压器充电，要考虑空载线路电压升高危及变压器绝缘，故规定充电电压不准超过变压器分接头电压的10%，如有可能超过时应采取适当的降压措施后再充电。

（16）按《电网变压器运行规程》规定，变压器的运行电压一般不应高于该运行分接头额定电压的105%。

（17）带负荷调压，变压器分接头开关允许操作次数按制造厂规定执行。

第五节　母线倒闸操作

培训目标：掌握母线停送电操作注意事项、母线充电规定及考虑事项。

（1）母线为发电厂、变电站的中枢是各电气元件的汇集点，进行母线倒闸操作时应注意下列问题：

① 倒闸操作前应先将母联开关保护停用，断开母联开关的操作电源后，方可进行母线间倒负荷操作；

② 保护、仪表及计量使用的互感器进行相应切换；

③ 每组母线上的电源与负荷分配是否合理。

（2）用断口具有均压电容器的开关对带有感性PT的空母线进行操作，在向空母线充电时，为避免谐振过电压（少油开关触头间的并联电容和PT的感抗形成串联铁磁谐振），充电操作前必须先将母线电压互感器刀闸拉开，待母线充电良好后，再合上电压互感器刀闸。空母线停电时，应先拉开电压互感器刀闸，再拉开给母线充电的开关。

（3）母线停、送电操作，为了防止铁磁谐振，应尽量保持该母线上有一回及以上线路连接，如没有线路时，可在母线PT开口三角侧接入适当电阻（有消谐装置的除外）。

（4）母线充电时，如母联开关具有快速保护时，应用母联开关充电，充电前投入母联快速保护。此时当母线有母差保护时，规定如下：

① 对于单母线形式母差或单母分段形式母差保护，仍正常投入；

② 对于其他形式的母差保护，仅投跳母联开关。

（5）双母线不具备分列运行条件，若母联开关停电时间较短时，可将某元件的另一母线刀闸合上，将双母线变成一条母线运行，若母联开关停电时间较长，应倒成一条母线运行。

（6）双母线一组母线电压互感器停电，母线接线方式不变（电压回路不能切换者除外）。

（7）变电站切换母线的操作，必须得到值班调度员的同意后方可进行。恢复向母线充电时要防止铁磁谐振或母线对地三相电容不平衡产生过电压。

（8）值班调控员在允许变电所双母线分列运行前必须充分考虑以下各项：

① 母线分列后两侧均有电源；

② 分列后两条母线系统消弧线圈补偿合适；

③ 双母线分列后负荷分配均接近平衡；

④ 继电保护、自动装置配合协调。

第六节 ▊ 隔离开关的操作

培训目标：掌握隔离开关操作规定、注意事项及操作处理工作。

（1）正常运行时，允许用刀闸（隔离开关）进行的操作：

① 拉、合空载母线；

② 拉、合电压互感器和避雷器；

③ 拉、合变压器中性点刀闸；

④ 拉、合系统无接地时的消弧线圈；

⑤ 拉、合同一串联回路开关在开闸位置的刀闸；

⑥ 拉、合与开关并联（开关在合位时）的旁路刀闸，能断合开关的旁路电流；

⑦ 用三相联动刀闸可以断合励磁电流不超过 2A 的无负荷变压器和电容电流不超过 5A 的无负荷线路；

⑧ 根据现场计算试验或系统运行经验，经局总工程师批准后可超过上述规定。

（2）在倒母线操作中，拉、合母线侧刀闸时应断开母联开关操作电源。

（3）用刀闸拉合电源时，应充分注意防止电弧造成相间及接地事故，因此，对无明确规定的一些刀闸的操作应通过计算或试验，校核电弧可能伸展长度，并经公司总工程师批准后方可进行。

（4）中性点绝缘或中性点经消弧线圈接地系统，不允许用刀闸寻找接地故障。

（5）操作中发生带负荷拉、合刀闸时，应作如下处理：

① 带负荷拉、合刀闸时，即使发现合错，也不准将刀闸再拉开。因为带负荷拉刀闸，将造成三相弧光短路事故。

② 带负荷错拉刀闸时，在动触头刚离开静触头时，会产生电弧，这时应立即合上，可以消灭电弧，避免事故发生。但如刀闸已经全部拉开，则不许将误拉的刀闸再合上。

第七节 ▊ 消弧线圈的操作

培训目标：掌握消弧线圈补偿原则、操作原则、注意事项及整定计算原则。

（1）消弧线圈的操作及分接头位置的改变应按调度命令执行。

（2）值班调控员应根据系统运行方式的改变，按照补偿度的整定原则及时进行消弧线圈分接头位置的调整。

（3）按下述原则，确定何时调整消弧线圈为宜：

① 欠补偿系统，线路停电前、送电后调整消弧线圈分接头位置；

② 过补偿系统，线路停电后、送电前调整消弧线圈分接头位置；

③ 一经操作（不论停、送、并、解）即变成共振补偿时，必须在操作前调整消弧线圈分接头位置；

④ 在进行系统复杂操作过程中，允许短时间不调整补偿度，待操作结束后进行调整，

但需注意防止谐振现象的产生。

（4）改变消弧线圈分接头的操作，必须将消弧线圈脱离系统后进行。切投消弧线圈时，必须在判明系统内无接地故障时进行。

（5）带有消弧线圈的变压器停电时，必须考虑消弧线圈补偿度的调整。

（6）禁止将一台消弧线圈同时连接在两台运行变压器的中性点上。当需要将消弧线圈从一台变压器中性点上切换到另一台变压器中性点上时，应首先把消弧线圈断开，然后再投入到另一台变压器的中性点上。

（7）当一个系统只有一台消弧线圈时，需要调整消弧线圈分接头，有条件的可先将该系统与同一电压等级带有消弧线圈的其他系统并列，然后进行调整。如必须将唯一的一台消弧线圈脱离系统，使系统变为中性点绝缘运行时，应事先确认不能发生铁磁谐振或采取必要措施后方可进行操作。

（8）系统有两台及以上消弧线圈并列运行时，当需要调整消弧线圈分接头位置时，应逐一进行调整，避免系统出现无消弧线圈的运行方式。

（9）两系统均有消弧线圈并采用同一补偿方式时，合环操作可不停消弧线圈。

（10）消弧线圈的检修（包括影响消弧线圈运行的附属设备），必须安排在雷雨季节前进行，以保证雷雨季节消弧线圈不脱离系统。

（11）凡装有消弧线圈的发电厂、变电站，在消弧线圈动作后，应立即汇报调度，同时详细记录动作时间、动作时分接头位置、动作时消弧线圈电流值、中性点电压数值及消弧线圈温度、温升等。

（12）消弧线圈接地系统补偿度的整定原则：

① 当系统发生接地故障时，流过故障点的残流最小，以利于消弧，为系统带接地点运行创造条件。

② 消弧线圈正常尽量采用过补偿方式运行，只有在消弧线圈容量不足时，考虑采用欠补偿方式运行，如必须欠补偿方式运行时，应考虑最长一回线路跳闸后不致产生谐振；

③ 正常66kV系统采用过补偿方式，补偿度取5%~30%；尽可能接近5%。

④ 由于运行方式变更而不能过补偿运行时，可采用欠补偿方式运行，补偿度取5%~30%，尽可能接近5%。

⑤ 数台消弧线圈并联运行，当系统分离后，应满足各单独系统有合理的补偿度。

⑥ 正常或事故时，系统中性点位移电压允许的极限值，长时间运行不超过15%相电压；操作过程中1小时内不超过30%相电压；接地时允许不超过100%相电压。

⑦ 系统三相对地电压不平衡时，可通过调整补偿度来改善。

⑧ 消弧线圈的补偿度计算公式如下：

$$补偿度（\%）=\frac{\Sigma I_{\mathrm{L}}-\Sigma I_{\mathrm{c}}}{\Sigma I_{\mathrm{c}}}\times 100\%$$

式中：ΣI_{L}——各消弧线圈工作补偿电流之和；

ΣI_{c}——全网电容电流。

（13）线路电容电流的估算。

① 单回线电容电流的计算公式（经验公式）：

$$I_{\mathrm{c}}=（2.7\sim 3.3）U\times L\times 10^{-3}\mathrm{A}$$

式中：I_{c}——线路的电容电流，A；

　　U——线路的线电压，kV；

　　L——线路的长度，km；

　　2.7——无架空地线时系数；

　　3.3——有架空地线时系数。

　② 66kV 同杆塔双回线电容电流为单回线的 1.3～1.6 倍。

　（14）在系统消弧线圈容量充裕时，尽量不安排消弧线圈最高分接头运行。

　（15）数台消弧线圈并联运行，应考虑在系统联络线、66kV 母联或带消弧线圈的变压器跳闸时，系统不能发生谐振补偿。在改变运行方式时，尽可能只改变一台消弧线圈的分接头。系统分成几个独立的单元时，须相应地改变各独立单元系统的补偿度。

　（16）系统有自动跟踪消弧线圈与人工调解消弧线圈（经阻尼电阻接地）并列运行时，可将人工调解消弧线圈整定在欠补偿状态，余下的部分由自动跟踪消弧线圈补偿，并使其分接头自动调解在接近中间位置，在巡视时发现自动跟踪消弧线圈的挡位已经自动调整到最高挡位时，要及时向调度汇报。

　（17）系统中有两台自动跟踪消弧线圈并列运行时，应将其中的一台消弧线圈放手动位置。

　（18）有两台及以上经阻尼电阻接地的消弧线圈并列运行时，其补偿度的整定应接近补偿度范围的下限。

　（19）对于自动跟踪消弧线圈与老式消弧线圈（无阻尼电阻）并列运行时，应将自动跟踪消弧线圈改手动位置，人工进行调整补偿度。

　（20）系统发生接地时，装有消弧线圈（包括装有接地监视装置）的变电站运行人员，要不间断监视三相对地的变化和消弧线圈运行状况（对无人值班变电站，要派专人到现场进行监视），当消弧线圈达到允许温升或允许接地时间立即汇报调度，值班调控员应下令停止接地线路运行或改变运行方式。

　（21）系统有接地或谐振时不准操作消弧线圈。改变运行方式时间较短或线路限电时可不调整补偿度，但欠补偿运行时尚需考虑补偿度的调整。

　（22）发生单相永久性接地故障时，消弧线圈上层油温及允许连续运行的时间按厂家规定执行，如厂家无规定，允许温升按 55℃ 掌握。

　（23）只有一台消弧线圈的系统，允许带接地点运行时间由消弧线圈的温升确定；有几台消弧线圈的系统，个别消弧线圈达到温升的规定，且继续升高时，可以切除该消弧线圈。

　（24）事故处理和 30min 内能恢复的操作，允许不调整消弧线圈分接头，但应注意不能出现系统谐振。

　（25）在系统调谐时，如遇中性点位移和补偿度不能双重满足时：

　① 在冬季以满足位移电压不超过规定为原则；

　② 在其他季节以满足补偿度不超过规定为原则。

第八节 ┃ 电网正常操作典型票

【培训目标】熟悉电网正常操作典型操作票，掌握线路停送电操作票、变压器停送电操作票、线路改侧路开关代送电操作票、与电厂连接的线路停送电操作票、线路投运停送电操作票及配电网柱上开关停送电操作票。

（1）逐项 2015030101 令：柳树、滨海 220kV 变电站：220kV 柳滨线线路停电

（2）逐项 2015030102 令：柳树、滨海 220kV 变电站：220kV 柳滨线线路送电

（3）逐项 2015030103 令：柳树 220kV 变电站：220kV 柳滨线改侧路开关代送电

（4）逐项 2015030104 令：柳树 220kV 变电站：220kV 柳滨线恢复本线开关送电

（5）逐项 2015030105 令：柳树 220kV 变电站：66kV 树边甲线线路停电

（6）逐项 2015030106 令：柳树 220kV 变电站：66kV 树边甲线线路送电

（7）综合 2015030107 令：柳树 220kV 变电站：四号主变停电

（8）综合 2015030108 令：柳树 220kV 变电站：四号主变送电

（9）综合 2015030109 令：柳树 220kV 变电站：220kV Ⅰ 母线停电

（10）综合 2015030110 令：柳树 220kV 变电站：220kV Ⅰ 母线送电

（11）逐项 2015030111 令：锦州电厂、义县 220kV 变电站：220 kV 电义#1 线停电

（12）逐项 2015030112 令：锦州电厂、义县 220kV 变电站：220 kV 电义#1 线送电

（13）逐项 2015030113 令：白梨 66kV 变电站：10kV 紫金线开关—#33 右 8—#39、纺织线开关—末端停电

（14）逐项 2015030114 令：白梨 66kV 变电站：10kV 紫金线开关—#33 右 8—#39、纺织线开关—末端送电

（15）逐项 2015060601 令：西郊 66kV 变电站：10kV 南开线线路停电

（16）逐项 2015060602 令：西郊 66kV 变电站：10kV 南开线线路送电

（17）逐项 2015060603 令：跃进 66kV 变电站：10kV 铁一线 26#—35#线路停电

（18）逐项 2015060604 令：跃进 66kV 变电站：10kV 铁一线 26#—35#线路送电

（19）逐项 2015060605 令：经贸 66kV 变电站：10kV 经环一线、经环二线、经彩一线、经彩二线线路送电（投运）

地调电网系统操作票（逐项令）

编制时间：2015 年 03 月 01 日　星期日　　编号：000000001　逐项指令号：ZX2015030101

操作任务：柳树 220kV 变电站、滨海 220kV 变电站：220kV 柳滨线线路停电

<table>
<tr>
<td rowspan="8">操作计划发受</td>
<td colspan="4">计划时间：03 月 02 日 07 时 00 分</td>
<td colspan="2">备　　注</td>
</tr>
<tr>
<td>发计划时间</td>
<td>发计划人</td>
<td>接受单位</td>
<td>接受人</td>
<td colspan="2" rowspan="7">柳树 220kV 变电站：
一、220kV 柳滨线 6824 开关小修
王晓刚与柳树 220kV 变电站会签
作业时间：3 月 2 日 08 时 00 分至 3 月 2 日 16 时 00 分
滨海 220kV 变电站：
一、220kV 柳滨线 6124 开关小修
王晓华与滨海 220kV 变电站会签
作业时间：3 月 2 日 08 时 00 分至 3 月 2 日 16 时 00 分</td>
</tr>
<tr>
<td></td>
<td>省调调控员</td>
<td>地调监控</td>
<td></td>
</tr>
<tr>
<td></td>
<td></td>
<td>柳树站</td>
<td></td>
</tr>
<tr>
<td></td>
<td></td>
<td>滨海站</td>
<td></td>
</tr>
<tr>
<td></td>
<td></td>
<td>输电运检</td>
<td></td>
</tr>
<tr>
<td></td>
<td></td>
<td></td>
<td></td>
</tr>
<tr>
<td></td>
<td></td>
<td></td>
<td></td>
</tr>
</table>

√	顺序	发　令		受　令		操　作　项　目	执　行	
		姓名	时间	单位	姓名		时间	汇报人
	1			地　调		联系省调：220kV 柳滨线线路可以停电		
	2			监　控		柳树站：拉开柳滨线 6824 开关（解环）		
	3			监　控		柳树站：检查柳滨线 6824 开关电流指示　A		
	4			监　控		滨海站：拉开柳滨线 6124 开关（停电）		
	5			监　控		滨海站：检查柳滨线 6124 开关电流指示　A		
	6			监　控		滨海站：拉开柳滨线 6124 线路刀闸及 Ⅱ 母线刀闸		
	7			监　控		柳树站：拉开柳滨线 6824 线路刀闸及 Ⅱ 母线刀闸		
	8			监　控		柳树站：在 220kV 柳滨线 6824 线路侧装设接地线一组		
	9			监　控		滨海站：在 220kV 柳滨线 6124 线路侧装设接地线一组		
	10			地　调		汇报省调：220kV 柳滨线线路已经停电		
	11			输电运检		220kV 柳滨线已停电，线路作业可以开始，现场安全措施自行负责		

批准：　　　　　　　　审核：　　　　　　　　编制：

地调电网系统操作票（逐项令）

编制时间：**2015 年 03 月 01 日　星期日**　　编号：**000000002**　　逐项指令号：**ZX2015030102**

操作任务：柳树 220kV 变电站、滨海 220kV 变电站：220kV 柳滨线线路送电

操作计划发受	计划时间：03 月 02 日 16 时 00 分				备　　注
	发计划时间	发计划人	接受单位	接受人	
		省调调控员	地调监控		
			柳树站		
			滨海站		
			输电运检		

√	顺序	发　令		受　令		操 作 项 目	执 行	
		姓名	时间	单位	姓名		时间	汇报人
	1			输电运检		220kV 柳滨线线路作业结束，现场人员、安全措施全撤离拆除，送电无问题		
	2			地　调		联系省调：220kV 柳滨线线路可以送电		
	3			监　控		滨海站：拆除 220kV 柳滨线 6124 线路侧接地线		
	4			监　控		柳树站：拆除 220kV 柳滨线 6824 线路侧接地线		
	5			监　控		柳树站：合上柳滨线 6824 Ⅱ 母刀闸及 6824 线路刀闸		
	6			监　控		滨海站：合上柳滨线 6124 Ⅱ 母刀闸及线路刀闸		
	7			监　控		柳树站：合上柳滨线 6824 开关（送电）		
	8			监　控		柳树站：检查柳滨线 6824 开关电流指示　A		
	9			监　控		滨海站：合上柳滨线 6124 开关（环并）		
	10			监　控		滨海站：检查柳滨线 6124 开关电流指示　A		
	11			地　调		汇报省调：220kV 柳滨线线路已经送电		

批准：　　　　　　　　　审核：　　　　　　　　　　　编制：

地调电网系统操作票（逐项令）

编制时间：2015 年 03 月 01 日　星期日　　编号：000000003　逐项指令号：ZX2015030103

操作任务：柳树 220kV 变电站：220kV 柳滨线改侧路开关代送电

操作计划发受	计划时间：03 月 02 日 07 时 00 分				备　注
	发计划时间	发计划人	接受单位	接受人	柳树 220kV 变电站： 220kV 柳滨线 6824 开关小修 王晓刚与柳树 220kV 变电站会签 作业时间：2015 年 03 月 02 日 08 时 00 分至 03 月 02 日 16 时 00 分
		省调调控员	地调监控		
			柳树站		
			滨海站		

√	顺序	发　令		受　令		操　作　项　目	执　行	
		姓名	时间	单位	姓名		时间	汇报人
	1			地 调		联系省调：220kV 柳滨线可以改侧路开关代送电		
	2			监 控		柳树站：核对侧路 6800 开关代柳滨线微机保护定值正确		
	3			监 控		柳树站：将柳滨线 6824 两套纵联保护停用（第一套、第二套）		
	4			监 控		滨海站：将柳滨线 6124 两套纵联保护停用（第一套、第二套）		
	5			监 控		柳树站：柳滨线 6824 第一套纵联保护切至侧路运行		
	6			监 控		柳树：柳滨线 6824 开关由运行转检修		
	7			监 控		柳树站：检查侧路 6800 第一套纵联保护通道良好		
	8			监 控		滨海站：检查柳滨线 6124 第一套纵联保护通道良好		
	9			监 控		滨海站：将柳滨线 6124 第一套纵联保护启用		
	10			监 控		柳树站：将侧路 6800 第一套纵联保护启用		
	11			地 调		汇报省调：220kV 柳滨线已改侧路开关代送电		

批准：　　　　　　　审核：　　　　　　　编制：

地调电网系统操作票（逐项令）

编制时间：2015 年 03 月 01 日　星期日　　编号：000000004　　逐项指令号：ZX2015030104

操作任务：柳树 220kV 变电站：220kV 柳滨线恢复本线开关送电

操作计划发受	计划时间：03 月 02 日 16 时 00 分				备　　注
	发计划时间	发计划人	接受单位	接受人	
		省调调控员	地调监控		
			柳树站		
			滨海站		

√	顺序	发　令		受　令		操 作 项 目	执　行	
		姓名	时间	单位	姓名		时间	汇报人
	1			地调		联系省调：220kV 柳滨线可以恢复本线开关送电		
	2			监控		滨海站：将柳滨线 6124 第一套纵联保护停用		
	3			监控		柳树站：将侧路 6800 第一套纵联保护停用		
	4			监控		柳树站：柳滨线 6824 开关由检修转运行		
	5			监控		柳树站：柳滨线 6824 第一套纵联保护切回本线		
	6			监控		柳树站：检查柳滨线 6824 两套纵联保护通道良好（第一套、第二套）		
	7			监控		滨海站：检查柳滨线 6124 两套纵联保护通道良好（第一套、第二套）		
	8			监控		滨海站：将柳滨线 6124 两套纵联保护启用（第一套、第二套）		
	9			监控		柳树站：将柳滨线 6824 两套纵联保护启用（第一套、第二套）		
	10			地调		汇报省调：220kV 柳滨线已经恢复本线开关送电		

批准：　　　　　　　　审核：　　　　　　　　　　　编制：

地调电网系统操作票（逐项令）

编制时间：2015 年 03 月 01 日　星期日　编号：000000005　逐项指令号：ZX2015030105

操作任务：柳树 220kV 变电站：66kV 树边甲线线路停电

<table>
<tr>
<td rowspan="8">操
作
计
划
发
受</td>
<td colspan="4">计划时间：03 月 02 日 07 时 00 分</td>
<td colspan="2" align="center">备　　注</td>
</tr>
<tr>
<td>发计划时间</td>
<td>发计划人</td>
<td>接受单位</td>
<td>接受人</td>
<td colspan="2" rowspan="7">柳树 220kV 变电站：
一、66kV 树边甲线 4962 开关小修
王晓刚与柳树 220kV 变电站会签
作业时间：3 月 2 日 08 时 00 分至 3 月 2 日 16 时 00 分
边东 66kV 变电站：
一、66kV 树边甲线 5208 开关小修
王晓华与边东 66kV 变电站会签
作业时间：3 月 2 日 08 时 00 分至 3 月 2 日 16 时 00 分</td>
</tr>
<tr>
<td></td>
<td></td>
<td>柳树站</td>
<td></td>
</tr>
<tr>
<td></td>
<td></td>
<td>边东站</td>
<td></td>
</tr>
<tr>
<td></td>
<td></td>
<td>输电运检</td>
<td></td>
</tr>
<tr>
<td></td>
<td></td>
<td></td>
<td></td>
</tr>
<tr>
<td></td>
<td></td>
<td></td>
<td></td>
</tr>
<tr>
<td></td>
<td></td>
<td></td>
<td></td>
</tr>
</table>

<table>
<tr>
<td rowspan="2">√</td>
<td rowspan="2">顺序</td>
<td colspan="2">发　令</td>
<td colspan="2">受　令</td>
<td rowspan="2">操　作　项　目</td>
<td colspan="2">执　行</td>
</tr>
<tr>
<td>姓名</td>
<td>时间</td>
<td>单位</td>
<td>姓名</td>
<td>时间</td>
<td>汇报人</td>
</tr>
<tr>
<td></td>
<td>1</td>
<td></td>
<td></td>
<td>边东站</td>
<td></td>
<td>合上 66kV 内桥 5210 开关（环并）</td>
<td></td>
<td></td>
</tr>
<tr>
<td></td>
<td>2</td>
<td></td>
<td></td>
<td>边东站</td>
<td></td>
<td>检查 66kV 内桥 5210 电流指示　A</td>
<td></td>
<td></td>
</tr>
<tr>
<td></td>
<td>3</td>
<td></td>
<td></td>
<td>边东站</td>
<td></td>
<td>拉开树边甲线 5208 开关（解环）</td>
<td></td>
<td></td>
</tr>
<tr>
<td></td>
<td>4</td>
<td></td>
<td></td>
<td>边东站</td>
<td></td>
<td>检查树边甲线 5208 电流指示　A</td>
<td></td>
<td></td>
</tr>
<tr>
<td></td>
<td>5</td>
<td></td>
<td></td>
<td>柳树站</td>
<td></td>
<td>拉开树边甲线 4962 开关（停电）</td>
<td></td>
<td></td>
</tr>
<tr>
<td></td>
<td>6</td>
<td></td>
<td></td>
<td>柳树站</td>
<td></td>
<td>拉开树边甲线 4962 - 6 线路刀闸及 4962 Ⅳ 母线刀闸</td>
<td></td>
<td></td>
</tr>
<tr>
<td></td>
<td>7</td>
<td></td>
<td></td>
<td>边东站</td>
<td></td>
<td>拉开树边甲线 5208 母线刀闸及线路刀闸</td>
<td></td>
<td></td>
</tr>
<tr>
<td></td>
<td>8</td>
<td></td>
<td></td>
<td>柳树站</td>
<td></td>
<td>在 66kV 树边甲线 4962 线路侧装设接地线一组</td>
<td></td>
<td></td>
</tr>
<tr>
<td></td>
<td>9</td>
<td></td>
<td></td>
<td>边东站</td>
<td></td>
<td>在 66kV 树边甲线 5208 线路侧装设接地线一组</td>
<td></td>
<td></td>
</tr>
<tr>
<td></td>
<td>10</td>
<td></td>
<td></td>
<td>输电运检</td>
<td></td>
<td>66kV 树边甲线已停电，线路作业可以开始，现场安全措施自行负责</td>
<td></td>
<td></td>
</tr>
<tr>
<td></td>
<td></td>
<td></td>
<td></td>
<td></td>
<td></td>
<td></td>
<td></td>
<td></td>
</tr>
</table>

批准：　　　　　　　　　　审核：　　　　　　　　　　　　编制：

地调电网系统操作票（逐项令）

编制时间：**2015 年 03 月 01 日　星期日**　　编号：**000000006**　　逐项指令号：**ZX2015030106**

操作任务：柳树 220kV 变电站：66kV 树边甲线线路送电

<table>
<tr><td rowspan="9">操
作
计
划
发
受</td><td colspan="4">计划时间：03 月 02 日 16 时 00 分</td><td>备　　注</td></tr>
<tr><td>发计划时间</td><td>发计划人</td><td>接受单位</td><td>接受人</td><td></td></tr>
<tr><td></td><td></td><td>柳树站</td><td></td><td></td></tr>
<tr><td></td><td></td><td>边东站</td><td></td><td></td></tr>
<tr><td></td><td></td><td>输电运检</td><td></td><td></td></tr>
<tr><td></td><td></td><td></td><td></td><td></td></tr>
<tr><td></td><td></td><td></td><td></td><td></td></tr>
<tr><td></td><td></td><td></td><td></td><td></td></tr>
</table>

√	顺序	发　令		受　令		操 作 项 目	执 行	
		姓名	时间	单位	姓名		时间	汇报人
	1			输电运检		66kV 树边甲线线路作业结束，现场人员、安全措施全撤离拆除，送电无问题		
	2			边东站		拆除 66kV 树边甲线 5208 线路侧接地线		
	3			柳树站		拆除 66kV 树边甲线 4962 线路侧接地线		
	4			柳树站		合上树边甲线 4962 Ⅳ母线刀闸及 4962－6 线路刀闸		
	5			边东站		合上树边甲线 5208 线路侧刀闸及母线刀闸		
	6			柳树站		合上树边甲线 4962 开关（送电）		
	7			柳树站		检查树边甲线 4962 电流指示　A		
	8			边东站		合上树边甲线 5208 开关（环并）		
	9			边东站		检查树边甲线 5208 电流指示　A		
	10			边东站		拉开 66kV 内桥 5210 开关（解环）		
	11			边东站		检查 66kV 内桥 5210 电流指示　A		

批准：　　　　　　　　审核：　　　　　　　　编制：

地调电网系统操作票（综合令）

编制时间：2015 年 03 月 01 日　星期日　　编号：000000007　　逐项指令号：ZX2015030107

操作任务：柳树 220kV 变电站：四号主变停电

操作计划发受	计划时间：03 月 02 日 07 时 00 分				备　注
	发计划时间	发计划人	接受单位	接受人	柳树 220kV 变电站：
		省调调控员	地调监控		220kV 四号主变清扫刷漆
			柳树站		王晓刚与柳树 220kV 变电站会签
					作业时间：3 月 2 日 08 时 00 分至 3 月 2 日 16 时 00 分
					正常方式：
					柳树 220kV 变电站：一、二、三、四号主变运行分别带 66kV Ⅰ、Ⅲ、Ⅱ、Ⅳ母线线路运行

√	顺序	发令		受令		操作项目	执行	
		姓名	时间	单位	姓名		时间	汇报人
	1			地调		联系省调：柳树站：四号主变可以停电		
	2			监控		柳树站：四号主变由运行转检修（停前，将四号主变所带线路改至三号主变送电，核实二号主变中性点直接接地中，操作过程中按相关规定执行，注意监视负荷潮流）		
	3			地调		联系省调：柳树站：四号主变已经停电		

批准：　　　　　　　　　审核：　　　　　　　　　编制：

地调电网系统操作票（综合令）

编制时间：2015 年 03 月 01 日　星期日　　编号：000000008　逐项指令号：ZX2015030108

操作任务：柳树 220kV 变电站：四号主变送电

<table>
<tr><td rowspan="8">操 作 计 划 发 受</td><td colspan="4">计划时间：03 月 02 日 16 时 00 分</td><td colspan="2" rowspan="2">备　　注</td></tr>
<tr><td>发计划时间</td><td>发计划人</td><td>接受单位</td><td>接受人</td></tr>
<tr><td></td><td>省调调控员</td><td>地调监控</td><td></td><td colspan="2" rowspan="6">正常方式：
柳树 220kV 变电站：一、二、三、四号主变运行分别带 66kV Ⅰ、Ⅲ、Ⅱ、Ⅳ母线线路运行</td></tr>
<tr><td></td><td></td><td>柳树站</td><td></td></tr>
<tr><td></td><td></td><td></td><td></td></tr>
<tr><td></td><td></td><td></td><td></td></tr>
<tr><td></td><td></td><td></td><td></td></tr>
<tr><td></td><td></td><td></td><td></td></tr>
</table>

<table>
<tr><td rowspan="2">√</td><td rowspan="2">顺序</td><td colspan="2">发　令</td><td colspan="2">受　令</td><td rowspan="2">操 作 项 目</td><td colspan="2">执　行</td></tr>
<tr><td>姓名</td><td>时间</td><td>单位</td><td>姓名</td><td>时间</td><td>汇报人</td></tr>
<tr><td></td><td>1</td><td></td><td></td><td>地调</td><td></td><td>联系省调：柳树站：四号主变可以送电</td><td></td><td></td></tr>
<tr><td></td><td>2</td><td></td><td></td><td>监控</td><td></td><td>柳树站：四号主变由检修转运行（送到后，四号主变带原路线运行，操作过程中按相关规定执行）</td><td></td><td></td></tr>
<tr><td></td><td>3</td><td></td><td></td><td>地调</td><td></td><td>联系省调：柳树站：四号主变已经送电</td><td></td><td></td></tr>
<tr><td></td><td></td><td></td><td></td><td></td><td></td><td></td><td></td><td></td></tr>
<tr><td></td><td></td><td></td><td></td><td></td><td></td><td></td><td></td><td></td></tr>
<tr><td></td><td></td><td></td><td></td><td></td><td></td><td></td><td></td><td></td></tr>
<tr><td></td><td></td><td></td><td></td><td></td><td></td><td></td><td></td><td></td></tr>
<tr><td></td><td></td><td></td><td></td><td></td><td></td><td></td><td></td><td></td></tr>
<tr><td></td><td></td><td></td><td></td><td></td><td></td><td></td><td></td><td></td></tr>
<tr><td></td><td></td><td></td><td></td><td></td><td></td><td></td><td></td><td></td></tr>
<tr><td></td><td></td><td></td><td></td><td></td><td></td><td></td><td></td><td></td></tr>
</table>

批准：　　　　　　　　　审核：　　　　　　　　　编制：

地调电网系统操作票（综合令）

编制时间：2015 年 03 月 01 日　星期日　编号：000000009　逐项指令号：ZX2015030109

操作任务：柳树 220kV 变电站：220kV Ⅰ 母线停电

操作计划发受	计划时间：03 月 02 日 07 时 00 分				备　注
	发计划时间	发计划人	接受单位	接受人	柳树 220kV 变电站： 220kV Ⅰ 母线各回路 Ⅰ 母刀闸小修 王晓刚与柳树 220kV 变电站会签 作业时间：3 月 2 日 08 时 00 分至 3 月 2 日 16 时 00 分
		省调调控员	地调监控		
			柳树站		

√	顺序	发　令		受　令		操 作 项 目	执　行	
		姓名	时间	单位	姓名		时间	汇报人
	1			地调		联系省调：柳树 220kV 变电站：220kV Ⅰ 母线可以停电		
	2			监控		柳树站：220kV Ⅰ 母线由运行转检修（Ⅰ母线元件并改Ⅱ母运行，相关保护按规定执行）		
	3			地调		联系省调：柳树 220kV 变电站：220kV Ⅰ 母线已经停电		

批准：　　　　　　　　　审核：　　　　　　　　　编制：

地调电网系统操作票（综合令）

编制时间：**2015 年 03 月 01 日　星期日**　　编号：**000000010**　　逐项指令号：**ZX2015030110**

操作任务：柳树 220kV 变电站：220kV Ⅰ母线送电

操作计划发受	计划时间：03 月 02 日 16 时 00 分				备　　　注
	发计划时间	发计划人	接受单位	接受人	柳树 220kV 变电站：
		省调调控员	地调监控		一、220kV 柳滨线 6824 开关小修
			柳树站		王晓刚与柳树 220kV 变电站会签
					作业时间：3 月 2 日 08 时 00 分至 3 月 2 日 16 时 00 分
			滨海站		滨海 220kV 变电站：
			输电运检		一、220kV 柳滨线 6124 开关小修
					王晓华与滨海 220kV 变电站会签
					作业时间：3 月 2 日 08 时 00 分至 3 月 2 日 16 时 00 分

√	顺序	发　令		受　令		操 作 项 目	执　行	
		姓名	时间	单位	姓名		时间	汇报人
	1			地　调		联系省调：柳树 220kV 变电站：220kV Ⅰ母线可以送电		
	2			监　控		柳树站：220kV Ⅰ母线由检修转运行（原Ⅰ母线元件改回Ⅰ母运行，相关保护按规定执行）		
	3			地　调		联系省调：柳树 220kV 变电站：220kV Ⅰ母线已经送电		

批准：　　　　　　　　　　　审核：　　　　　　　　　　　编制：

地调电网系统操作票（逐项令）

编制时间：2015 年 03 月 01 日　　星期日　　编号：000000011　　逐项指令号：ZX2015030111

操作任务：锦州电厂、义县 220kV 变电站：220 kV 电义#1 线停电

<table>
<tr>
<td rowspan="9">操作计划发受</td>
<td colspan="4">计划时间：03 月 02 日 07 时 00 分</td>
<td colspan="2">备　注</td>
</tr>
<tr>
<td>发计划时间</td>
<td>发计划人</td>
<td>接受单位</td>
<td>接受人</td>
<td colspan="2" rowspan="8">义县 220kV 变电站：一、220kV 电义#1 线开关 A 相渗油处理、试验调试。
作业时间：3 月 2 日 08 时 00 分至 3 月 2 日 16 时 00 分
锦州电厂：一、220kV 电义#1 线线路耦合电容器预试作业。自行负责。
作业时间：3 月 2 日 08 时 00 分至 3 月 2 日 16 时 00 分</td>
</tr>
<tr>
<td>省调调控员</td>
<td>地调监控</td>
</tr>
<tr>
<td></td>
<td></td>
</tr>
<tr>
<td></td>
<td>义县站</td>
</tr>
<tr>
<td></td>
<td></td>
</tr>
<tr>
<td></td>
<td>锦州电厂</td>
</tr>
<tr>
<td></td>
<td></td>
</tr>
<tr>
<td></td>
<td>输电运检</td>
</tr>
</table>

√	顺序	发　令		受　令		操 作 项 目	执　行	
		姓名	时间	单位	姓名		时间	汇报人
	1			省　调		联系 220kV 电义#1 线线路可以停电		
	2			锦州电厂		拉开电义#1 线 5108 开关（解环）		
	3			锦州电厂		检查电义#1 线 5108 开关电流指示　A		
	4			义县站		拉开电义#1 线 5503 开关（停电）		
	5			义县站		检查电义#1 线 5503 开关电流指示　A		
	6			锦州电厂		将电义#2 线 5112 微机保护改第二套定值使用		
	7			锦州电厂		将电义#2 线 5112 重合闸停用		
	8			义县站		将电义#2 线 5504 重合闸停用		
	9			义县站		拉开电义#1 线 5503 线路刀闸及母线侧刀闸		
	10			锦州电厂		拉开电义#1 线 5108 线路刀闸及母线侧刀闸		
	11			锦州电厂		在电义#1 线 5108 线路侧装设接地线一组		
	12			义县站		在电义#1 线 5503 线路侧装设接地线一组		
	13			省　调		汇报 220kV 电义#1 线已停电		
	14			输电运检		220kV 电义#1 线线路作业可以开始，现场安全措施自行负责		

批准：　　　　　　　　审核：　　　　　　　　编制：

地调电网系统操作票（逐项令）

编制时间：2015 年 03 月 01 日 **星期日** **编号：000000012** **逐项指令号：ZX2015030112**

操作任务：锦州电厂、义县 220kV 变电站：220 kV 电义#1 线送电

<table>
<tr><td rowspan="7">操作计划发受</td><td colspan="5">计划时间：03 月 02 日 07 时 00 分</td><td rowspan="2" colspan="2">备　　注</td></tr>
<tr><td>发计划时间</td><td>发计划人</td><td colspan="2">接受单位</td><td>接受人</td></tr>
<tr><td></td><td>省调调控员</td><td colspan="2">省调监控</td><td></td><td colspan="2"></td></tr>
<tr><td></td><td></td><td colspan="2">义县站</td><td></td><td colspan="2"></td></tr>
<tr><td></td><td></td><td colspan="2">锦州电厂</td><td></td><td colspan="2"></td></tr>
<tr><td></td><td></td><td colspan="2">输电运检</td><td></td><td colspan="2"></td></tr>
</table>

<table>
<tr><td rowspan="2">√</td><td rowspan="2">顺序</td><td colspan="2">发　　令</td><td colspan="2">受　　令</td><td rowspan="2">操 作 项 目</td><td colspan="2">执　行</td></tr>
<tr><td>姓名</td><td>时间</td><td>单位</td><td>姓名</td><td>时间</td><td>汇报人</td></tr>
<tr><td></td><td>1</td><td></td><td></td><td>输电运检</td><td></td><td>220kV 电义#1 线线路作业全部结束，现场安全措施全部拆除，送电无问题</td><td></td><td></td></tr>
<tr><td></td><td>2</td><td></td><td></td><td>省 调</td><td></td><td>联系 220kV 电义#1 线送电无问题</td><td></td><td></td></tr>
<tr><td></td><td>3</td><td></td><td></td><td>义县站</td><td></td><td>拆除电义#1 线 5503 线路侧接地线</td><td></td><td></td></tr>
<tr><td></td><td>4</td><td></td><td></td><td>锦州电厂</td><td></td><td>拆除电义#1 线 5108 线路侧接地线</td><td></td><td></td></tr>
<tr><td></td><td>5</td><td></td><td></td><td>义县站</td><td></td><td>合上电义#1 线 5503 母线侧刀闸及线路刀闸</td><td></td><td></td></tr>
<tr><td></td><td>6</td><td></td><td></td><td>锦州电厂</td><td></td><td>合上电义#1 线 5108 母线侧刀闸及线路刀闸</td><td></td><td></td></tr>
<tr><td></td><td>7</td><td></td><td></td><td>锦州电厂</td><td></td><td>将电义#2 线 5112 重合闸启用</td><td></td><td></td></tr>
<tr><td></td><td>8</td><td></td><td></td><td>义县站</td><td></td><td>将电义#2 线 5504 重合闸启用</td><td></td><td></td></tr>
<tr><td></td><td>9</td><td></td><td></td><td>义县站</td><td></td><td>合上电义#1 线 5503 开关（送电）</td><td></td><td></td></tr>
<tr><td></td><td>10</td><td></td><td></td><td>义县站</td><td></td><td>检查电义#1 线 5503 开关电流指示　A</td><td></td><td></td></tr>
<tr><td></td><td>11</td><td></td><td></td><td>锦州电厂</td><td></td><td>合上电义#1 线 5108 开关（环并）</td><td></td><td></td></tr>
<tr><td></td><td>12</td><td></td><td></td><td>锦州电厂</td><td></td><td>检查电义#1 线 5108 开关电流指示　A</td><td></td><td></td></tr>
<tr><td></td><td>13</td><td></td><td></td><td>锦州电厂</td><td></td><td>将电义#2 线 5112 微机保护改回第一套定值使用</td><td></td><td></td></tr>
<tr><td></td><td>14</td><td></td><td></td><td>省 调</td><td></td><td>汇报 220kV 电义#1 线已送电</td><td></td><td></td></tr>
</table>

批准：　　　　　　　　　审核：　　　　　　　　　　　　编制：

地调电网系统操作票（逐项令）

编制时间：**2015 年 03 月 01 日**　**星期日**　　编号：**000000013**　　逐项指令号：**ZX2015030113**

操作任务：白梨 66kV 变电站：10kV 紫金线开关—#33 右 8—#39、纺织线开关—末端停电

操作计划发受		计划时间：03 月 02 日 07 时 00 分				备　　注		
		发计划时间	发计划人	接受单位	接受人			
				地调				
				配检工区				

√	顺序	发　令		受　令		操　作　项　目	执　行	
		姓名	时间	单位	姓名		时间	汇报人
	1			地调		检查白梨站相关潮流分布正确		
	2			配检工区		合上白南线安居支线#19 左 2 紫金线侧刀闸		
	3			配检工区		合上白南线安居支线#19 左 2 开关（白梨站紫金线与南昌站白南线环并）		
	4			地调		检查相关潮流分布正确		
	5			配检工区		拉开紫金线#33 右 8 开关（白梨站紫金线与南昌站白南线环解）		
	6			地调		检查相关潮流分布正确		
	7			配检工区		拉开紫金线#33 右 8 大号侧刀闸		
	8			白梨站		拉开纺织线 24105 开关		
	9			白梨站		拉开紫金线 24119 开关		
	10			白梨站		拉开纺织线 24105 甲、乙刀闸		
	11			白梨站		拉开紫金线 24119 甲、乙刀闸		
	12			白梨站		在纺织线 24105 线路侧装设接地线一组		
	13			白梨站		在紫金线 24119 线路侧装设接地线一组		
	14			配检工区		在紫金线#33 右 1 大号侧装设接地线一组		
	15			配检工区		在紫金线#39 小号侧装设接地线一组		
	16			配检工区		10kV 紫金线开关—#33 右 1—#39、纺织线开关—末端线路作业可以开始，现场安措自行负责		

批准：　　　　　　　　　审核：　　　　　　　　　编制：

地调电网系统操作票（逐项令）

编制时间：2015 年 03 月 01 日　星期日　　编号：000000014　　逐项指令号：ZX2015030114

操作任务：白梨 66kV 变电站：10kV 紫金线开关—#33 右 8—#39、纺织线开关—末端送电

操作计划发受	计划时间：03 月 02 日 07 时 00 分				备　　注
	发计划时间	发计划人	接受单位	接受人	10kV 紫金线、纺织线送电前，变电站与监控做远方开关分、合试验无问题
			地调		
			配检工区		
			太和供电公司		

√	顺序	发 令		受 令		操 作 项 目	执 行	
		姓名	时间	单位	姓名		时间	汇报人
	1			配检工区		10kV 紫金线开关—#33 右 1—#39、纺织线开关—末端线路作业全结束，送电无问题		
	2			配检工区		拆除紫金线#39 小号侧接地线		
	3			配检工区		拆除纺织线#33 右 1 大号侧接地线		
	4			白梨站		拆除纺织线 24105 线路侧接地线		
	5			白梨站		拆除紫金线 24119 线路侧接地线		
	6			白梨站		合上纺织线 24105 乙、甲刀闸		
	7			白梨站		合上紫金线 24119 乙、甲刀闸		
	8			白梨站		合上纺织线 24105 开关（送电）		
	9			白梨站		合上紫金线 24119 开关（送电）		
	10			配检工区		在纺织线#33 右 8 处与白南线安居支线核相正确		
	11			地调		联系松坡站 10kV I段母线松坡#1 线具备向白梨站 10kV II段母线紫金线倒负荷条件		
	12			地调		检查相关潮流分布正确		
	13			配检工区		合上紫金线#39 大号侧刀闸		
	14			配检工区		合上紫金线#39 开关（松坡站松坡#1 线与白梨站紫金线环并）		
	15			地调		检查相关潮流分布正确		

续表

16			太和供电公司	拉开紫金线#43 左 6 开关（松坡站松坡#1 线与白梨站紫金线环解）		
17			地调	检查相关潮流分布正确		
18			太和供电公司	拉开紫金线#43 左 6 白松#1 线侧刀闸		
19			地调	汇报 10kV 系统倒负荷完毕		
20			地调	检查相关潮流分布正确		
21			配检工区	合上纺织线#33 右 8 大号侧刀闸		
22			配检工区	合上纺织线#33 右 8 开关（南昌站白南线与白梨站纺织线环并）		
23			地调	检查相关潮流分布正确		
24			配检工区	拉开白南线安居支线#19 左 2 开关（南昌站白南线与白梨站纺织线环解）		
25			地调	检查相关潮流分布正确		
26			配检工区	拉开白南线安居支线#19 左 2 纺织线侧刀闸		

批准：   审核：   编制：

县调电网系统操作票（逐项令）

编制时间：2015 年 06 月 01 日　星期一　　编号：000000001　　逐项指令号：ZX2015060601

操作任务：西郊66kV变电站：10kV南开线线路停电

	计划时间：06 月 02 日 08 时 30 分				备　　注	
操作计划发受	发计划时间	发计划人	接受单位	接受人		
			西郊站			
			锦开集团			

√	顺序	发　令		受　令		操 作 项 目	执　行	
		姓名	时间	单位	姓名		时间	汇报人
	1			锦开集团		10kV 水源线 1004 由冷备用转检修（停电操作自行负责）		
	2			锦开集团		拉开 10kV 南开线 1003 开关		
	3			锦开集团		将 10kV 南开线 1003 小车开关拉至检修位置		
	4			西郊站		拉开 10kV 南开线 8108 开关（停电）		
	5			西郊站		拉开 10kV 南开线 8108 甲、乙刀闸		
	6			西郊站		在 10kV 南开线 8108 线路侧装设接地线		
	7			锦开集团		在 10kV 南开线 1003 线路侧装设接地线		
	8			锦开集团		10kV 南开线线路作业可以开始，现场安全措施自行负责		

批准：　　　　　　　　审核：　　　　　　　　编制：

县调电网系统操作票（逐项令）

编制时间：2015 年 06 月 01 日　星期一　编号：000000002　逐项指令号：ZX2015060602

操作任务：西郊 66kV 变电站：10kV 南开线线路送电

操作计划发受	计划时间：06 月 02 日 16 时 30 分				备　注
	发计划时间	发计划人	接受单位	接受人	
			西郊站		
			锦开集团		

√	顺序	发　令		受　令		操 作 项 目	执　行	
		姓名	时间	单位	姓名		时间	汇报人
	1			锦开集团		10kV 南开线线路作业全结束，现场人员及安全措施全撤离拆除，送电无问题		
	2			锦开集团		拆除 10kV 南开线 1003 线路侧接地线		
	3			西郊站		拆除 10kV 南开线 8108 线路侧接地线		
	4			西郊站		合上 10kV 南开线 8108 乙、甲刀闸		
	5			西郊站		合上 10kV 南开线 8108 开关送电（送电）		
	6			锦开集团		将 10kV 南开线 1003 小车开关推至工作位置		
	7			锦开集团		合上 10kV 南开线 1003 开关		
	8			锦开集团		10kV 水源线 1004 由检修转冷备用（操作自行负责）		

批准：　　　　　　　　　　审核：　　　　　　　　　　编制：

县调电网系统操作票（逐项令）

编制时间：2015 年 06 月 01 日　星期一　　编号：000000003　　逐项指令号：ZX2015060603

操作任务：跃进 66kV 变电站：10kV 铁一线 26#—35#线路停电

操作计划发受	计划时间：06 月 02 日 08 时 10 分				备　　注
	发计划时间	发计划人	接受单位	接受人	
			配检工区		

√	顺序	发　令		受　令		操 作 项 目	执 行	
		姓名	时间	单位	姓名		时间	汇报人
	1			配检工区		合上 10kV 北和线　22 右 29 刀闸和开关（环并）		
	2			配检工区		检查相关潮流分布正确		
	3			配检工区		拉开 10kV 铁一线#35 开关及刀闸（环解）		
	4			配检工区		拉开 10kV 铁一线#26 开关及刀闸（停电）		
	5			配检工区		10kV 铁一线#26—#35 线路作业可以开始，现场安全措施自行负责		

批准：　　　　　　　　审核：　　　　　　　　　　　　编制：

县调电网系统操作票（逐项令）

编制时间：2015 年 06 月 01 日　星期一　　编号：000000004　　逐项指令号：ZX2015060604

操作任务：跃进 66kV 变电站：10kV 铁一线#26—#35 线路送电

<table>
<tr><td rowspan="4">操作计划发受</td><td colspan="4">计划时间：06 月 02 日 17 时 30 分</td><td rowspan="4">备　注</td></tr>
<tr><td>发计划时间</td><td>发计划人</td><td>接受单位</td><td>接受人</td></tr>
<tr><td></td><td></td><td>配检工区</td><td></td></tr>
<tr><td></td><td></td><td></td><td></td></tr>
</table>

<table>
<tr><td rowspan="2">√</td><td rowspan="2">顺序</td><td colspan="2">发　令</td><td colspan="2">受　令</td><td rowspan="2">操 作 项 目</td><td colspan="2">执　行</td></tr>
<tr><td>姓名</td><td>时间</td><td>单位</td><td>姓名</td><td>时间</td><td>汇报人</td></tr>
<tr><td></td><td>1</td><td></td><td></td><td>配检工区</td><td></td><td>10kV 铁一线#26—#35 线路作业全结束，现场安全措施全拆除，送电无问题</td><td></td><td></td></tr>
<tr><td></td><td>2</td><td></td><td></td><td>配检工区</td><td></td><td>合上 10kV 铁一线#26 刀闸及开关（送电）</td><td></td><td></td></tr>
<tr><td></td><td>3</td><td></td><td></td><td>配检工区</td><td></td><td>合上 10kV 铁一线#35 刀闸及开关（环并）</td><td></td><td></td></tr>
<tr><td></td><td>4</td><td></td><td></td><td>配检工区</td><td></td><td>检查相关潮流分布正确</td><td></td><td></td></tr>
<tr><td></td><td>5</td><td></td><td></td><td>配检工区</td><td></td><td>拉开 10kV 北和线#22 右 29 开关及刀闸（解环）</td><td></td><td></td></tr>
<tr><td></td><td></td><td></td><td></td><td></td><td></td><td></td><td></td><td></td></tr>
<tr><td></td><td></td><td></td><td></td><td></td><td></td><td></td><td></td><td></td></tr>
<tr><td></td><td></td><td></td><td></td><td></td><td></td><td></td><td></td><td></td></tr>
<tr><td></td><td></td><td></td><td></td><td></td><td></td><td></td><td></td><td></td></tr>
<tr><td></td><td></td><td></td><td></td><td></td><td></td><td></td><td></td><td></td></tr>
</table>

批准：　　　　　　　审核：　　　　　　　编制：

县调电网系统操作票（逐项令）

编制时间：2015 年 06 月 01 日　　星期一　　编号：000000005　　逐项指令号：ZX2015060605 – 1

操作任务：经贸66kV 变电站：10kV 经环一线、经环二线、经彩一线、经彩二线线路送电（投运）

操作计划发受	计划时间：06 月 02 日 13 时 00 分				备 注	
	发计划时间	发计划人	接受单位	接受人		
			太和供电分公司			
			经贸站			

√	顺序	发　令		受　令		操 作 项 目	执 行	
		姓名	时间	单位	姓名		时间	汇报人
	1			太和供电分公司		10kV 经环一线、经环二线、经彩一线、经彩二线线路作业全部结束，验收合格，现场安措全部拆除，具备送电条件		
	2			太和供电分公司		确认 10kV 经环一线#68、经环二线#68、经彩一线#105、经彩二线#105 各开关及刀闸均在开位		
	3			太和供电分公司		合上 10kV 经环一线、经环二线、经彩一线、经彩二线各#1 刀闸		
	4			太和供电分公司		合上 10kV 园宝二线带科曼一线#1 分接箱内至经环二线回路开关（送电）		
	5			太和供电分公司		合上 10kV 园宝二线带科曼二线#2 分接箱内至经环一线回路开关（送电）		
	6			经贸站		将 10kV 经彩一线 21107，经彩二线 21117，经环一线 21111，经环二线 21112 各小车开关推至工作位置		
	7			经贸站		合上 10kV 经彩一线 21107 开关、经彩二线 21117 开关、经环一线 21111 开关、经环二线 21112 开关（送电）		
	8			太和供电分公司		在 10kV 经环一线#68 开关两侧核相正确		
	9			太和供电分公司		在 10kV 经环二线#68 开关两侧核相正确		
	10			太和供电分公司		拉开 10kV 园宝二线带科曼一线#1 分接箱内至经环二线回路		
	11			太和供电分公司		拉开 10kV 园宝二线带科曼二线#2 分接箱内至经环一线回路开关（停电）		
	12			太和供电分公司		合上 10kV 经环一线、经环二线各#68 刀闸及开关（送电）		

县调电网系统操作票（逐项令）

编制时间：2015 年 06 月 01 日　星期一　　编号：000000005　逐项指令号：ZX2015060605－2

操作任务：经贸66kV 变电站：10kV 经环一线、经环二线、经彩一线、经彩二线线路送电（投运）

操作计划发受	计划时间：06 月 02 日 13 时 00 分				备　　注		
	发计划时间	发计划人	接受单位	接受人			
			配电运检				
			经贸站				

√	顺序	发　令		受　令		操 作 项 目	执行	
		姓名	时间	单位	姓名		时间	汇报人
	13			太和供电分公司		在 10kV 园城一线#54 开关两侧核相正确		
	14			太和供电分公司		在 10kV 经松线#28 开关两侧核相正确		
	15			太和供电分公司		在 10kV 经开线#28 开关两侧核相正确		
	16			经贸站		10kV 经彩一线 21107、经彩二线 21117、经环一线 21111、经环二线 21112 带负荷后保护测相位正确		
	17			经贸站		启用 10kV 经彩一线 21107、经彩二线 21117、经环一线 21111、经环二线 21112 自动重合闸		

批准：　　　　　　　　审核：　　　　　　　　编制：

第六章 电网异常及事故处理

本章内容可使学员快速熟悉处理电网异常及事故的一般原则和主要任务，掌握线路、变压器、母线、发电机、断路器、隔离开关、保护和自动化系统等各种设备异常的现象和原因，并掌握这些设备异常及事故处理的原则和方法。

第一节 电网异常及事故处理的一般原则

培训目标：本节介绍了调度处理电网异常及事故的主要任务、要求和规定。通过概念描述，掌握调度处理电网异常及事故的主要任务和要求。

一、事故处理的职责权限

各级调度机构值班调度员是本级电网事故处理的组织者和指挥者，应按照调度管辖范围对各自管辖电网负责事故处理，要坚持"保人身、保电网、保设备"的原则，对事故处理的正确性和及时性负责；发生威胁电力系统安全运行的紧急情况时，调度机构值班调度员可以暂时中止电力市场运营，并及时向上级调度和电力监管机构汇报；各地调、超高压分公司、发电厂、变电站的值班人员应正确迅速地执行省调值班调度员所发布的一切事故处理的指令，并应及时报告省调；各发电厂、变电站的值班人员应正确迅速地执行地调值班调度员所发布的一切事故处理的指令，并应及时报告地调。

二、电网事故处理的主要任务

（1）迅速限制事故的发展，消除事故根源，解除对人身、电网和设备的威胁，防止系统稳定破坏或瓦解。

（2）尽一切可能保持正常设备的继续运行，以保证对重要用户及厂用电的正常供电。

（3）尽快将解网部分恢复并列运行。

（4）尽快对已停电的地区或用户恢复供电，重要用户应优先恢复。

（5）尽快调整系统运行方式，使其恢复正常。

>>>> 三、事故处理的一般规定

为防止事故扩大，对下列各项紧急操作，可不待调度指令先行处理，并应立即向值班调度员报告：

① 将直接威胁人身安全的设备停止运行；

② 解除对运行设备安全的直接威胁；

③ 将事故设备停电隔离；

④ 恢复全部或部分厂用电源；

⑤ 事故中被解列的发电厂或发电机组，符合并网条件，将其恢复同期并列；

⑥ 现场事故处理规程中有明文规定可不待调度指令自行处理的情况。

电网发生事故时，事故及有关单位值班人员应立即简明扼要地将开关跳闸情况、潮流异常情况报告值班调度员，然后再迅速查明继电保护及自动装置动作等情况，并及时报告值班调度员；其报告内容应包括：

① 故障设备名称及开关动作情况；

② 继电保护及安全自动装置的动作情况；

③ 事故主要现象及原因，设备运行及异常情况；

④ 出力（负荷）、频率、电压及潮流变化情况；

⑤ 事故处理情况。

在电网事故处理中，各有关厂、站值班人员应坚守岗位，随时与调度保持联系，非事故单位要加强监视，若无异常情况汇报，不得在事故处理时向调度或其他单位询问事故情况，事故结束后，值班调度员应主动向有关单位讲明情况。

非省调调度管辖的设备发生事故，若对系统有影响或有扩大为系统事故的可能，各发电厂、变电站、供电公司在处理事故的同时，应立即向省调值班调度员报告事故简况；网调管辖设备发生事故时，各有关厂、站值班人员也必须立即向省调值班调度员报告。

事故处理时，应迅速、沉着、果断，严格执行发令、复诵、录音、记录和汇报制度，必须使用统一调度术语。

发生重大事故时，值班调度员应在事故处理告一段落后，尽快报告调度部门负责人，由调度部门负责人逐级汇报，并由省调领导报告省电力公司领导，事故处理完毕，省调值班调度员应按重大事件汇报制度的要求，向国调、网调值班调度员汇报事故简况。

事故处理时，各事故单位的领导人有权对本单位值班人员发布指示，但其指示不得与上级值班调度员的指令相抵触；各单位领导人如解除本单位值班人员的职务，自行领导或指定适当人员代行处理事故时，应立即报告上级值班调度员。

系统发生事故时，在调度室的调度机构有关负责人、调度部门负责人应监督值班调度员处理事故，给予必要的指示，如认为调度员处理事故不力，可随时解除调度员的职务，指定他人或亲自指挥事故处理，并通知有关单位；被解除职务的调度员对解除职务后的系统事故处理不承担责任。

处理系统事故时，只允许与事故处理有关的领导和有关专业的负责人或专责留在调度室内，无关人员不得进入或停留在调度室。

如事故发生在交接班期间，应由交班者负责处理事故，待事故处理完毕或告一段落，方可交接班；在事故处理期间，接班调度员可应当值调度员请求协助处理事故。

事故处理完毕后，应将事故情况详细记录，在48小时内填写事故报告书。

第二节 ▍线路异常及事故处理

培训目标：掌握线路异常及事故的原因和种类，线路单相接地、线路故障跳闸对电网的影响，线路异常及事故的处理方法和注意事项。

➤➤➤➤ 一、线路异常种类

（一）线路运行中常见异常

1. 线路过负荷

线路过负荷指流过线路的电流值超过线路本身允许电流值或者超过线路电流测量元件的最大量程。线路过负荷的原因主要有：受端系统发电厂减负荷或机组跳闸；联络线并联线路的切除；由于安排不当导致系统发电出力或用电负荷分配不均衡等。线路发生过负荷后，会因导线弧垂度加大而引起短路事故。若线路电流超过测量元件的最大量程，会导致无法监测真实的线路电流值，从而给电网运行带来风险。

2. 线路三相电流不平衡

线路三相电流不平衡是指线路A、B、C三相中流过的电流值不相同。正常情况下电力系统A、B、C三相中流过的电流值是相同的，当系统联络线一相开关断开而另两相开关运行时，相邻线路就会出现三相电流不平衡；当系统中某线路的隔离开关或线路接头处出现接触不良，导致电阻增加，也会导致线路三相电流不平衡。小接地电流系统发生单相接地故障时也会出现三相电流不平衡。通常三相电流不平衡对线路运行影响不大，但是系统中严重的三相不平衡可能会造成发电机组运行异常以及变压器中性点电压的异常升高。当两个电网仅由单回联络线联系时，若联络线发生非全相运行会导致两个电网连接阻抗增大，甚至造成两个电网间失步。

3. 小接地电流系统单相接地

我国规定3~66kV电压等级系统采用中性点非直接接地方式（包括中性点经消弧线圈接地方式），在这种系统中发生单相接地故障时，不构成短路回路，接地电流不大，所以允许短时运行而不切除故障线路，从而提高供电可靠性。但这时其他两相对地电压升高为相电压的$\sqrt{3}$倍，这种过电压对系统运行造成很大威胁，因此值班人员必须尽快寻找接地点，并及时隔离。

4. 线路其他异常情况

在实际调度运行中，还经常能遇到如线路隔离开关、引线接头过热等其他异常情况。

（二）线路常见缺陷

1. 电缆线路缺陷

电缆线路常见缺陷有终端头渗漏油，污闪放电；中间接头渗漏油：表面发热，直流耐压不合格，泄漏值偏大，吸收比不合格等。这些缺陷可能会引起线路三相不平衡，若不及时处理有可能发展为短路故障。

2. 架空线路缺陷

架空线路常见缺陷有线路断股、线路上悬挂异物、接线卡发热、绝缘子串破损等。这些缺陷可能会引起线路三相不平衡，若不及时处理有可能发展为短路或线路断线故障。

❯❯❯❯ 二、线路异常处理

（一）线路过负荷的处理

消除线路过负荷可采取以下方法：

（1）受端系统的发电厂迅速增加出力，并提高增加无功出力，提高系统电压水平；

（2）送端系统发电厂降低有功出力，必要时可直接下令解列机组；

（3）情况紧急时可下令受端系统切除部分负荷，或转移负荷；

（4）有条件时，可以改变系统接线方式，强迫潮流转移。

应该注意的是，和变压器相比较，线路的过载能力比较弱，当线路潮流超过热稳定极限时，运行人员必须果断迅速地将线路潮流控制下来，否则可能发生因线路过载跳闸后引起连锁反应。

电网间联络线超过稳定限额时应采取下列措施。

（1）为防止线路因过负荷或超稳定极限而引起事故，各厂、站值班人员应实时监视线路潮流，发现线路功率接近极限或三相电流不平衡时，应及时报告值班调度员。

（2）当联络线过负荷或超稳定极限时，应立即采取以下措施，使联络线输送功率恢复到允许范围内。

① 受端系统发电厂增加出力（包括快速启动水电厂的备用机组、调相的水轮机快速改发电运行），并提高电压；

② 送端系统发电厂降低出力，并提高电压；

③ 改变系统运行方式；

④ 受端系统限制负荷，紧急时可以拉闸限电；

⑤ 当线路潮流已超过热稳定极限时，应采取一切必要手段尽快消除过负荷。

（二）线路三相电流不平衡的处理

当线路出现三相电流不平衡时，首先判断造成不平衡的原因，应检查测量表计读数是否有误、开关是否非全相运行、负荷是否不平衡、线路参数是否改变、是否有谐波影响等。若线路三相电流不平衡是由于某一线路开关非全相造成，则应立即将该线路停运。若该线路潮流很大，立即停电对系统有很大影响，则可调整系统潮流，如降低发电机出力，待该线路潮流降低后再将该线路停运。对于单相接地故障引起的三相电流不平衡，应尽快查明并隔离故障点。

（三）线路带电作业时调度注意事项

发现线路缺陷后，检修人员会申请带电作业，此时调度人员应注意天气条件是否允许带电作业；有线路重合闸的线路带电作业时应退出线路重合闸；带电作业的线路发生跳闸事故后，不得强送电，应和作业人员取得联系后根据情况决定是否强送电，必要时降低线路潮流；应待工作人员达到工作现场后再停用线路重合闸，以缩短线路重合闸停用时间。

（四）线路发生单相接地故障的处理

线路发生单相接地故障可采取以下方式处理。

（1）发生单相接地故障后，调度员在得到现场汇报后，首先应采取分割电网法，缩小故障范围，即把电网分割成电气上不直接连接的几个部分，以判断单相接地区域。如将母线之间联络断路器断开，使母线分段运行，或将并列运行的变压器分列运行。分割电网时，应注意分割后各部分的功率平衡、保护配合、电能质量和消弧线圈的补偿等情况。

（2）现场值班员根据故障范围，详细检查站内电气设备有无明显的故障迹象，同时应及时与客户服务中心等单位联系，根据用户报修信息有针对性地查找故障线路。如果仍无法找出故障点，可通过试拉分路寻找接地点。

（3）采用试拉分路法进行选择。根据线路故障概率及负荷重要性，应遵循先架空线路后电缆线路，先公用线路后专用线路的原则。首先应拉开母线无功补偿电容器断路器以及空载线路。对多电源线路，应采取转移负荷，改变供电方式后寻找接地故障点。运行线路故障在危及人身安全时（如断线接地在公共场所等情况）允许立即将该线路停电。

（4）为尽快排除故障，凡在事故拉闸序位表中的线路，可直接试拉选择。

（5）在具备条件情况下，可以采用保护跳闸、重合送出的方式进行试拉寻找故障点，当拉开某条线路断路器接地现象消失，便可判断它为故障线路，同时要求维护单位对故障线路的断路器、隔离开关、穿墙套管等设备做进一步检查。

（6）必须用隔离开关切断接地故障电流时，可按下述"人工接地"法处理。

① 在同一电压网络内选择一台已解备的断路器，在断路器与接地相同相上做单相人工接地线；

② 合上解备断路器的母线隔离开关，合上该断路器使人工接地线与故障点并列；

③ 拉开解备断路器的操作直流空开；

④ 拉开接地点隔离开关或跌落式熔断器；

⑤ 拉开原解备的断路器，并拉开其母线侧隔离开关，拆除人工接地线。

（7）变电站加装的小电流接地自动选线装置，此装置能够自动选择出发生单相接地故障线路，时间短，准确率高，改变传统人工选线方法，对非故障线路减少不必要的停电，提高供电可靠性，防止故障扩大。但在实际应用中，因需根据线路实测参数的变化调整此装置定值，故该装置故障选线结果可能不准确。

小电流接地系统线路单相接地故障处理过程如下。

（1）发生接地故障时，值班人员应立即断开接地母线上有带电作业的线路开关，然后再向调度汇报，听候处理，值班调度员在未与该线路带电作业工作负责人取得联系，落实情况前，无论接地是否消失，不得送电。

（2）查找接地故障的方法如下：

① 利用接地选线装置测定哪一条线路有接地；

② 将电网分成电气上不直接相连的几个部分；

③ 根据负荷性质采取拉路方法查找。

（3）查找接地故障，一般按下列顺序进行：

① 两台主变以上并列运行的变电站或一台主变运行，一台主变备用的，先将备用主变投运，拉开母联开关，以检查接地在哪一段母线上；

② 试拉合空载充电线路；

③ 试拉合环网线路，有并联回路和有自备电源的线路；

④ 试拉合分支最多、最长、负荷最轻和最不重要的线路；

⑤ 试拉合分支最少、较短、负荷较重要的线路；

⑥ 检查变电站内母线系统及设备，如所用变、补偿电容器、避雷器、电压互感器等；

⑦ 检查主变压器和发电机。

（4）短时试拉、合线路查找接地时，特殊用户应事先通知。

（5）系统带接地故障运行的时间一般不得超过两小时。

三、线路故障的主要原因和分类

（一）线路故障原因

对于电网调度人员，线路故障指线路因各种原因，导致线路保护动作，线路断路器两侧或一侧跳闸。其原因如下。

1. 外力破坏

（1）违章施工作业。包括在电力设施保护区内野蛮施工，造成挖断电缆、撞断杆塔、吊车碰线、高空坠物等。

（2）盗窃、蓄意破坏电力设施，危及电网安全。

（3）超高建筑、超高树木、交叉跨越公路危害电网安全。

（4）输电线路下焚烧农作物、山林失火及漂浮物（如放风筝），导致线路跳闸。

2. 恶劣天气影响

（1）大风造成线路风偏闪络。风偏跳闸的重合成功率较低，一旦发生风偏闪络跳闸，造成线路停运的几率较大。

（2）输电线路遭雷击跳闸。据统计，雷击跳闸是输电线路最主要的跳闸原因。

（3）输电线路覆冰。最近几年，由覆冰引起的输电线路跳闸事故逐年增加，其中电网最为严重。覆冰会造成线路舞动、冰闪，严重时会造成杆塔变形、倒塔、导线断股等。

（4）输电线路污闪。污闪通常发生在高湿度持续浓雾气候、能见度低、温度在 −3 ~ 7℃之间、空气质量差、污染严重的地区。

3. 其他原因

除人为和天气原因外，导致输电线路跳闸的原因还有绝缘材料老化、鸟害等。

（二）线路故障种类

1. 按故障相别

线路故障有单相接地故障、相间短路故障、三相短路故障等。发生三相短路故障时，系统保持对称性，系统中将不产生零序电流。发生而单相故障时，系统三相不对称，将产生零序电流。当线路两相短时内相继发生单相短路故障时，由于线路重合闸动作特性，通常会判断为相间故障。

2. 按故障形态

线路故障有短路、断线故障。短路故障是线路最常见也是最危险的故障形态，发生短路故障时，根据短路点的接地电阻大小以及距离故障点的远近，系统的电压将会有不同程度的降低。在大接地电流系统中，短路故障发生时，故障相将会流过很大的故障电流，通常故障电流会到负荷电流的十几甚至几十倍。故障电流在故障点会引起电弧危及设备和人身安全，还可能使系统中的设备因为过流而受损。

3. 按故障性质

可分为瞬间故障和永久故障等。线路故障大多数为瞬间故障，发生瞬间故障后，线路重合闸动作，断路器重合成功，不会造成线路停电。

四、线路故障的处理原则及方法

（一）线路故障跳闸对电网的影响

（1）当负荷线路跳闸后，将直接导致线路所带负荷停电。

（2）当带发电机运行的线路跳闸后，将导致发电机解列。

（3）当环网线路跳闸后，将导致相邻线路潮流加重甚至过载。或者使电网机构受到破坏，相关运行线路的稳定极限下降。

（4）系统联络线跳闸后，将导致两个电网解列。送端电网将出现功率过剩，频率升高；受端电网将出现功率缺额，频率降低。

（二）输电线路跳闸事故处理的基本原则和方法

线路保护动作跳闸，对于送端，是一条线路停止供电，而对于受端，则可能发生母线失压，甚至全站失压事故，对于电力系统，可能会影响系统的稳定性。因此，线路保护动作跳闸，必须汇报调度，听从调度指挥。

1. 一般要求

（1）线路保护动作跳闸时，运行值班人员应认真检查保护及自动装置动作情况、故障录波器动作情况，检查站内一次设备动作情况和正常运行设备的运行情况，分析继电保护及自动装置的动作行为。

（2）及时向调度汇报，汇报内容要全面，包括检查情况、天气情况等，便于调度及时、全面地掌握情况，结合系统情况进行分析判断。

（3）线路保护动作跳闸，无论重合闸装置是否动作或重合成功与否，均应对断路器进行外部检查。

（4）凡线路保护动作跳闸，应检查断路器所连接设备、出线部分有无故障现象。

总之，线路保护动作跳闸，一般必须与调度联系，详细汇报相关情况。处理时，应根据继电保护动作情况，按调度命令执行。

2. 线路跳闸后强送需注意的问题

线路故障大多是暂时的，强送时应考虑以下内容。

（1）正确选取强送端，使电网稳定不致遭到破坏，一般采用大电源侧进行强送。在强送前，检查有关主干线路的输送功率在规定的范围之内，必要时应降低有关主干线路的输送功率至允许值并采取提高系统稳定水平的措施。

（2）厂站值班员必须对故障跳闸线路的相关设备进行外部检查，并将检查结果汇报。装有故障录波器的变电站、发电厂可根据这些装置判明故障地点和故障性质。线路故障时，如伴有明显的故障现象，如火花、爆炸声、系统振荡等，需检查设备并消除振荡后再考虑强送。

（3）强送所用的断路器必须完好，且具有完备的继电保护。

（4）强送前，应对强送端电压进行控制，并对强送后首端、末端及沿线电压做好估算，避免引起过电压。

（5）线路故障跳闸后，一般允许强送一次，如强送不成功，需再次强送，须经主管生产的领导同意。

（6）线路故障跳闸，断路器跳闸次数应在允许的范围内，如断路器切除故障次数已达到规定次数，由厂站值班员根据现场规定，向相关调度汇报并提出处理建议。

（7）当线路保护和高压电抗器保护同时动作造成线路跳闸时，事故处理应考虑线路和高抗同时故障的情况，在未查明高抗保护动作原因和消除故障前不得强送；如线路允许不带电抗器运行，则可将高抗退出后对线路强送。

（8）强送电时，应将所用断路器的重合闸装置停用，强送断路器所在的母线上必须有变压器中性点直接接地。

（9）有带电作业的线路故障跳闸后，若明确要求跳闸后不得强送者，在未查明原因之前不得强送。

（10）系统间联络线送电，应考虑是否会出现非同期合闸。

（11）由于恶劣天气，如大雾、暴风雨等，造成局部地区多条线路相继跳闸时，应尽快强送线路，保持电网结构完整。

（12）线路跳闸后，若引起相邻线路或变压器过载、超稳定极限运行，则应在采取措施消除过载现象后再强送。

（13）强送电后，应对已送电的断路器进行外部检查。

3. 线路跳闸后不宜强送的情况

下列情况的线路跳闸后，不宜立即强送电。

（1）空充电线路，试运行线路，纯电缆线路。

（2）线路作业完了或限电结束恢复送电时，跳闸的线路。

（3）线路跳闸后，经备用电源自动投入已将负荷转移到其他线路上，不影响供电。

（4）发现保护失灵，开关拒动易造成越级跳闸的线路。

（5）有带电作业工作并申明不能强送的线路。

（6）线路变压器组断路器跳闸，重合不成功。

（7）运行人员已发现明显故障现象时，如火光声响等，威胁人身或设备安全的线路。

（8）线路断路器有缺陷或遮断容量不足的线路。

（9）已掌握有严重缺陷的线路，如水淹、杆塔严重倾斜、导线严重断股等情况。

除以上情况外，线路跳闸，重合不成功，按有关规定或请示生产负责领导后可进行强送电，有条件的可对线路进行零起升压。

（三）线路故障跳闸后，有关巡线和检修工作的规定

（1）无论重合或强送成功与否，各有关运行单位均应立即组织巡线；巡线结果应及时向值班调度汇报；

（2）确认线路属永久性故障后，值班调度员应将故障线路解除备用，做好安全措施，通知有关单位进行事故抢修。

第三节 变压器异常及事故处理

培训目标：本节介绍了变压器油色谱分析异常、变压器过负荷、温升过高及过励磁等异常现象，变压器过负荷、温升过高及过励磁等异常和各种故障的处理方法。通过要点归纳讲解，掌握变压器异常的种类及其现象，掌握变压器常见异常和故障的处理方法。

一、变压器异常种类

（一）变压器油色谱分析异常

在热应力和电应力的作用下，变压器运行中油绝缘材料会逐渐老化，产生少量低分子烃类气体。变压器内部不同类型的故障，由于能量不同，分解出的气体成分和数量是有区

别的。

油色谱分析是指用气相色谱法分析变压器油中溶解气体的成分。即从变压器中取出油样，再从油中分离出溶解气体，用气相色谱法分析该气体的成分，对分析结果进行数据处理，并依据所获得的各成分气体的含量判定设备有无内部故障，诊断其故障类型，并推定故障点的温度、故障能量等。

（二）变压器过负荷

变压器过负荷指流过变压器的电流超过变压器的额定电流值。

变压器过负荷时，其各部分的温升将比额定负荷运行时高。从而加速变压器绝缘老化，缩短使用寿命，严重时将会烧毁变压器，威胁变压器安全运行。通常变压器具备短时间过负荷运行的能力，具体时间和过负荷数值应根据过负荷前上层油的温升及过负荷倍数确定并严格按制造厂家的规定执行。

造成变压器过负荷的原因主要有：变压器所带负荷增长过快；并联运行的变压器事故退出运行；系统事故造成发电机组跳闸；系统事故造成潮流的转移等。

（三）变压器温升过高

变压器温升过高，变压器的监视油温超过规定值。油浸式变压器上层油温的一般规定值如表 6-3-1 所示。当变压器冷却系统电源发生故障使冷却器停运和变压器发生内部过热故障时，或环境温度超过 40℃ 时，变压器会发生不正常的温度升高。

表 6-3-1　　　　　　　　　变压器冷却介质最高温度和最高顶层油温　　　　　　　　　℃

冷却方式	冷却介质最高温度	最高上层油温
自然循环自冷、风冷	40	95
强迫油循环风冷	40	85
强迫油循环水冷	30	70

（四）变压器过励磁

当变压器电压升高或系统频率下降时，都将造成变压器铁芯的工作磁通密度增加，若超过一定值时，会导致变压器的铁芯饱和，这种变压器的铁芯饱和现象称为变压器的过励磁。

当变压器电压超过额定电压 10% 时，变压器铁芯将饱和，铁损增大。漏磁使箱壳等金属构件涡流损耗增加，造成变压器过热，绝缘老化，影响变压器寿命甚至烧毁变压器。

（五）变压器其他异常

变压器其他异常有：变压器油因低温凝滞；变压器油面过高或过低，与当时负荷所应有的油位不一致；各种原因导致的变压器渗漏油等。

⟫⟫⟫ 二、变压器异常处理

（一）变压器过负荷处理方法

1. 变压器过负荷在规定时间内消除的方法
（1）受端增加发电厂出力。
（2）投入备用变压器。
（3）改变电网运行方式或转移负荷。
（4）受端按规定的顺序限制负荷。
2. 自耦变压器（低压侧接有发电机）过负荷的处理方法
（1）增加中压侧系统的发电功率。
（2）降低低压侧的发电机功率。
（3）对中压侧系统实行限电。

（二）变压器温升过高处理方法

当变压器温升过高超过规定值时，现场值班人员应进行以下处理：

检查变压器的负载和冷却介质的温度，并与在同一负载和冷却介质温度下正常的温度核对；核对温度测量装置是否准确；检查变压器冷却装置或变压器室的通风情况。

若温度升高的原因是由于冷却系统的故障，且在运行中无法修理的，应将变压器停运；若不能立即停运，则值班人员应按现场规程的规定调整变压器的负载至允许运行温度下的相应容量。

在正常负载和冷却条件下，变压器温度不正常并不断上升，且经检查证明温度指示正确，则认为变压器已发生内部故障，应立即将变压器停运。

变压器在各种超额定电流方式下运行，若上层油温超过规定值，应立即降低负载。

（三）变压器过励磁处理方法

为防止变压器过励磁，必须密切监视并及时调整电压，将变压器出口电压控制在合格范围。

（四）变压器其他异常处理

变压器中的油因低温凝滞时，可逐步增加负荷，同时监视顶层油温，直至投入相应数量的冷却器，转入正常运行。

当发现变压器的油面较当时负荷所应有的油位显著降低时，应查明原因，及时补油。

变压器油位因温度上升有可能高出油位指示极限，经查明不是假油位所致时，则应放油，使油位降至与当时负荷相对应的高度，以免溢油。

（五）变压器需要立即停电处理的情况

当变压器出现下列情况之一时，应立即停电并进行处理。

（1）内部声响很大，很不均匀，有爆烈声。

（2）在正常负荷和冷却条件下，变压器温度不正常且不断上升。

（3）油枕或防爆管喷油；压力释放阀动作。

（4）漏油致使油面下降，低于油位指示计的指示限度。

（5）油色变化过甚，油内出现碳质等。

（6）套管有严重的破损和放电现象。

（7）其他现场规程规定的情况。

》》》三、变压器故障处理

对于电网调度人员，变压器故障指变压器因各种原因，导致变压器保护动作，变压器的各侧断路器跳闸。电力变压器的事故处理，应按照相关规程中的规定执行。

（一）变压器故障的原因

变压器的故障类型是多种多样的，引起故障的原因也是极为复杂的。

（1）制造缺陷，包括设计不合理，材料质量不良，工艺不佳：运输、装卸和包装不当；现场安装质量不高。

（2）运行或操作不当，如过负荷运行、系统故障时承受故障冲击；运行的外界条件恶劣，如污染严重、运行温度高。

（3）维护管理不善或不充分。

（4）雷击、大风天气下被异物砸中、动物危害等其他外力破坏。

（二）变压器故障的种类

1. 变压器内部故障

（1）磁路故障。即在铁芯、铁轭及夹件中的故障，其中最多的是铁芯多点接地故障。

（2）绕组故障。包括在线段、纵绝缘和引线中的故障，如绝缘击穿、断线和绕组匝、层间短路及绕组变形等。

（3）绝缘系统中的故障。即在绝缘油和主绝缘中的故障，如绝缘油异常、绝缘系统受潮、相间短路、围屏树枝状放电等。

（4）结构件和组件故障。如内部金具和分接开关、套管、冷却器等组件引起的故障。

2. 变压器外部故障

（1）各种原因引起的严重漏油。变压器漏油是一个长期和普遍存在的故障现象。据统计，在变压器故障中，产品渗漏油约占1/4。变压器渗油危害很大，严重时会引起火灾烧损；使绕组绝缘降低；使带电接头、开关等处在无油绝缘的状况下运行，导致短路、烧损甚至爆炸。

（2）冷却系统故障：冷却器故障、油泵故障等。

（3）分接开关及传动装置及其控制设备故障。

（4）其他附件如套管、储油柜、测温元件、净油器、吸湿器、油位计及气体继电器和压力释放阀等故障。

（5）变压器的引线以及所属隔离开关、短路器发生故障，也会造成变压器保护动作，使变压器跳闸或退出运行。

（6）电网其他元件故障，该元件的断路器拒动，导致变压器后备保护动作。

（三）变压器故障的处理原则及方法

1. 变压器轻瓦斯保护动作

轻瓦斯保护动作只发出信号，有以下主要原因：

（1）变压器内部有轻微程度的故障，如匝间短路、铁芯局部发热、漏磁导致油和变压器油箱壁发热等产生微量的气体。

（2）空气侵入变压器内部。

（3）长期漏油或渗油导致油位过低。

（4）二次回路故障导致误发信号等。

（5）气体继电器故障。

（6）因滤油、加油或冷却系统不严密以致空气混入变压器。

一旦变压器轻瓦斯保护动作发出信号，该设备已不再是可靠设备，调度员首先要求变电站值班人员对变压器进行初步的检查，同时确认重瓦斯保护在投入运行；其次有备用变压器或备用电源自动投入的变压器，当运行的变压器跳闸时，应先投入备用变压器或备用电源，然后将异常变压器停运检查。若无备用变压器，可将重要负荷转移，避免故障升级，造成严重影响，同时要求变电站值班人员加强监视；变压器轻瓦斯保护动作发出信号后应进行检查，并适当降低变压器输送功率；最后对异常变压器进行取气分析。

2. 变压器重瓦斯保护动作

变压器重瓦斯保护是反映变压器内部故障的，一旦该保护动作跳闸，该变压器不能快速地投入运行。因此调度员应把工作重点放至恢复、控制负荷和调整电网运行方式上。

（1）有备用变压器或备用电源自动投入的变压器，当运行的变压器跳闸时应先投入备用变压器或备用电源，然后检查跳闸的变压器。

（2）若并列运行的两台变压器，由于一台变压器跳闸，造成另一台完好变压器过负荷时，应及时消除，避免扩大事故范围，并按保护要求调整变压器中性点接地方式。

（3）若全站仅有的一台变压器故障跳闸造成全站失压，选取最优的线路通过其他变电站反带失压变电站负荷，同时应避免其他变电站及相关线路过负荷。

3. 变压器差动保护动作

变压器差动保护的保护范围为各侧电流互感器所包围的区域。它可保护绕组的相间短路、各电压侧引出线短路，以及中性点接地变压器绕组和引出线上的单相接地短路。变压器差动保护动作跳闸后，调度员应根据现场情况进行综合判断处理。

（1）确认故障点已有效隔离，有备用变压器或备用电源自动投入的变压器，当运行的变压器跳闸时应先投入备用变压器或备用电源，然后检查跳闸的变压器。

（2）若并列运行的两台变压器，由于一台变压器跳闸，造成另一台完好变压器过负荷时，应及时消除，避免扩大事故范围，并按保护要求调整变压器中性点接地方式。

（3）若全站仅有的一台变压器故障跳闸造成全站失压，选取最优的线路通过其他变电站反带失压变电站负荷，同时应避免其他变电站及相关线路过负荷。

（4）检修完工后的变压器送电过程中，变压器差动保护动作跳闸后，如明确为励磁涌流造成变压器跳闸，可立即试送。

4. 变压器差动保护和瓦斯保护同时动作

变压器差动保护和瓦斯保护作为变压器的主保护，一旦变压器的主保护全部动作跳闸，未经查明原因和消除故障之前，不得进行强送电；负荷调度处理方法同上。

5. 变压器后备保护动作

复合电压过流保护是变压器主保护的后备和相邻母线或线路相间故障的后备保护。零序电流、间隙保护是在大电流接地系统中，作为变压器内部接地和相邻母线或线路接地故障的后备保护。变压器后备保护动作跳闸，通常有以下几个原因：

（1）变压器主保护拒动。

（2）变压器相邻母线分路断路器及分路保护拒动。

（3）变压器相邻母线（无母线保护）设备故障，如母线电压互感器、各分路的母线侧隔离开关故障等。

一旦出现变压器后备保护动作的情况，需要一定的时间检查设备，因此有备用变压器或备用电源自动投入的变压器，当运行的变压器跳闸时，应先投入备用变压器或备用电源，并按保护要求调整变压器中性点接地方式，然后检查跳闸的变压器。

若全站仅有的一台变压器故障跳闸造成全站失压，对于失压的负荷，尽量转移，将影响降至最小，在转移负荷时，注意不得向故障点反送电。同时及时调整电网运行方式，增强电网抗风险能力。变压器后备保护动作跳闸，在确定本体及引线无故障后，可试送一次，正常后再恢复原负荷方式。

6. 变压器冷却系统故障

（1）变压器冷却装置工作电源故障后，变压器冷却装置备用电源自动投入运行，运行值班人员应到设备现场将备用电源切至工作，并停止故障回路电源，尽快查找故障点并进行处理，使故障电源尽快恢复正常。

（2）投入备用变压器或备用电源，并按保护要求调整变压器中性点接地方式。

（3）变压器冷却装置故障后，运行值班人员应重点监视负荷及温度情况，当因负荷过大引起变压器温度上升时，调度可转移部分负荷。

（4）如果冷却系统故障造成冷却器全停，时间接近规定（20min）时，若无备用变压器或备用变压器不能带全部负荷时，如果上层油温未达75℃，可暂时解除冷却器全停跳闸回路的压板，继续处理问题，并严密注视上层油温变化。冷却器全停跳闸回路中，有温度闭锁（75℃）接点的，不能解除其跳闸压板。

（5）若变压器上层油温上升超过75℃时，或虽未超过75℃，但全停时间已达1小时未能处理好，应转移负荷后，将故障变压器停止运行。

第四节 ｜ 母线异常及事故处理

培训目标：熟悉并掌握母线停电的原因和现象、母线事故对电网的影响及母线事故后送电的原则、方法和注意事项等。

>>>> 一、母线事故的原因及种类

母线停电是指由于各种原因导致母线电压为零，而连接在该母线上正常运行的断路器全部或部分在断开位置。

（一）母线停电的原因

母线停电的原因主要有：

（1）母线及连接在母线上运行的设备（包括断路器、避雷器、隔离开关、支持绝缘子、引线、电压互感器等）发生故障。

（2）出线故障时，连接在母线上运行的断路器拒动，导致失灵保护或主变后备保护动作使母线停电。

（3）母线上元件故障，其保护拒动时，依靠相邻元件的后备保护动作切除故障时导致母线停电。

（4）单电源变电站的受电线路或电源故障。

（5）发电厂内部事故，使联络线跳闸导致全厂停电。

（二）母线常见故障

母线故障是指由于各种导致母线保护动作，切除母线上所有断路器，包括母联断路器的故障。由于母线是变电站中的重要设备，通常其运行维护情况比较好，相对线路等其他电力元件，母线本身发生故障的几率很小。导致母线故障的原因主要有以下几个。

（1）母线及其引线的绝缘子闪络或击穿，或支持绝缘子断裂倾倒。实际运行中，导致母差保护动作的大部分是这类故障。

（2）直接通过隔离开关连接在母线上的电压互感器和避雷器发生故障。

（3）某些连接在母线上的出线断路器本体发生故障。这些断路器两侧均配置有TA，虽然断路器不是母线设备，但是故障点在元件保护和母线保护双重动作范围之内，因此，这些断路器本体发生故障时该断路器所属的元件保护和母差保护均会动作，导致母线停电。

（4）GIS 母线故障。目前 GIS 变电站在电力系统中的应用越来越多，当 GIS 母线六氟化硫气体泄漏严重时，会导致短路事故发生。此时泄漏的气体会对人员安全产生严重威胁。

二、母线事故处理原则及方法

（一）母线停电对电网的影响

母线是电网中汇集、分配和交换电能的设备，一旦发生故障会对电网产生重大不利影响。

（1）母线故障后，连接在母线上的所有断路器均断开，电网结构会发生重大变化，尤其是双母线同时故障时，甚至直接造成电网解列运行，电网潮流发生大范围转移，电网结构较故障前薄弱，抵御再次故障的能力大幅度下降。

（2）母线故障后，连接在母线上的负荷变压器、负荷线路停电，可能会直接造成用户停电。

（3）对于只有一台变压器中性点接地的变电站，当该变压器所在的母线故障时，该变电站将失去中性点运行。

（4）3/2 接线方式的变电站，当所有元件均在运行的情况下，发生单条母线故障不会造成线路或变压器停电。

（二）母线停电后故障的查找与隔离

（1）变电站母线停电，一般是因母线故障或母线上所接元件保护、断路器拒动造成的，亦可能是因外部电源全停造成的。要根据仪表指示、保护和自动装置动作情况、断路器信号及事故现象（如火光、爆炸声等），判断事故情况，并且迅速采取有效措施。事故处理过程中，切不可只凭站用电源全停或照明全停而误认为是变电站全停电。

（2）多电源联系的变电站，母线电压消失而本站母差保护和失灵保护均无动作时，变电站运行值班人员应立即将母联断路器及母线上的断路器拉开，但每条母线上应保留一个联络线断路器在合入状态。

（3）当母线差动保护动作导致母线停电时，应检查母线本身及连接在该母线上在母线差动保护范围内的所有出线间隔，当发现故障点后，应拉开隔离开关隔离故障点。当故障母线无法送电而需将该母线上的元件倒至运行母线时，应先拉开该元件连接故障母线的隔离开关，然后再合上连接运行母线上的隔离开关。

（4）对于未配置母差保护的母线，不论故障发生在哪一段母线，均将造成向该母线供电的所有线路保护动作跳闸。

（5）当失灵保护动作导致母线停电时，应将该失灵断路器转为冷备用后才能对母线送电。

（三） 母线试送电

（1）母线停电后试送电，应尽量选用线路断路器由相邻变电站送电，在选择本站开关（通常为母联或变压器开关）时，应慎重考虑若强送失败对电网的影响。

（2）母线送电时，应确认除送电断路器外，其余断路器包括母联断路器均在断开位置。

（3）当母线故障原因不明时，有条件的变电站应利用发电机对母线进行零起升压。

（四） 母线失压的处理原则

（1）母差保护动作引起母线失压，首先应判断母差保护是否误动作。若是母差保护误动，误动母差保护退出后，即可将该母线投入运行。

（2）将失压母线上所有开关断开，发电厂应迅速恢复受到影响的厂用电，同时报告值班调度员。

（3）应尽快使受到影响的系统恢复正常，避免设备超过各项稳定极限。

（4）未经检查不得强送。

（5）因主保护（如母差）动作而停电时，应迅速查明故障原因，调度应按以下原则处理：

① 找到故障点并能迅速隔离的，在隔离故障后或属瞬间故障且已消失的，可对母线立即恢复送电；

② 找到故障点但不能很快隔离的，若系双母线中的一组母线故障时，应将故障母线上完好的元件倒至非故障母线上恢复供电；

③ 经过检查不能找到故障点时，允许对母线试送电，试送电源的选择参考线路的事故处理部分，有条件者应进行零起升压；

④ GIS 母线由于母差保护动作而失压，在故障查明并做有关试验以前母线不得送电。

（6）双母线接线方式下，差动保护动作使母线停电，一般进行如下处理：

① 双母线接线当单母线运行时，母差保护动作使母线停电，值班调度员可选择电源线路断路器试送一次，如不成功则切换至备用母线。

② 双母线运行而又因母差保护动作同时停电时，现场值班人员不待调度指令，立即拉开未跳闸的断路器。经检查设备未发现故障点后，遵照值班调度员指令，分别用线路断路器试送一次，选取哪个断路器试送，由值班调度员决定。

③ 双母线之一停电时（母差保护选择性切除），应立即联系值班调度员同意，用线路断路器试送一次，必要时可使用母联断路器试送，但母联断路器必须具有完善的充电保护，试送失败拉开故障母线所有隔离开关。将线路切换至运行母线时，应防止将故障点带至运行母线。

（7）后备保护（如开关失灵保护等）动作，引起母线失压，应根据有关厂、站保护及自动装置动作情况，正确判断故障线路、拒动的保护和开关，现场值班人员应将故障开关（包括保护拒动的开关）隔离后方可送电。

（8）母联开关无故障跳闸，如对系统潮流分配影响较大，值班人员应立即同期合上母联开关，同时向值班调度员汇报，并查找误跳原因。

第五节 ▍ 发电机异常及事故处理

培训目标：熟悉发电机异常及事故情况，发电机故障对电网的影响及跳闸后送电的原则、处理方法和注意事项。

▶▶▶ 一、发电机异常事故类型

发电机异常事故主要分以下几个类型：

（1）发电机跳闸。发电机跳闸是指发电机组高压侧断路器跳闸，当发电机、升压变、汽轮机（水轮机）、锅炉等设备发生故障时，相关保护会动作导致发电机跳闸。

（2）发电机失磁。当发电机由于励磁回路开路，励磁绕组灭磁断路器误动作等原因而导致失磁后，发电机继续向系统输出有功功率，但是将从系统吸收大量无功功率。当系统缺乏无功备用且发电机容量很大时，可能导致系统无功功率严重缺乏，以致破坏系统稳定。发电机失磁后，发电机机端电压下降，电流增加，如果不立刻解列发电机，发电机将很快转入异步运行状态。

（3）发电机非全相运行。发电机出口断路器一相与系统相联另两相断开或两相与系统相联另一相断开时，称为发电机非全相运行。

（4）发电机非同期并列。同步发电机在不符合准同期并列条件时与系统并联，称为非同期并列。导致非同期并列的主要原因是误合发电机出口断路器。

（5）发电机冒烟着火。多由于冷却条件下降或散热严重不均匀，或发电机内部有严重短路故障而造成冒烟着火，此情况下发电机必须紧急停机并与系统解列。

▶▶▶ 二、发电机异常及事故调度处理要求

发电机异常及事故调度处理要求如下。

（1）发电机异常通常会影响发电出力，也会对电网调峰、调频能力造成影响。当前电网有功平衡受到影响时，调度应及时调整其他机组出力，使电网频率或联络线考核指标在合格范围内。

（2）发电机故障会使电网在负荷高峰时旋转备用不足，也可能造成电网在负荷低谷时调峰能力不足。调度应安排好机组启停或限电计划，以满足电网在负荷高峰、低谷时的需求。

（3）某些负荷中心区的机组异常时，还可能会导致电网局部电压降低或某些联络线过负荷。调度应关注小地区的电压支撑及联络线潮流，及时投入备用的有功和无功容量，将小地区电压及联络线潮流调整至合格范围。

（4）发电机跳闸，应先查明继电保护及自动装置动作情况，再进行处理。

① 水轮发电机由于甩负荷及过速使过电压保护动作跳闸，经调度同意应立即恢复并列带负荷。

② 发电机由于内部故障而保护动作跳闸时，应根据现场规程规定对发电机进行检查。如确未发现故障，可将发电机零起升压，正常后经调度同意可并网带负荷运行。

（5）当发电机进相运行或功率因数较高，引起失步时，应立即减少发电机有功，增加励磁，以使发电机重新拖入同步。若无法恢复同步，应将发电机解列。

（6）发电机对空载线路零起升压产生自励磁时，应立即将发电机解列。发电机自励磁是指：发电机接上容性负荷后，在系统参数谐振条件下，即当线路的容抗小于或等于发电机和变压器的感抗时，在发电机剩磁和电容电流助磁作用下，发电机端电压与负载电流同时上升的现象。自励磁发生在发电机组接空载长线路或串联电容补偿度过大的线路上在电容器后发生故障时。避免方法：在有自励磁的系统中，可采用并联电抗器，在线路末端联接变压器或限制运行方式，从而改变系统运行参数，使 $X_d + X_t$ 小于线路容抗 X_c。

三、发电机事故对电网的影响及处理方法

1. 发电机跳闸对电网的影响及处理方法

发电机跳闸后将造成电网有功无功功率的缺额，某些发电机跳闸也可能会引起相关线路或变压器过负荷，应调整相邻机组的有功无功功率以维持电网出力平衡。然后根据发电机跳闸原因进行处理，如果是外部故障导致机组跳闸，经检查机组无异常，则应在外部故障消除后尽快命令机组并网。

2. 发电机失磁对电网的影响及处理方法

发电机失磁后，从系统中吸收大量无功功率，引起电网的电压降低，如果电网中无功功率储备不足，将使电网中临近点电压低于允许值，从而破坏了电网中的无功平衡，威胁电网的稳定运行。同时由于电压下降，电网中其他发电机为维持有功输出，在自动励磁调整装置作用下增加发电机定子电流，可能会造成发电机因定子电流过高而跳闸，使事故进一步扩大。如果发电机转入异步运行状态，则可能使电网发生振荡。

因此，大型发电机失磁后，必须立即与电网解列，以避免造成电网事故。若发电机无法解列，则应该迅速降低发电机有功功率，同时增加其他发电机的无功功率，必要时在合适的解列点将机组解列。

3. 发电机非同期并列对电网的影响及处理方法

发电机非同期并列对于发电机而言是最危险的冲击，非同期会给机组轴系造成冲击而产生扭振。因此运行中必须采取措施避免出现非同期并列。发电机的高压断路器设置了同期并列装置，为保证同期并列装置的正确性，在发电机大修结束后均进行同期试验。

当3/2接线系统发生同一串开关同时跳闸的事故后，试送机组和其他元件共用的中间开关时要防止非同期并列。

4. 发电机非全相运行对电网的影响及处理方法

当发电机与系统一相相联时，另两相的断口最大电压会达到线电压的2倍。发电机非全相运行产生的三相负荷不平衡会对发电机产生危害：发电机转子发热；机组振动增大；

定子绕组由于负荷不平衡出现个别相绕组端部过热。

当发电机非全相运行时，系统中将产生零序电流，一旦零序电流达到定值时，发电机相邻线路的零序保护会动作切除线路断路器，造成电网事故。

因此，发电机运行时一相断开应立即将该相开关合入；而运行时发生两相断开，则应立即将运行相开关断开。若开关闭锁，则应立即将发电机出力降至最低处理。

>>>> 四、发电机的事故处理

发电机的事故处理，应按照相关规程的规定执行。

1. 发电机或调相机过负荷的处理

（1）有关发电厂或变电站的值班人员应不待调度指令可以采用降低无功的办法来消除过负荷，但不得使母线电压低至事故极限电压值。

（2）有关单位应迅速将过负荷情况报告有关调度，由其采取措施，以尽快消除发电机或调相机的过负荷。

（3）当过负荷情况严重，并达到规定允许的过负荷时间或强励动作超过规定时间，应立即报告有关调度，并同时自行按紧急拉路限电序位表进行拉闸限电，以消除发电机或调相机的严重过负荷。

2. 发电机失磁的处理

（1）发电机失磁运行允许条件：

① 定子电流不超过额定值，一般要求不超过额定电流的10%；

② 转子各部分发热在允许范围内；

③ 发电机母线电压不低于90%额定电压，系统电压不低于规定限额，不使系统失去稳定。

（2）对满足失磁运行允许条件，且经计算和试验验证允许无励磁运行的机组，应经省电力公司批准，允许无励磁运行时间应在现场运行规程中明确规定，其允许的有功出力应由试验确定并经批准。

（3）发电机失磁时：转子电流表指示为零或接近于零；定子电流表指示升高并摆动，有功电力表指示降低并摆动；无功电力表指示为负值，功率因数表指示进相；发电机母线电压指示降低并摆动；发电机有异常声音。

（4）对不允许无励磁运行的机组或发电机失磁而失磁保护装置拒动时或因失磁引起系统失步时，应立即将该机组解列；对允许短时无励磁机运行的机组，在失去励磁而没有使系统失去稳定时，在系统电压不低于90%的情况下，可不立即解列机组，而应迅速降低有功出力，并在规定的时间内设法恢复励磁，否则也应将机组解列；对水轮发电机发生失磁时应立即将该机组解列。

3. 发电机不对称运行的处理

（1）发电机三相电流不对称持续运行的允许条件。

① 转子的温度不超过容许值；

② 机组振动不超过容许值；

③ 不平衡电流的标么值不应超过允许值，汽轮发电机一般不超过0.1，水轮发电机和

凸极调相机一般不超过 0.2，同时最大一相的电流不得大于额定值。

发电机持续运行允许的不平衡电流值，应遵守制造厂的规定，无制造厂规定时，可按照上述规定执行。

（2）当发电机发生三相电流不平衡时，有关发电厂值班人员应按"发电机运行规程"和"现场规程"中的有关规定进行处理，在调整降低有功出力无效后，应迅速报告值班调度员，按其调度指令进行处理。

值班调度员应准确判断故障和正确采取措施，在允许时间内，消除三相电流不平衡，当超过允许运行时间时，应立即将发电机解列，待故障消除后再恢复并列。

4. 发电机发生失步运行的处理

发电机在进相或高功率因数运行中发生失步时应立即降低有功出力，增加励磁，以使机组拖入同步；若无法恢复同步时，应将发电机解列后，再重新并入系统。

5. 发电机转子单相接地的处理

当隐极式发电机转子线圈发生一点接地时，应立即查明故障地点与性质，如是不稳定性的金属接地，对于容量在 100MW 及以上的转子内冷发电机，则应投入两点接地保护，并尽可能停机检修；

对凸极式发电机的转子线圈应有保护一点接地的信号装置，出现转子一点接地信号时，应迅速转移负荷，停机处理，一般不允许再继续运行。

6. 发电机保护动作或误动跳闸处理

发电机因主保护、后备保护动作或误动跳闸，现场值班人员应按现场规程进行处理，并立即报告值班调度员，未经值班调度员同意不得擅自并网。

7. 大机组失磁或非同期合闸处理

若由于大机组失磁或非同期合闸而引起电网振荡，可不待调度指令，现场值班人员立即将机组解列；电网发生振荡时，未得到值班调度员的允许，任何发电厂都不得无故从电网解列，在频率或电压严重下降威胁到厂用电的安全时，可按各发电厂现场事故处理规程中低频、低压保厂用电的规定进行处理。

8. 系统异常和事故情况下发电机 AGC 运行管理规定

（1）发电厂运行值班人员无权自行解除机组的 AGC 控制，严禁发电厂运行值班人员自行改变 AGC 调节范围或调节速率，特殊情况需改变时，事先应经值班调度员的许可；情况紧急时，可先行处理，但应立即向值班调度员报告。

（2）当电网频率超过 50±0.2Hz 范围时，发电厂 AGC 功能应退出运行，电网和发电厂运行方式改变，需控制相关联络线电流时，相应机组 AGC 应退出运行。

（3）当电网发生事故时，视事故情况退出机组 AGC 功能。

（4）当发电厂或主站调度自动化系统异常时，发电厂或电网 AGC 功能应自动退出运行，发电厂运行值班人员按现场有关规定将 AGC 控制解除后，应立即报告值班调度员；并及时通知相关专业部门进行处理和恢复。

9. 切机切负荷装置动作的处理

切机切负荷装置动作的处理如下。

（1）切机切负荷装置的投退及改变，应由值班调度员根据电网的稳定规定及通知单要求下令执行。

（2）当切机切负荷装置动作后，如属系统一次设备故障装置正确动作，且故障设备不能恢复运行时，值班调度员应通知现场值班人员将该设备的保护启动切机切负荷装置（或压板）退出；现场值班人员将所切机组按现场规定检查后可不待调度指令开出并网，但不得增加出力，值班调度员应视电网情况下令将所切负荷送电，但不得使任一线路或变压器超稳定极限运行，并严格按新方式下的稳定条件控制电网潮流。

（3）当切机切负荷装置或通道误动作时，应将误动的切机切负荷装置或启动通道压板退出，恢复所切机组和所切负荷，并通知有关人员迅速查明原因。

（4）当切机装置拒动时，值班调度员应迅速采取压出力措施，必要时可将拒切机组解列；当切负荷装置拒动时，现场值班人员可不待调度指令迅速将切负荷装置所接跳的开关断开，无调度指令不得送电。

（5）当切机切负荷装置动作时（电网发生故障或电网无故障而装置本身发生不正确动作），厂站运行值班人员应记录装置动作情况，立即向省调值班调度员汇报，并通知维护单位；维护单位应及时收集装置动作信息（故障录波、微机保护打印报告等），并对切机切负荷装置进行检查、分析，查明装置动作原因。

第六节　断路器异常故障处理

培训目标：掌握断路器常见的拒分闸、拒合闸及非全相运行等的处理方法和注意事项等。

▶▶▶▶ 一、断路器异常故障种类

1. 断路器拒分闸

断路器拒分闸指合闸运行的断路器无法断开。

断路器拒分闸原因分为：电气方面原因和机械方面原因。电气方面原因有保护装置故障、开关控制回路故障、开关的跳闸回路故障等；机械方面原因有开关本体大量漏气或漏油、开关操动机构故障、传动部分故障等。

断路器拒分闸对电网安全运行危害很大，因为当某一元件故障后，断路器拒分闸，故障不能消除，将会造成上一级断路器跳闸即"越级跳闸"，或相邻元件断路器跳闸。这将扩大事故停电范围，通常会造成严重的电网事故。

2. 断路器拒合闸

断路器"拒合闸"通常发生在合闸操作和线路断路器重合闸过程中。拒合闸的原因也分为电气原因和机械原因两种。

若线路发生单相瞬间故障时，断路器在重合闸过程中拒合闸，将造成该线路停电。

3. 断路器非全相运行

分相操作的断路器有可能发生非全相分、合闸，将造成线路、变压器或发电机的非全相运行。非全相运行会对元件特别是发电机造成危害，因此必须迅速处理。

二、断路器异常故障处理

1. 断路器拒分闸

运行中的断路器出现拒分闸，必须立即将该断路器停运。具体方法为：有旁路断路器的用旁路断路器与异常断路器并联，用隔离开关解环路使异常断路器停电；无旁路断路器的用母联断路器与异常断路器串联，倒为单母线运行方式，断开母联断路器后，再用异常断路器两侧隔离开关使异常断路器停电。

对于3/2接线的断路器，需将与其相邻所有断路器断开后才能断开该断路器两侧隔离开关。必要时可考虑直接拉开断路器两侧刀闸解环，直接拉刀闸时应至少断开本串开关的控制直流空开。

当母联断路器拒分闸时，可同时将某一元件的双刀闸合入，再将母联断路器两侧刀闸拉开停电。

2. 断路器拒合闸

断路器出现拒合闸时，现场人员若无法查明原因，则需将该断路器转检修进行处理。有条件采用旁路代的方式送出该设备。

当双母线运行的母联断路器偷跳后拒合闸时，不能直接同时合入某一元件的双刀闸，必须通过旁路断路器将两条母线合环运行。

3. 断路器非全相运行

现场人员进行断路器操作时，发生非全相时应自行拉开该断路器。当运行的断路器发生非全相时，如果断路器两相断开，应令现场人员将断路器三相断开；如果断路器一相断开，可令现场人员试合闸一次，若合闸不成功，应尽快采取措施将该断路器停电。如上述措施仍不能恢复全相运行时，应尽快采取措施将该断路器停电。

除此以外，若由于人员误碰、误操作，或受机械外力振动等原因造成断路器误跳或偷跳，在查明原因后应立即送电。

4. 开关有下列情况之一者，应申请立即停运处理

（1）套管严重损坏，并有严重放电现象。

（2）开关内部有异常响声。

（3）少油开关灭弧室冒烟。

三、断路器异常及故障的处理过程

1. 开关非全相运行的处理

（1）220kV线路开关不允许非全相运行；当发生二相运行时，现场值班人员应不待调度指令，立即合上断开相开关，恢复全相运行，若无法恢复，应立即断开该开关其他二相，并迅速报告值班调度员；当发生一相运行时，现场值班人员应不待调度指令，立即断开该运行的一相开关，并迅速报告值班调度员。

（2）如果非全相断路器采取以上措施无法拉开或合入时，则应尽快将线路对侧断路器断开，然后到断路器机构箱就地断开断路器。

（3）发电机变压器组出口开关一旦发生非全相运行时，现场值班人员应不待调度指令，迅速恢复全相运行；若无法恢复，应不待调度指令，立即将发电机有功、无功出力减至最小，并迅速断开该开关。

（4）母联断路器非全相运行时，应立即调整降低通过母联断路器的电流，闭环母线倒为单母线方式运行，开环母线应将一条母线停电，再将该断路器隔离。

（5）也可以用旁路断路器与非全相断路器并联，用隔离开关解开非全相断路器或用母联断路器串联非全相断路器以切除非全相电流。

2. 遇到断路器非全相运行而断路器不能进行分、合闸操作时应采取的处理办法

用旁路断路器与非全相断路器并联，将旁路断路器的操作直流停用后，用隔离开关解环，使非全相断路器停电。

用母联断路器与非全相断路器串联，倒母线，拉开线路对侧断路器，用母联断路器断开线路空载电流，在线路和非全相断路器停电后，再拉开非全相断路器两侧的隔离开关，使非全相断路器停电。

如果非全相断路器所带的元件（线路、变压器等）有条件停电，则可先将对侧断路器拉开，再按上述方法将非全相断路器停电。

非全相断路器所带元件为发电机，应迅速降低该发电机的有功和无功出力到零，然后再按上述方法处理。

3. 开关油位低、空气压力低、SF_6 密度低的处理办法

当开关油位低、空气压力低、SF_6 密度低，且超过允许值时，严禁用该开关切负荷电流及空载电流，现场运行人员应不待调度指令，立即采取防止跳闸的措施，并汇报值班调度员，然后由旁路开关代出或其他措施尽快将故障开关停用。

4. 开关因本体或操作机构异常出现"合闸闭锁"尚未出现"跳闸闭锁"时的处理

（1）一个半开关接线方式，不影响设备运行时，拉开此开关；

（2）其他接线方式应断开该开关的合闸电源，并按现场规程处理，仍无法消除故障，则用旁路开关代运行；如无旁路开关，则拉开该开关。

5. "跳闸闭锁"的处理方法

开关因本体或操作机构异常出现"跳闸闭锁"时，应断开该开关跳闸电源，并按现场规程处理，若仍无法消除故障，则采取以下措施：

（1）一个半开关接线方式，可用刀闸远方操作，解本站组成的环，解环前确认环内所有开关在合闸位置；

（2）其他接线方式用旁路开关代故障开关，用刀闸解环，解环前取下旁路开关跳闸电源。无法用旁路开关代故障开关时，将故障开关所在母线上的其他开关倒至另一条母线后，拉开母联开关；

（3）若故障开关为 220kV 母联开关，可同时将某一元件的母线双刀闸合入，再拉开母联开关的两侧刀闸；

（4）无法用旁路开关代路或倒母线时，可根据情况断开该母线上其余开关使故障开关停电。

第七节 隔离开关异常及事故处理

培训目标：掌握隔离开关常见的分、合闸不到位及接头发热等异常的处理方法。

一、隔离开关允许的操作

严禁用刀闸（学名隔离开关）拉合带负荷设备及带负荷线路，在没有开关（学名断路器）时，可用刀闸进行下列操作：

（1）拉合电压互感器，（新建或大修后的电压互感器，在条件允许时第一次受电应用开关进行）；

（2）拉合无雷雨时避雷器；

（3）拉合变压器中性点接地刀闸；拉合消弧线圈刀闸（小电流接地系统，变压器中性点位移电压不超限的情况下）；

（4）拉合同一电压等级、同一发电厂或变电站内经开关闭合的旁路电流（在拉合前须将开关的操作电源退出）；

（5）拉、合一个半开关接线方式的母线环流；

（6）拉、合一个半开关接线方式的站内短线；

（7）拉合 220kV 及以下空母线，但不能对母线试充电。

如超出上述规定范围，应通过计算或现场试验，并经电力公司分管生产副总经理或总工程师批准。

二、隔离开关异常

1. 隔离开关分、合闸不到位

由于电气方面或机械方面的原因，隔离开关在合闸操作中会发生三相不到位或三相不同期、分合闸操作中途停止、拒分拒合等异常情况。

2. 隔离开关接头发热

高压隔离开关的动静触头及其附属的接触部分是其安全运行的关键部分。因为在运行中，经常的分合操作、触头的氧化锈蚀、合闸位置不正等各种原因均会导致接触不良，使隔离开关的导流接触部位发热。如不及时处理，可能会造成隔离开关损毁。

三、隔离开关故障及处理

1. 隔离开关分、合闸不到位

由于通常操作隔离开关时，该元件断路器已在断开位置，因此隔离开关异常后，可安排该元件停电检修，进行处理。

2. 隔离开关接头发热

一旦隔离开关等发热，该设备已不再是可靠设备，调度员首先采取措施减轻通过该设备的电流，同时要求现场加强红外测温，并及时汇报结果。排除设备发热是由通过的电流接近或超过热稳定极限引起的原因后，必要时，将该设备退出运行。应进行如下处理：

（1）对于隔离开关过热，应设法减少负荷。运行中的隔离开关接头发热时，应降低该元件负荷，并加强监视。

（2）隔离开关发热严重时，应以适当的断路器，利用倒母线或以备用断路器倒旁路母线等方式，转移负荷，使其退出运行。双母线接线中，可将该元件倒至另一条母线运行；有专用旁路断路器接线时，可用旁路断路器代路运行。

（3）如停用发热隔离开关，可能引起停电并造成损失较大时，应采取带电作业进行抢修。

（4）隔离开关绝缘子外伤严重，绝缘子掉盖，对地击穿，绝缘子爆炸，刀口熔焊等，应按现场规定采取停电或带电作业处理。

（5）其他规程规定中要求的情况。

四、操作中发生带负荷拉、合隔离开关的处理方法

（1）带负荷合隔离开关时，即使发现合错，也不准将隔离开关再拉开。因为带负荷拉隔离开关，将造成三相弧光短路事故。

（2）带负荷错拉隔离开关时，拉开瞬间，便发生电弧，这时应立即合上，可以消除电弧，避免事故。但如果隔离开关已全部拉开，则不允许将误拉开的隔离开关再合上。

第八节 电压异常及频率异常处理

培训目标：掌握电压异常和频率异常的有关规定和处理方法。

一、电压异常处理

1. 电压异常处理

各监视点电压应保证在调度规定的电压曲线运行，当运行电压超过允许范围时，电网调度员应采取措施，尽可能调整电压。采取的主要措施有：投切无功补偿电容器、增减发电机有功、无功出力、调整有载调压变压器分接头、改变系统运行方式和调整潮流分布等。

2. 电压中枢点和电压监测点

电网内 500kV 及 220kV 电网应设置电压中枢点和电压监测点。调度管理的电压中枢点的设置数量应根据电网结构和电压等级设置，设置点数应不少于电网中 500kV 和 220kV 厂站总数的 3%。500kV 及 220kV 厂站应全部设置电压监测点。

由电网结构决定的电网中重要的电压支撑点叫做电压中枢点。电压中枢点的设置每年由省调根据电网结构的变化核定一次，并发给现场。电压中枢点的电压调度曲线由省调按季（月）下达。下达方式应按 220kV 电网日逆调压运行计算。当电网设备条件不允许时，可按日平均调压计算。

正常运行方式时，电压监测点的电压允许偏差范围的规定：

（1）发电厂和 500kV 变电站的 500kV 母线，电压允许偏差为系统额定电压的 0 ~ +10%。220kV 母线，电压允许偏差为系统额定电压的 0 ~ +10%。

（2）220kV 变电站的 220kV 母线为 230kV ±5%，电压允许偏差为系统额定电压的 −3% ~ +7%。

发电厂和 220kV 变电站的 35 ~ 66kV 母线，电压允许偏差为系统额定电压的 −3% ~ +7%。

（3）各 10 kV 母线，除用户有特殊要求外，按系统额定电压的 0 ~ +7%。

（4）10 kV 及以下的高压供电和低压电力用户为额定电压 ±7%，低压照明用户为额定电压 −10% ~ +5%。

电压合格率计算公式：

$$电压合格率 = \frac{考核期内电压合格时间点数}{考核期内电压监测总时间点数} \times 100\%$$

电压合格范围：A 类≥99%、综合≥98%。

$$综合电压合格率 = \left[0.5A + 0.5\left(\frac{B + C + D}{3}\right)\right] \times 100\%。$$

A 类：城市 10 kV 母线电压；

B 类：66 kV 及以上用户及专用线用户电压；

C 类：66 kV 非专供线及 10 kV 用户电压；

D 类：低压（380/220V）电压。

3. 无功电压的调整

各级调度应对所辖电网按季（月）进行无功平衡和无功优化计算工作，并按计算结果编制和下达各发电厂和变电站无功补偿设备的无功（电压）调度曲线。各级调度按并网时签定的调度协议下达发电厂和变电站的无功（电压）调度曲线。

各直属供电公司所在地区内 220kV 以下电压等级出线的发电厂和 220kV 变电站的无功补偿设备均由本地区调度下达无功（电压）调度曲线。因电网运行方式需要时应按省调要求进行编制。

各电压等级电网由各级调度按所辖范围负责电压调整。省调值班调度员应监视电压中枢点的电压变化情况。当中枢点电压达到电压调度曲线上、下限时，应及时调整所辖范围内的无功补偿设备与邻近发电厂的发电力率，使中枢点电压在电压调度曲线允许范围内运行。如需要修改中枢点电压调度曲线时，应由辽宁电力调度通信中心领导批准。

省调值班调度员应根据电网需要，随运行方式的变化调整 500kV 变电站的有载调压开关及无功补偿设备。当电压自动调整器投入时，可在中枢点电压调度曲线允许范围内，改变整定电压值调整无功补偿设备出力。在电网操作和事故处理时应停用电压自动调整器，手动投切无功补偿设备。

220kV 电压监测点的电压允许波动范围由省调确定。当地区受电力率符合要求，而电压超出允许波动范围时，各地区调度应及时向省调汇报，由省调负责调整。

220kV 变电站在主变最大负荷时其高压侧功率因数应不低于 0.95，在低谷负荷时功率因数不应高于 0.95，不低于 0.92。220kV 变电站主变二、三次侧受电力率在高峰负荷时应达到下列数值：距主力发电厂较近的变电站应不低于 0.95，一般变电站为 0.97，距主力发电厂较远的变电站为 0.99。

当出现发电厂、变电站无功电力已满足曲线要求，但电压超限时，当值调度员应下令将无功按电压调整，并修改其电压调度曲线。

各级调度当班值班员负责监控本级电网相关电压考核点和电压监测点的运行电压。当发现超出合格范围时，首先会同下一级调度在本地区内进行调压，采取所有措施后，仍不能满足运行要求的，可申请上一级调度协助控制。

4. 无功补偿和电压调整设备的运行管理

发电机的自动励磁调节器、强行励磁装置、低励限制器和自动电压控制装置（AVC）应经常投入运行。在试验、调整和停用时，必须事先经调度批准。发生事故停用时，应立即报告调度。

电网内的电容器、静止无功自动补偿装置（SVC）、自动电压控制装置（AVC）在起、停用时，应经省调批准。计划检修经省调统一平衡后方可进行。

电网内 220kV 变电站的变压器分接头位置由省调确定。220kV 变电站的主变分接头由于地区电压偏移而需要调整时，可按本地区季节性电压变化或运行方式变化向省调申请，经批准后方可进行调整。有载调压变可按所需调整的范围进行申请，按批准范围自行调整。

发电厂中 220kV 及 500kV 升压主变分接头由省调确定，220kV 高压厂用变分接头由发电厂自行调整。

5. 自动电压控制装置的运行规定

电网自动电压控制（AVC）系统主要包括省调主站、各地区和超高压子系统以及各发电厂 AVC 子站。采用三级优化协调控制模式，参照调度关系实现网、省、地分层分区协调控制。

AVC 系统是保证电网安全、优质和经济运行的重要措施，各级调度主站均应具备 AVC 功能，且在正常情况下应投入闭环运行，自动调控无功补偿设备。单机容量超过 100MW 的并网发电厂，必须装设 AVC 子站，并实现与主站的闭环运行。对于基建新投机组，投产时要同步具备 AVC 功能。电网 AVC 系统由省调负责调度管理，并纳入调度运行实时监视和考核。省调调度员负责 AVC 系统运行，包括：投退 AVC 主站，投退各地区系统以及各发电厂子站，督促各地区和发电厂有效跟踪电压曲线、根据控制策略调整离散设备等，并做好运行记录；运行方式专业负责对 AVC 系统功能提出要求和建议，审核子站定值，审核控制策略，可根据方式变化以及运行结果提出定值或策略等方面的修改建议；自动化专业负责省调 AVC 系统运行维护，负责保证数据网络畅通，负责主站与子系统间、主站与子站间接入调试，并负责对发电厂 AVC 子站的技术监督和运行指导。各地区 AVC 系统由各地调负责运行维护管理。各发电厂 AVC 子站由各发电厂运行维护。

机组 AVC 调节合格率的统计。省调通过 AVC 主站自动统计机组 AVC 调节合格率；调节合格率＝执行合格点数/省调下发调节指令次数×100%；机组跟踪省调主站电压（无功）指令，每次调节在 1 分钟内到达规定死区为合格点，否则为不合格点；调节合格率按每台机成分别统计；调节合格率按月统计，要求达到 100%；机组 AVC 投运期间，以调节合格率取代母线电压合格率参与考核。在 AVC 功能正式投运后半年内，如因 AVC 设备本身软件、硬件原因造成的 AVC 异常或退出，不纳入 AVC 投运率、AVC 调节合格率考核。由于电网原因造成的 AVC 退出运行等情况，不计入考核。

机组 AVC 系统维护应结合机组检修进行，做到机组检修期间对下位机的执行机构进行检查和必要的更换，测试调节输出精度等并完成相应的调节试验，保证机组重新并网后 AVC 的调节性能。

6. 无功电压的运行管理

各级调度应认真贯彻执行国家电网公司颁布的《国家电网公司电力系统无功补偿配置技术原则》（Q/GDW212—2008）《电力系统电压质量和无功电力管理规定》加强无功电压管理工作。

电压中枢点和电压监测点的电压由各供电公司和发电厂每天按小时进行监测和统计，并按月计算合格率报省调汇总。省调负责其管辖范围内 500kV、220kV 母线电压的监测和调整，对各供电公司无功电压进行考核。省调对各发电厂的无功（电压）调度曲线应按季（月）进行考核。考核时的力率统计单位以有功、无功小时电量换算每小时平均值。省调应参与规划、设计、基建及技改等阶段涉及电网无功平衡、补偿容量、设备和调压装置选型、参数、配置地点的审核、工程质量验收及试运行等工作。省调值班调度员有权修改调度管辖范围内发、供电公司的无功电压调度曲线。

省调每年对本省的无功设备进行一次调查统计，并将调查结果汇总。省调每年一月底前确定本省 220kV 及以上电网电压考核节点，其考核节点为 220kV 及以上母线，正常方式母线并列运行的变电站设 1 个考核节点。电压考核以调度自动化系统采集的实时数据为准。考核点选择应能反映调度管辖范围内电压质量状况，并上报网调。

▶▶▶▶ 二、频率异常处理

1. 频率异常的规定

我国电网额定频率为 50Hz，频率偏差不得超过 50Hz ± 0.2Hz。在自动发电控制（AGC）投运时，电网频率应在 50Hz ± 0.1Hz 以内运行。为确保电网频率质量，电网频率按 50Hz ± 0.1Hz 调整。当部分电网解列单运，其单运电网容量小于 3000MW 时，单运电网的频率偏差不允许超过 50Hz ± 0.5Hz。

网调负责省区间联络线功率电量管理和考核，各省调负责所管辖电网内发、供电偏差的管理与考核，省调参与全网频率的调整并承担相应的责任。

并入电网运行的各发电企业均有义务和责任参与电网的调频、调峰，充分运用机组的一次调频、自动发电控制（AGC）和超短期负荷预测技术，严格执行发、送、受电计划，共同保证电网的安全、优质、经济运行。

电网省间联络线功率交换控制模式暂定为：网调采用定频率控制方式（Constant Frequency Control，简称 CFC）模式，省调采用联络线和频率偏差控制（Tie‐line Bias Control，简称 TBC）模式。

网、省调年责任频率合格率指标的计算：

$$K = \frac{T_{日历} - T_{越限}}{T_{日历}}$$

式中：$T_{日历}$——年日历时间；

$T_{越限}$——年累计责任频率不合格时间。

其中时间单位为秒，采样周期按国调〔1997〕4 号文件执行。年责任频率合格率指标由网调根据考核标准按统调容量每年分解下达给网、省调度机构。

频率越限责任的划分：电网频率越限分别对网调及省调进行考核，以网调频率自动记录装置记录的 50Hz ±0.1Hz、50Hz ±0.2Hz 越限时间、对应越限时网调调度自动化系统所记录的跨公司联络线偏差值作为考核依据，具体划分如下：

频率越上限时，多送或少受的省调承担频率越限责任；频率越下限时，少送或多受的省调承担频率越限责任；各省公司联络线偏差均在允许范围内，频率越限责任全部由网调承担。

突然甩负荷造成的频率越限全部由责任网、省调承担。

电网频率偏差超出允许范围时，叫做频率异常或事故，并规定：对于装机容量在 3000MW 及以上电网，频率超过 50Hz ±0.2Hz，且延续时间 30min 以上，或频率超过 50Hz ±0.5Hz，且延续时间 15min 以上，对于装机容量在 3000MW 以下电网，频率超过 50Hz ± 0.5Hz，且延续时间 30min 以上，或频率超过 50Hz ±1Hz，且延续时间 15min 以上时，称为一般电网事故。对于装机容量在 3000MW 及以上电网，频率超过 50Hz ±0.2Hz，且延续时间 20min 以上，或频率超过 50Hz ±0.5Hz，且延续时间 10min 以上，对于装机容量在 3000MW 以下电网，频率超过 50Hz ±0.5Hz，且延续时间 20min 以上，或频率超过 50Hz ±1Hz，且延续时间 10min 以上时，称为电网一类障碍。

2. 频率异常处理

发生电网频率降低事故，各级运行人员必须认真处理，尽快恢复正常频率。特别要防止由于电网频率严重降低，火电大机组低频率保护动作跳闸的恶性循环而扩大事故。

为了顺利进行频率及联络线关口电力调整，省调必须切实掌握电源和负荷特性以及变化规律。

（1）各发电厂要按季度向省调用书面形式报告机炉最大、最小出力，包括季节性出力限制以及设备缺陷影响、机炉起停时间、加减出力速度等。

（2）各发电厂认真执行日调度负荷曲线，包括开停机、炉或少蒸汽运行调峰。各发电厂必须按省调命令增减出力。省调值班调度员有权修改日负荷曲线。

（3）由于设备检修或事故等原因，电网某一部分解列单运时，单运电网的频率调整厂由省调指定。单运电网频率和电压的调整由省调负责指挥，如单运电网的自动化信息不能传至省调，则由省调根据情况临时指定单运电网频率和电压调整的负责指挥单位。

（4）电网在发生解列单运事故的紧急情况下，当两部分电网频率差很大且电源无法调整时，可以降低频率高的电网频率进行并列，但不得降至 49.50 Hz 以下，在降低频率前，应通知发电厂等有关单位。必要时可采取下列措施使两个电网频率相同。

（5）将频率高的电网机组解列，并列到频率低的电网。

（6）将频率低的电网的部分负荷停电切换到频率高的电网受电。

（7）频率低的电网限制负荷。

（8）各级调度、发电厂及一、二次变电站均应配备准确的频率表，并保证其可靠运行。

（9）各供电公司每年应编制本地区负荷限制顺位表与一次拉闸顺位表及地区一、二、三类负荷与保安电力，经有关部门批准后报省调，并发给相关单位执行。

（10）省调直接指挥的有直配负荷的发电厂与一次变电站，必要时，省调可以直接下令发电厂与一次变电站按一次拉闸顺位表切除部分或全部主变负荷。

（11）当电网频率降低并延续至危及发电厂安全时，发电厂为保证厂用电，可解列一台或一部分机组供厂用电。解列频率规定为：高温高压发电厂不应高于48.00Hz，中温中压电厂不应高于47.50Hz，并应尽量做到不窝电。厂用电供电方式及解列办法，须报省调批准。

（12）电网事故等紧急情况解除时，省调应根据省内电源及省（区）间联络线送受电力情况，下令解除全部或部分限制的负荷（包括送出低频减载装置动作所切负荷）。电网恢复送电过程中如电源仍不足时，省调可根据情况重新分配各地区用电计划指标。

3. 低频减载装置的运行管理

为防止频率严重降低而扩大事故，电网中安装低频减载装置。在频率严重降低时，自动切除部分次要负荷，从而保证电网对重要用户的供电。根据电网情况，低频减载装置分装若干级，首先切除最次要的负荷，每一级动作后，应使频率恢复到49.50 Hz以上。

低频减载装置正常均应投入使用。如低频减载装置控制的线路检修时，原则上应找负荷相近的线路用手动代替。

若低频减载装置因故停用时，在频率低到该装置的起动值时，应手动切除该装置所控制的线路。

低频减载装置动作所控制的负荷必须保证其动作有效性，低频减载装置所控制的负荷严禁使用备用电源自动投入装置。在低频减载装置动作切除负荷后，需送保安电力的用户，可按规定向用户送出保安电力。

当频率恢复到49.80Hz以上时，各地区调度在得到省调命令后，由最低一级低频减载装置开始按正常或指定负荷数逐一送出。与省调电话不通时，在保持频率不低于50.00Hz的情况下，可送出部分主要负荷，如频率又低于49.80Hz时，应停止恢复送电。

低频减载装置的停用或投入应经调度同意。低频减载装置动作所控制的负荷数量各地区必须严格按整定方案执行，如低频减载装置所控制负荷的数量过少不符合方案要求，致使长时间频率异常或频率下降幅度过大，则有关单位应负事故扩大的责任。

4. 频率崩溃和电压崩溃事故

电网发生电压、频率异常，由于处理不及时将造成频率崩溃和电压崩溃事故，因此，电力系统在正常运行时，经受干扰而不发生非同步运行、频率崩溃和电压崩溃的能力。这种抗干扰的能力是电力系统保证正常运行必须具备的。从狭义的观点看，电力系统稳定单指不发生非同步运行，不管电力系统中联接多少台发电机，联网地域有多大（全省、跨省区、跨国家），都要求在经受干扰时所有交流同步发电机保持同步运行。从广义的观点看，电力系统稳定研究的范围还包括电力系统稳定破坏后，电力系统进入非同步运行状态，而后在满足一定条件下再同步成功，又恢复同步运行的全过程，电力系统的这种能力称为综合稳定。为了便于应用现代数学方法和计算工具进行电力系统的计算分析，和在实际运行中更确切地检验电力系统稳定运行的水平并采取提高稳定的措施，把电力系统稳定分为静态稳定，暂态稳定和动态稳定三类。

5. 防止系统稳定事故

为防止发生系统稳定事故，确保电网安全、可靠运行，根据《国家电网公司十八项电网重大反事故措施》《国家电网公司电网安全稳定管理工作规定》《国家电网公司关于加强电网安全稳定工作的意见》等有关规定，结合电网特点防止系统稳定事故措施的要求，编制本措施。

加强电网规划和建设：电网应建成为网架坚强、结构合理、安全可靠、运行灵活、技术先进的现代化电网，不断提高电网输送能力、资源优化配置能力和抵御事故能力。

（1）加强电网规划设计工作，制定完备的电网发展规划和实施计划，尽快强化电网薄弱环节，确保电网结构合理、运行灵活和坚强可靠。

（2）合理规划电源接入点和受端系统。电网宜形成多通道、多落点的电力输送格局，电源点应合理分散接入，每个独立输电通道的输送电力占受电地区负荷比例宜在15%以下。

对于新电源点的接入系统方案，其升压站不应作为系统枢纽站；对于已投产电厂的升压站仍为系统枢纽站的情况，应在今后的规划设计中创造条件使其退出枢纽站的地位。

受端电网的电源建设、装机容量及分层建设要合理，加强受端电网的电源支撑。

电网发展速度应适当超前电源建设速度，给电网运行留有一定的裕度和灵活性，为电力市场的建设、资源优化配置和社会经济的发展打下良好的物质基础。

受端电网500kV变电站变电容量的建设应适度超前；应考虑一台变压器停电后不影响地区供电，必要时一次投产应不少于两台变压器。

（3）新建发电厂不应选择装设联络变压器而构成电磁环网的系统接入方式；已装设联络变压器且以电磁环网方式运行的发电厂，应在电网规划建设上创造条件，尽快打开电磁环网。

（4）一次设备投入运行时，相关继电保护、安全自动装置、稳定措施和电力专用通信配套设施等应同时投入运行。电网公司的规划、工程、调度、生产等相关部门和发电、设计、调试等相关单位应相互协调配合，制定有效的组织、管理和技术措施，以保证一次设备投入运行时相关的继电保护、安全自动装置、稳定措施和电力专用通信配套设施等能同时投入运行。

（5）加强系统稳定控制和保障电网安全最后防线措施的设计研究工作，稳定控制措施设计应与系统设计同时完成。合理设计稳定控制措施和失步、低频、低压等解列措施，合理、足量地设计和实施高频切机、低频减负荷及低压减负荷方案。

（6）加强500kV主设备快速保护建设。220kV及以上电压等级变压器、高抗等主设备的微机保护应按双重化配置，220kV及以上环网运行线路应配置双重化全线速动保护，500kV及220kV枢纽厂站母线应采用双重化母差保护配置。

6. 防止系统电压崩溃事故

为防止系统电压崩溃，应全面贯彻执行《电力系统安全稳定导则》《电力系统电压和无功电力技术导则》《国家电网公司电力系统无功补偿配置技术原则》及电网无功补偿配置的规定和要求。

（1）在电网规划设计中，必须同步进行无功电源及无功补偿设施的规划设计。无功电源及无功补偿设施的配置应确保无功电力在负荷高峰和低谷时段均能分（电压）层、分（供电）区基本平衡，并具有灵活的无功调整能力和足够的检修、事故备用容量。受端系统应具有足够的无功储备和一定的动态无功补偿能力。

无功电源及无功补偿设施的配置应使系统具有灵活的无功电压调整能力，避免分组容量过大而使补偿设备投切困难；当受端系统存在电压稳定问题时，应通过技术经济比较，考虑在受端系统的枢纽变电站配置动态无功补偿装置。对于 500kV 站，电容器补偿容量应按照主变压器容量的 15%～20% 配置；500kV 线路充电功率基本予以补偿，当局部地区短线较多时，应考虑在适当的位置 500kV 母线上配置有开关的高压电抗器。

（2）并网机组额定出力时，滞相功率因数应不低于 0.85。新机组满负荷时进相额定功率因数应不低于零。

7. 电网安全运行管理和技术措施

（1）严格执行各项电网运行控制要求，禁止超稳定极限值运行。电网一次设备故障后，应按照故障后电网运行控制的要求，尽快将相关设备的潮流（或发电机出力、电压等）控制在规定值以内。网调、各省级调度机构应通过 EMS 系统，对电网运行控制极限实现实时在线监测，并有预警和越限报警功能，做到当电网超极限运行时，可及时提请调度值班人员处理。

（2）电网正常运行中，必须按照有关规定留有一定的旋转备用容量。根据《电网调度规程》的有关规定，按照"统一调度，分级管理"的原则，结合目前电网的管理模式和电网运行的实际特点，电网备用容量采取统一管理、互相支援、分省配置。

（3）避免和消除严重影响系统安全稳定运行的电磁环网。在高一级电压网络建设初期，对于影响系统安全稳定运行且暂不能解开的电磁环网，应采取必要的稳定控制措施和后备措施以防止系统稳定事故范围扩大。

（4）电网联系较为薄弱的省级电网之间及区域电网之间宜采取自动解列等措施，防止一侧系统发生稳定破坏事故时影响到另一侧系统。特别重要的系统（政治、经济、文化中心）应采取自动安全措施防止相邻系统发生事故时直接影响到本系统的安全稳定运行。

电力系统稳定破坏后，其波及范围可能迅速扩展，需要依靠自动安全措施（如失步、低频、低压解列和联解线路等）控制其影响范围或平息振荡。特别重要的系统对供电安全要求更高，防范措施的力度应更大。

作为防止系统稳定破坏和事故扩大的重要措施，电网解列装置的配置应有具有选择性，解列后的电网供需应尽可能平衡。应根据电网结构按层次布置解列措施，对于防止区域电网之间及省网之间失步的解列装置应尽量双重化配置。

（5）电网运行控制极限管理是保障系统安全稳定运行的重要手段，应根据系统发展变化情况，及时计算和调整电网运行控制极限，认真做好电网运行控制极限管理工作。

（6）加强并网发电机组涉及电网安全稳定运行的励磁系统、PSS（电力系统稳定器）和调速系统的运行管理，其参数设置、设备投停、改造等必须满足电网安全稳定运行要求。

并网电厂机组在前期、投产、运行等各个时期都要严格执行电网发电机励磁系统调度管理规定。并网电厂机组都必须具备一次调频功能，当电网频率波动时，机组在所有运行方式下都能够自动参与一次调频，各项技术指标满足电网发电机组一次调频运行管理规定要求。

（7）要加强系统稳定控制措施的运行管理，低频、低压减负荷装置和其他安全自动装置应足额投入。应密切跟踪系统变化情况，及时调整稳定控制措施，完善失步、低频、低压解列等安全自动装置的配置，做好相应定值管理、检修管理和运行维护工作。

调度机构应按照有关规程规定每年下达低频低压减载方案并根据电网的变化情况不定期地分析、调整各种安全自动装置的配置或整定值，及时跟踪负荷变化，细致分析低频减载实测容量，定期核查、统计、分析各种安全自动装置的运行情况。各运行维护单位应加强检修管理和运行维护工作，防止电网事故情况下装置出现拒动、误动，确保电网第三道防线安全可靠。

失步解列、低频低压解列等安全稳定控制装置必须单独配置，具有独立的投入和退出回路，不得与其他设备混合配置使用。

（8）不允许 220kV 及以上电压等级线路、枢纽厂站的母线、变压器等设备无快速保护运行，对于可能造成相关负荷停电或其他设备过负荷时，调度部门应调整运行方式，尽快将设备停电。母线无母差保护时，应尽量减少无母差保护运行时间并严禁安排母线及相关元件的倒闸操作，应合理安排母差保护定检的时机。受端系统枢纽厂站继电保护定值整定困难时，应侧重防止保护拒动。

原则上二次设备的检修校验工作与一次设备的计划检修工作同步安排。

（9）加强开关设备运行维护和检修管理，确保能够快速、可靠地切除故障。对于500kV 厂站、220kV 枢纽厂站分闸时间分别大于 50ms、60ms 的开关设备，应尽快通过检修或技术改造提高其分闸速度，对于经上述工作后分闸时间仍达不到以上要求的开关要尽快进行更换。

（10）要加强防止电网发生动态稳定的工作，加快 PMU 建设的速度，提高 WAMS 系统的应用水平；加强电力系统 GPS 时钟统一工作。

8. 加强电力系统稳定计算分析

（1）重视和加强系统稳定计算分析工作。规划、设计和调度部门必须严格按照《电力系统安全稳定导则》、《国家电网公司电力系统安全稳定计算规定》和相关规定要求进行系统安全稳定计算分析，并根据计算分析结果合理安排运行方式，适时调整控制策略，不断完善相关电网安全稳定控制措施。

（2）电网调度部门确定的电网运行控制极限值，一般按照相关规定在计算极限值的基础上留有一定的稳定储备；在系统设计阶段计算线路（或断面）输送能力时也应考虑这一因素。

网、省调在制定电网运行控制极限值时，一般应在计算极限值的基础上留有 5% ~ 10% 的功率稳定储备，制定省间联络线运行控制极限值时还应适当考虑潮流的自然波动情况。

系统可研设计阶段，应考虑所设计的电网和电源送出线路的输送能力在满足生产需求的基础上留有一定的裕度。

（3）在系统规划设计和电网运行有关稳定计算中，发电机组均应采用详细模型，以正确反映系统动态稳定特性。

（4）应保证系统设计和电网运行有关稳定计算模型和参数的准确性和一致性，系统规划计算中对现有电力系统以外部分可采用典型详细模型和参数。

（5）加强有关计算模型、参数的研究和实测工作，并据此建立系统计算的各种元件、控制装置及负荷的详细模型和参数。

各发电公司（电厂）有义务向电网提供符合要求的发电机组的相关实测参数。

并网电厂发电机组配置的频率异常、低励限制、定子过电压、定子低电压、低频率、高频率、失磁、失步保护都必须满足电网相关规定要求，不符合要求的机组应抓紧整改。

9. 防止系统稳定破坏事故发生实例

加强和完善电网一次、二次设备建设。规划设计合理的电网结构是保证电力系统安全稳定运行的物质基础和根本措施。重视和加强电网规划管理，制定完善电网结构的发展规划和实施计划，建设结构合理的电网；对电网中的薄弱环节，应创造条件加以解决，从电网一次结构上保证电网的安全可靠。

电源点布置要合理，负荷中心地区应有必要的电源支撑。负荷中心受电要按多条通道，多个方向来进行规划和实施，每条通道输送容量占负荷中地区最大负荷比例不宜过大，故障失去一条通道不应导致电网崩溃。同时应加强枢纽发电厂、变电站及负荷中心的无功补偿建设，防止电网发生电压崩溃事故。

输送通道建设要与电源建设同步完成。除了对一次系统的网架、电源规划设计提出原则要求外，突出了对负荷中心特别是受端系统内部支撑电源与外部电源的协调建设，外部受电通道的规划建设应遵循多通道、多方向、分散接入的原则。多通道、分散接入就是要求大电源之间在送端避免并联、在受电端要接入不同枢纽变电站，同时控制一个通道输送功率占负荷中心最大负荷的比例，限制在 10% ~ 15% 为宜；多方向是在地理环境等允许的情况下，使各输送通道避免处于同一地理气象带。这是防止电网因同一扰动或同一个气象因素等导致同时或相继失去多输送通道、限制事故严重程度、降低电网运行风险、加强对受端系统支撑的重要措施。一个规划好的电网建设方案，还要注意适时建设、及时投产，做到及时完善、加强电网结构，为电网安全、稳定运行奠定良好物质基础。

第九节 ┃ 继电保护及安全自动装置的异常处理

培训目标：熟悉继电保护及安全自动装置的各种常见异常、相关规定和处理方法。

>>>> 一、保护及安全自动装置的各种异常

1. 通道异常

线路的纵联保护、远方跳闸、电网安全自动装置等，需要通过通信通道在不同厂站间传送信息或指令，目前电力系统中的通道主要有载波通道、微波通道及光纤通道。

载波通道主要异常主要有收发信机故障、高频电缆异常、通道衰耗过高、通道干扰电平过高等。光纤通道的主要异常有光传输设备故障，如光端机、PCM 等；光纤中继站异

常；光纤断开等。

2. 二次回路异常

（1）TA、TV 回路的主要异常有 TA 饱和、TA 回路开路、回路接地短路、继电器触点接触不良、接线错误等。

（2）直流回路主要异常有回路接地、交直流电源混接、直流熔断器断开等。

（3）保护出口跳闸、合闸回路异常。

3. 装置异常

目前微机保护在电力系统中得到广泛应用，传统的晶体管和集成电路型继电器保护正逐步退出运行。微机保护装置的异常主要有电源故障、插件故障、装置死机、显示屏故障及软件异常等。

4. 其他异常

如软件逻辑不合理、整定值不当、现场人员误碰、保护室有施工作业导致振动大等。

▶▶▶▶ 二、考核标准

国家电网公司《电力生产事故调查规程》规定：实时为联络线运行的 220kV 及以上线路、母线主保护非计划停运，造成无主保护运行（包括线路、母线陪停）；切机、切负荷、振荡解列、低频低压解列等安全自动装置非计划停用时间超过 240h 为一般电网事故。切机、切负荷、振荡解列、低频低压解列等安全自动装置非计划停用时间超过 120h；220kV 及以上线路、母线主保护非计划停运，导致主保护非计划单套运行时间超过 24h 为电网一类障碍。

▶▶▶▶ 三、保护停用对电网的影响及处理

双重化配置的保护之一停用，增加了电网的风险，因为若另一套保护也退出，会使特定的主设备无保护运行，发生故障无法切除。有些设备（如线路）有明确的规定，无保护必须停电。所以，当保护退出将造成设备无保护运行时，调度必要时须将该设备停电处理。

母线差动保护停用时，一般可不将母线停运，此时不能安排母线连接设备的检修，避免在母线上进行操作，减少母线故障的概率。

▶▶▶▶ 四、保护拒动或误动对电网的影响及处理

保护拒动指按选择性应该切除故障的保护没有动作，靠近后备或远后备保护切除故障。保护拒动会使事故扩大，造成多元件跳闸，影响电网的稳定。

保护误动使无故障的元件被切除，破坏电网结构，在电网薄弱地区可能影响电网安全。运行中若可明确判断保护为误动，可将误动保护停用，再将设备送电。

调度员应综合分析开关状态、相邻元件的保护动作情况、同一元件的不同保护动作情况、故障录波器动作情况、保护动作原理等信息判断保护是否拒动或误动。

五、电网安全自动装置停用对电网的影响及处理

安全自动装置停用，使电网抵抗电网事故的能力降低，电网的安全稳定水平降低，应制定相应控制策略，及时限制某些电源点的出力或断面潮流，并做好相关事故预想。

六、电网安全自动装置拒动或误动对电网的影响及处理

安全自动装置拒动有可能使电网在发生较大事故时失去稳定，不能及时控制事故形态使事故扩大甚至引起电网崩溃。

安全自动装置误动会切除机组、负荷或者运行元件，和保护的误动类似，如果是涉及面较广的多场站联合型的安全自动装置误动，可能切除多个元件，对电网影响很大。

电网发生事故后，如明确为安全自动装置拒动时，调度运行人员应立即根据应动作的控制策略下令采取相应措施。

第十节 │ 通信及自动化的异常处理

培训目标：熟悉通信设备异常对保护和安全自动装置及自动化系统的影响，调度电话中断及自动化系统异常时的调度应对措施。

一、通信异常对电网调度的影响

1. 对保护和安全自动装置的影响

由于目前保护和安全自动装置的通道主要依赖电力专用通信通道，通信通道异常会直接影响到纵联保护和安全自动装置的正常运行，若发生通道故障则需将受影响的保护和安全自动装置退出，甚至会导致保护和安全自动装置的误动或拒动。

2. 对自动化系统的影响

通信异常可能调度机构的自动化系统与厂站端的设备通信中断，影响自动化设备的正常运行。

3. 对调度电话的影响

调度员和厂站无法联系，调度业务无法进行，当电网发生事故后，调度员无法了解电网状况，影响事故处理。

二、自动化系统异常对电网调度的影响

当调度机构的电网自动化系统异常时，会导致运行人员无法监视电网状态，影响正常的调度工作。当 AGC、AVC 等系统发生异常时，无法对现场设备下发指令，从而导致频

率和电压偏离目标值。

随着电网规模越来越大，电网结构越来越复杂，我国很多网省调度机构配置调度高级应用软件，用于电网运行的监视、预警和辅助决策，一旦这些软件停止运行，而调度员没有意识到在这种情况下他们需要更主动、更仔细地对系统进行监控，并解读 SCADA 系统采集到的信息，尤其在电网事故情况下，很可能贻误事故处理的最佳时机，造成灾难性后果。

当现场自动化设备异常时，该厂站的遥测、遥信信息无法上传，调度指令无法下达到该厂站。

>>>>> 三、考核标准

《国家电网公司电力生产事故调查规程》规定：系统中发电机组 AGC 装置非计划停用时间超过 240h；地区供电公司及以上调度自动化系统、通信系统失灵延误送电或影响事故处理，构成一般电网事故。

系统中发电机组 AGC 装置非计划停用时间超过 120h；地区供电公司及以上调度自动化系统、通信系统失灵影响系统正常指挥；通信电路非计划停用，造成远方跳闸保护、远方切机（切负荷）装置由双通道改为单通道，时间超过 24h，构成电网一类障碍。

>>>>> 四、调度电话中断时调度应采取的措施

与调度失去联系的单位，应尽可能保持电气接线方式不变，火电厂应按给定的调度曲线和有关调频调压的规定运行。

事故时，各单位应根据事故情况，继电保护和自动装置动作情况，频率、电压、电流的变化情况，自行慎重分析后进行处理，对于可能涉及两个电源的操作，必须与对侧厂、站的值班人员联系后方能操作。调度还可通过外线电话、手机等通信方式与厂站取得联系，也可通过委托第三方调度、启用备用调度等措施进行电网指挥。

>>>>> 五、自动化系统异常时调度应采取的措施

值班调度员在发现自动化系统异常后，应立即通知自动化处值班人员处理：通知调频电厂调频，同时要求全厂出力达到 80% 额定出力时要上报省调：通知其他电厂维持目前的发电出力，并按照调度的指令带有功负荷、按照电压曲线调整无功：同时做好各电厂出力的记录（可通过调度台打印系统最后记录的发电表单），并随时修改；在执行的倒闸操作应执行完毕，未开始的倒闸操作应暂时中止。

若发生电网事故，应详细了解现场的运行情况，包括断路器、隔离开关的位置；有关线路的潮流、母线电压；有无正在进行的工作（站内的和线路的带电工作）；附近厂站的运行情况等，再处理；在自动化系统未恢复前，值内人员应加强相互之间的信息交流，互通有无，并保持冷静。若自动化系统发生严重故障且短时无法恢复时，有条件的电网可考虑启用备用调度系统。

第十一节 | 发电厂、变电站全停事故处理

培训目标：理解发电厂、变电站全停的定义、现象和对电网的危害，掌握发电厂、变电站全停的处理原则、方法和注意事项。

▶▶▶ 一、发电厂、变电站全停的定义

当发生电网事故造成发电厂、变电站失去和系统之间的全部电源联络线（同时发电厂的运行机组跳闸），导致发电厂、变电站的全部母线停电，即称为发电厂、变电站全停。

《国家电网公司事故调查规程》规定变电站（含开关站、换流站）全停系指该变电站各级电压母线转供负荷（不包括所用电）均降至零。

▶▶▶ 二、发电厂、变电站全停的现象

发电厂、变电站全停的现象与母线停电现象基本相同，其原因一般有母线本身故障；母线上所接元件故障时保护或开关拒动；外部电源全停造成等，同时发电厂、变电站的厂用、站用电全停。

判断是否为发电厂、变电站全停要根据系统潮流情况、现场仪表指示，保护和自动装置动作情况，开关信号及事故现象（如火光、爆炸声等）等，切不可只凭借厂用、站用电源全停或照明全停而误认为是发电厂、变电站全停电。同时，应尽快查清是本站母线故障还是因外部原因造成本站母线停电。

▶▶▶ 三、发电厂、变电站全停的危害

发电厂、变电站全停严重威胁电网运行安全，具体表现在以下几个方面。

（1）大容量发电厂全停时使系统失去大量电源，可能导致系统频率事故及相关联络线过载等情况。

（2）变电站站用电全停会影响监控系统运行及断路器、隔离开关等设备的电动操作，同时发电厂失去厂用电会威胁机组轴系等相关设备安全，并会因辅机等相关设备停电对恢复机组运行造成困难。

（3）枢纽变电站全停通常将使系统失去多回重要联络线，极易引起系统稳定破坏及相关联络线过载等严重问题，进而引发大面积停电事故。

（4）末端变电站全停可能造成负荷损失，中断向部分电力用户的供电，如时间较长将产生较严重的社会影响。

》》》》 四、发电厂、变电站全停的处理原则及方法

（1）对于多电源联系的发电厂、变电站全停电时，运行值班人员应按规程规定立即将多电源间可能联系的开关拉开，若双母线母联断路器没有断开，应首先拉开母联断路器，防止突然来电造成非同期合闸。但每条母线上应保留一个主要电源线路开关在投运状态，或检查有电压测量装置的电源线路，以便及早判明来电时间。

（2）对于单电源受电的变电站全停电，如检查本站无问题时，保持受电状态等受，如三分钟后仍不见来电，立即手动断开次要负荷线路，只保留站用电及有保安电力的线路等受。来电后，依次送出所停负荷线路。

（3）变电站全停电，如确认是本站线路越级跳闸造成的，应立即切除故障线路开关，恢复其他设备运行，并及时报调；如确认是本站母线故障时，有备用母线（包括侧母线）的应立即改由备用母线供电，双母线的改由单母线供电。

（4）对具有备用电源的变电站全停电时，在确认变电站内部无故障后，可切换到备用电源受电，如备用电源容量较小时，可先供出重要用户的保安电力。

当发电厂全停时，应设法恢复受影响的厂用电，有条件时，可利用本厂发电机对母线进行零起升压，成功后再设法与系统恢复同期并列。

发电厂、变电站全停时其他相关处理原则及方法可参照母线故障停电方式进行。

》》》》 五、发电厂、变电站全停且与调度失去联系时的处理方法

当发电厂、变电站全停而义与调度联系不通时，现场运行值班人员应将各电源线路轮流接入有电压互感器（即有电压指示）的母线上，试探是否来电。调度员在判明该发电厂或变电站处于全停状态时，可分别选择一个或几个电源向该厂、站送电。发电厂、变电站发现来电后即可即使恢复厂用、站用负荷。这些处理程序事先应安排妥当，避免临时操作发生错误，特别要防止发生非同期合闸。

》》》》 六、发电厂保厂用电的措施

由于发电厂失去厂用电后，会对厂用设备造成危害，对机组启动造成困难，因此发电厂要采取措施保证厂用电安全，保厂用电的措施有：

（1）发电机出口引出厂高压变压器，作为机组正常运行时本台机组的厂用电源，并可以作其他厂用电源的备用；作为火电机组，机组不跳闸，即不会失去厂用电；作为水电机组，机组不并网仍可带厂用电运行。

（2）装设专用的备用厂用高压变压器，即直接从电厂母线接入备用厂用电源，或从三绕组变压器低压侧接入备用电源。母线不停电，厂用电即不会失去。

（3）通过外来电源接入厂用电。

（4）电厂装设小型发电机（如柴油发电机）提供厂用电，或直流部分通过蓄电池供

电。

（5）为确保厂用电的安全，厂用电部分应设计合理，厂用电应分段供电，并互为备用（可在分段断路器加装备用自动投入装置）。

（6）在系统方面，当系统难以维持时，对小电厂应采取低频解列保厂用电或其他方式解列小机组保证厂用电。

七、发电厂及变电站全停的注意事项

（1）全面了解发电厂、变电站继电保护动作情况、断路器位置、有无明显故障现象。

（2）了解厂用、站用系统情况，有无备用电源等。

（3）全停发电厂有条件应启动备用柴油发电机，尽快恢复必要的厂用负荷，保证设备安全。

（4）利用备用电源恢复供电时，应考虑其负载能力和保护整定值，防止过负载和保护误动作。必要时，只恢复厂用、站用电和部分重要用户的供电。

（5）恢复送电时必须注意防止非同期并列，防止向有故障的电源线路反送电。

第十二节 | 电网黑启动

培训目标：理解电网黑启动的概念、基本原则和注意事项等。

一、黑启动的概念

黑启动是指整个电网因事故全停后，不依赖其他正常运行的电网帮助，通过系统中具有自启动能力的机组启动，来带动无自启动能力的机组启动，然后逐渐扩大系统的恢复范围，最终用尽量短的时间恢复整个电网的运行和对用户的供电。黑启动是电网安全措施的最后一道关口。

二、黑启动的基本原则

（1）选择电网黑启动电站。一般水电机组用作启动电源最为方便，但火电机组也应当能作为启动电源，其问题是要具有热态再启动的能力，而热态再启动能力的关键在于把握好某些允许的时间间隔，如汽包炉的热力机组不能安全再启动得最长时间间隔（如果需要由其他电厂提供厂用电源时，较为精确地掌握允许的时间间隔就更为重要）；或超临界直流炉的热力机组再启动的最短时间间隔。根据黑启动电站情况将电网分割出多个子系统。如利用水力发电机组尤其足抽水蓄能机组启动迅速方便，耗费能量少，出力增长速度快的特点，按水电站的地理位置将电网分割为多个子系统，制定相应的负荷恢复计划及断路器操作序列，并制定相应子系统的调度指挥权。

（2）对电网在事故后的节点状态进行扫描，检测各节点状态，以保证各子系统之间不存在电和磁的联系。

（3）各子系统各自调整及相应设备的参数设定和保护配置。

（4）各子系统同时启动子系统中具有自启动能力的机组，监视并及时调整各电网的参变量水平（如电压、频率）及保护配置参数整定等，将启动功率通过联络线送至其他机组，带动其他机组发电。

（5）将恢复后的子系统在电网调度的统一指挥下按预先制定的断路器操作序列并列运行，随后检查最高电压等级的电压偏差，完成整个网络的并列。

（6）恢复电网剩余负荷，最终完成整个电网的恢复。

当然在现代电网条件下，结合调度操作自动化，实现 SCADA、EMS 及其 AGC 对黑启动过程的自动控制，将会使事故损失减少到最小。

三、电网黑启动过程中需要特别注意的问题

1. 无功平衡问题

在超高压电网恢复过程中，自启动机组发出的启动功率需经过高压输电线路送出，恢复初期，空载或轻载充电超高压输电线路会释放大量的无功功率，可能造成发电机组自励磁和电压升高失控，引起自励磁过电压限制器动作，因此要求自启动机组具有吸收无功的能力，并将发电机置于厂用电允许的最低电压值，同时将自动电压调节器投入运行；在超高压线路送电前，将并联电抗器先接入电网，断开电容器，安排接入一定容量（最好是低功率因数）的负荷等。

2. 有功平衡问题

为保持启动电源在最低负荷下稳定运行和保持电网电压合适的水平，往往需要及时接入一定负荷。负荷的少量恢复将延长恢复时间。而过快恢复又可能使频率下降，导致发电机低频切机动作，造成电网减负荷，因此增负荷的比例必须在加快恢复时间和机组频率稳定两者之间兼顾。因此，应首先恢复较小的直配负荷，而后逐步带较大的直配负荷和电网负荷，按频率自动减负荷控制的负荷，只应在电网恢复的最后阶段才能予以恢复。一般认为，允许同时接入的最大负荷量，不应使系统频率较接入前下降 $0.05\mathrm{Hz}$，国外几个电网的经验数据为负荷量不应大于发电量的 5%。

3. 启动过程中的频率和电压控制问题

在黑启动过程中，保持电网频率和电压稳定至关重要，每操作一步都需要监测电网频率和重要节点的电压水平，否则极易导致黑启动失败。频率与系统有功即机组出力和负荷水平有关，控制频率涉及负荷的恢复速度、机组的调速器响应和二次调频，因此恢复过程中必须考虑启动功率和重要负荷的分配比例，尽量减少损失，从而加快恢复速度。

4. 投入负荷过渡过程

一般除了电阻负荷外，在电网中接入其他负荷，都会产生过渡过程功率，但由于大多数负荷的暂态过程不过 $1\sim2\mathrm{s}$，它们对带负荷机组的频率及电压一般影响都不大，即使是

压缩空气负荷在断电后再投入，吸收的过渡过程功率时间长达 5s，也会由于电网全停后的系统恢复，其断电时间至少要 15min 以上，因此它只相当于初次启动时的功率，不会出现太大的问题。

5. 保护配置问题

恢复过程往往允许电网工作于比正常状态恶劣的工况，此时若保护装置不正确动作，就可能中断或者延误恢复，因此必须相应调整保护装置及整定值，力争简单可靠。

第七章 调度仿真培训系统案例分析与处理

培训目标：本节介绍了柳树220kV变电站六个典型异常和事故案例，通过对电网异常和事故的现象、分析、判断和处理，掌握电网异常和事故的处理原则和方法。

第一节 柳树220kV变电站异常及事故案例分析

▶▶▶ 一、柳树220kV变电站概况介绍

省、地、县三级调度仿真培训系统中，柳树变电站的220kV系统与500kV渤海变、220kV京诚变、营口变、滨海变相连。66kV系统主要与220kV营口变、镁都变、大石桥变、锦州变、范家变的66kV系统相连。

【系统运行方式概况】

（1）220kV电网运行方式。

220kV渤环#1、#2线、环滨线、柳滨线、营滨线、营柳线、渤柳#2、#3线、渤诚线、诚柳线、渤镁#1、#2线、镁营线经柳一变、渤海变、五环变、滨海变、营口变、京诚变、镁都变多环网运行。

（2）220kV母线固定接线方式。

220kV一母线：营柳线、诚柳线、渤柳三线、#1主变主一次、#3主变主一次（热备用），侧路（热备用）；

220kV二母线：渤柳二线、柳滨线、#2主变主一次、#4主变主一次；

220kV一、二母线经母联开关并列运行；220kV微机母差保护投有选择方式；

220kV#1、#2、#4主变分列运行，#3主变热备用，主变备自投以及联切装置启用，#2、#3主变中性点直接接地；#1、#2、#3、#4主变二次重合闸停用。

（3）66kV母线固定接线方式。

66kV一母线：#1主变主二次、经贸分二线、树营三线、树钢一线、柳锦乙线、范柳甲线（开路）、#1电容器、#1侧路（开路）；

66kV二母线：#3主变主二次（开路）、树天乙线、树桥乙线、树金乙线、树边甲线、树都乙线、树钢六线、#3电容器、#1所内变；

66kV三母线：#2主变主二次、经贸分一线、树营四线、树钢二线、柳锦甲线、范柳

乙线（开路）、#2 电容器；

66kV 四母线：#4 主变主二次、树天甲线、树桥甲线（开路）、树金甲线、树边乙线、树都甲线（开路代#1 所内变）、树钢五线、#4 电容器、#2 侧路。

66kV 一、二母线经一分段开关分列运行；

66kV 三、四母线经二分段开关分列运行；

66kV 二、四母线经母联开关并列运行；

66kV 一、三母线经母联开关开路运行；66kV 微机母差保护启用中。

站用变压器：正常时，#1 站用变为工作电源（#1 站用变由系统二次直接提供低压电源），#2 处于热备用状态（由 66kV 树都甲线 T 接站用变压器）。当#1 站用变因故退出时，#2 站用变自动投入工作。#1、#2 站用变可以互相自动切换，互为备用。

（4）66kV 系统运行方式。

66kV 柳锦环在锦州变 66kV 柳锦甲、乙线开关开路；

66kV 柳新锦环在新民变 66kV 新郊线开关开路；

66kV 柳营环在营口变 66kV 树营三、四线开关开路；

66kV 柳镁环在柳树变 66kV 树都甲线开关开路；环在镁都变 66kV 树都乙线开关开路；

66kV 柳范环在柳树变 66kV 范柳甲、乙线开关开路；

66kV 柳大环在柳树变 66kV 树桥甲线开关开路；环在大石桥变 66kV 树桥乙线开关开路；

66kV 树钢五、六线代五矿中板总降一号变负荷；66kV 都营甲乙线在一号变开路备用

66kV 树钢一、二线代五矿中板总降二号变负荷；66kV 树都甲乙线在二号变开路备用

××变 66kV ××线备自投不具备投入条件，手动代替。

（5）地方电源。

五矿中板总降一号变：2 台机（2×15MW）分别经 66kV 树钢五、六线与系统并列；

五矿中板总降二号变：2 台机（2×15MW）分别经 66kV 树钢一、二线与系统并列。

（6）重要用户。

柳树一次变：

五矿中板总降一号变（树钢五、六线保安电力 4000 kW）；五矿中板总降二号变（树钢一、二线保安电力 3000kW）；金桥变（树金甲、乙线保安电力 3000kW）。

营口一次变：

造纸厂变（营纸线保安电力 4000 kW）；化纤变（营化一、二线保安电力 3000kW）。

镁都一次变：

博拉炭黑变（都博甲线保安电力 4000 kW）；分水变（都分甲乙线保安电力 5000kW）。

（7）负荷情况。

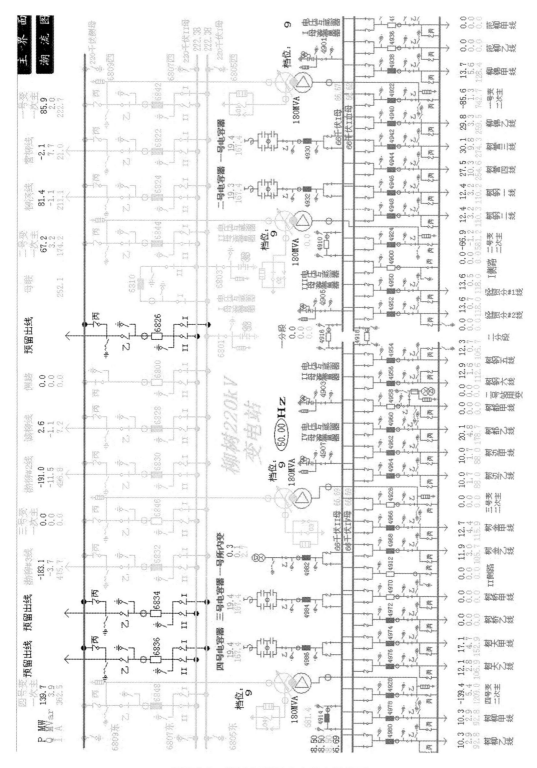

图 7-1-1　柳树 220kV 变电站主接线图

表 7-1-1 　　　　　　　　　　柳树变 66kV 各回路负荷列表　　　　　　　　　　　　　　　　A

一母线、#1 主二次	经贸分二线	树营三线	树钢一线	柳锦乙线	范柳甲线	
743	118	274	110	260	0	
三母线、#2 主二次	经贸分一线	树营四线	树钢二线	柳锦甲线	范柳乙线	
581	118	255	110	128	0	
四母线、#4 主二次	树天甲线	树桥甲线	树金甲线	树边乙线	树都甲线	树钢五线
1209	153	0	116	88	0	107
二母线、#3 主二次	树天乙线	树桥乙线	树金乙线	树边甲线	树都乙线	树钢六线
0	107	0	106	88	179	113

范家变：主变二次负荷　　　　127.5 + 149.7　　　　MW
锦州变：主变二次负荷　　　　77.7 + 77.7　　　　MW
大石桥变：主变二次负荷　　　97.4 + 97.4　　　　MW
营口变：主变二次负荷　　　　52.7 + 56.3 + 67.8　　MW
镁都变：主变二次负荷　　　　96.8 + 96.8　　　　MW
五矿中板总降一号变：两台机组出力　　　6　MW
五矿中板总降二号变：两台机组出力　　　6.2　MW

▶▶▶▶ 二、柳树变 66kV Ⅲ 母线 AB 相永久故障

【事故现象】（参见图 7-1-2）

柳树变：66kV 母线差动保护动作，切#2 主变主二次、经贸分一线、树营#4 线、树钢 #2 线、柳锦甲线各开关、低电压保护动作切#2 电容器开关。

北郊变：10kV 母联备自投动作，切#1 主变二次开关，合上 10kV 母联开关，10kV 一段母线送电。

经贸变：10kV 母联备自投动作，切#1 主变二次开关，合上 10kV 母联开关，10kV 一段母线送电。

老边变：10kV 母联备自投动作，切#1 主变二次开关，合上 10kV 母联开关，10kV 一段母线送电。

【处理步骤】

（1）令柳树变：检查 66kV 三母线确认 AB 相永久故障，确认 66kV 三母线所有开关均在开位，短时间无法恢复。

（2）令营口变：合上 66kV 树营四线开关送电，同时考虑营口变负荷变化和 66kV 系统调谐。

（3）令锦州变：合上 66kV 柳锦甲线开关送电，同时考虑锦州变负荷变化和 66kV 系统调谐。

（4）令北郊变、经贸变、老边变监视 66kV #2 主变负荷变化，同时停用 10kV 母联备自投装置。

（5）令柳树变：将 66kV 三母线各回路均改 66kV 一母线热备用，操作自行负责。

（6）令柳树变：合上 220kV#2 主变主二次开关，环并。

（7）令柳树变：合上 66kV 树营四线开关，环并。

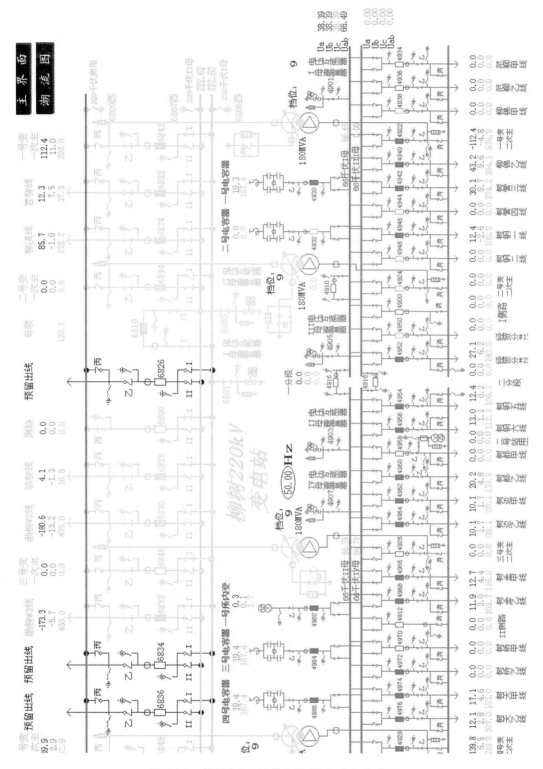

图 7-1-2　柳树变 66kV Ⅲ 母线 AB 相永久故障图

（8）令营口变：拉开 66kV 树营四线开关，环解。

（9）令柳树变：合上 66kV 柳锦甲线开关环并。

（10）令锦州变：拉开 66kV 柳锦甲线开关，环解。

（11）令柳树变：合上 66kV 经贸分一线、树钢#2 线、#2 电容器各开关，送电良好。

（12）令北郊变、经贸变、老边变恢复正常方式受电，操作自行负责。

（13）令柳树变：66kV 三母线由冷备用转检修，操作自行负责。

（14）地区调度：上报有关部门和领导，安排 66kV 三母线抢修处理。

＞＞＞＞ 三、柳树变 66kV 树钢一线开关拒动，线路永久故障

【事故现象】（参见图7-1-3）

柳树变：66kV 树钢一线一段过流保护动作，220kV#1 主变主二次一段过流保护动作、220kV#1 主变主二次开关跳闸，66kV 一母线全停电。

#2 总降：66kV 树钢一线三段过流保护动作，66kV 树钢一线开关跳闸。#1 发电机低周解列动作，#1 发电机开关跳闸。

北郊变：10kV 母联备自投动作，切#2 主变二次开关，合上 10kV 母联开关，10kV 二段母线送电。

经贸变：10kV 母联备自投动作，切#2 主变二次开关，合上 10kV 母联开关，10kV 二段母线送电。

西郊变：66kV 柳锦乙线备自投动作，切柳锦乙线开关，合上 66kV 柳锦甲线开关。

【处理步骤】

（1）令柳树变：检查 66kV 树钢一线开关拒动故障所致，确认 66kV 一母线全停电。拉开 66kV 经贸分二线、树营#3 线、柳锦乙线各开关。

（2）令营口变：合上 66kV 树营#3 线开关，送电。

（3）令锦州变：合上 66kV 柳锦乙线开关，送电。

（4）令北郊变、经贸变恢复正常方式受电。

（5）令#2 总降：确认 66kV 树钢一线开关在开位。#1 发电机停机中，合上母联开关送电，#1 发电机检同期并网自行负责。

（6）令柳树变：无电压下拉开 66kV 树钢一线线路侧和母线侧刀闸。（隔离故障开关）

（7）令柳树变：合上 220kV#1 主变主二次开关，66kV 一母线送电良好。

（8）令柳树变：合上 66kV 树营三线开关，环并

（9）令营口变：拉开 66kV 树营三线开关，环解。

（10）令柳树变：合上 66kV 柳锦乙线开关，环并。

（11）令锦州变：拉开 66kV 柳锦乙线开关，环解。

（12）令柳树变：合上 66kV 经贸分二线、#1 电容器各开关，送电良好。

（13）令柳树变：用 66kV 侧路带 66kV 树钢一线开关试送一次，一段过流保护动作，强送不良。

（14）令柳树变：66kV 树钢一线开关由停电转检修自行负责。

（15）令#2 总降：拉开 66kV 树钢一线线路侧及母线侧各刀闸。

（16）令柳树变、#2 总降各侧各挂地线一组。

（17）地区调度：上报有关部门和领导，安排 66kV 树钢一线开关抢修处理。66kV 树

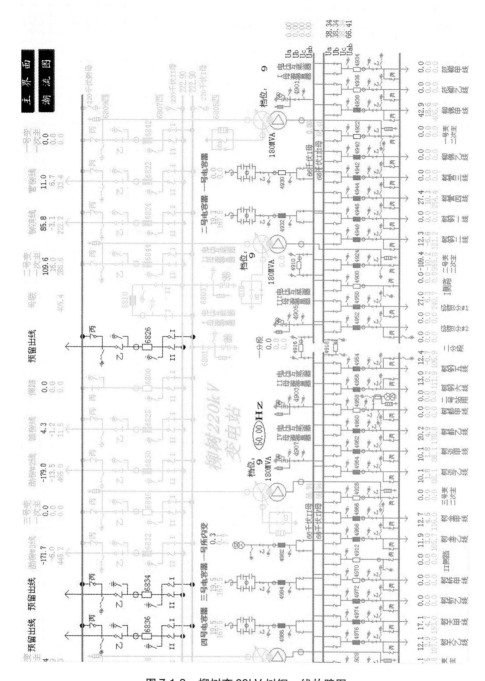

图7-1-3　柳树变66kV树钢一线故障图

钢一线线路巡线发现问题联系处理。

四、柳树变 220kV #2 主变外部相间故障，负荷会继续增长

【事故现象】（参见图 7-1-4）

柳树变：220kV 2#主变差动保护动作，220kV #2 主变一次、二次各开关跳闸、66kV 一母联 4910 备自投动作，切#2 电容器、树钢二线各开关，合上 66kV 一母联 4910 开关 66kV 三母线受电。

#2 总降：#2 发电机低周解列动作，#2 发电机开关跳闸。

北郊变：10kV 母联备自投动作，切#1 主变二次开关，合上 10kV 母联开关，10kV 二段母线送电。

经贸变：10kV 母联备自投动作，切#1 主变二次开关，合上 10kV 母联开关，10kV 二段母线送电。

【处理步骤】

（1）令柳树变：检查 220kV#2 主变外部相间故障，短时间无法恢复。220kV#1 主变负荷有增长趋势。

（2）令营口变：合上 66kV 树营四线开关，环并。同时考虑营口变负荷变化和 66kV 系统调谐。

（3）令柳树变：拉开 66kV 树营四线开关，环解。

（4）令锦州变：合上 66kV 柳锦甲线开关，环并。同时考虑锦州变负荷变化和 66kV 系统调谐。

（5）令柳树变：拉开 66kV 柳锦甲线开关，环解。

（6）令北郊变、经贸变恢复正常方式受电。

（7）令#2 总降：拉开 66kV 树钢二线开关。确认#2 发电机停机中。

（8）令柳树变：合上 66kV 树钢二线开关送电。

（9）令#2 总降：合上 66kV 树钢二线开关受电。#2 发电机检同期并网自行负责。

（10）令柳树变：合上#2 电容器开关送电良好。同时确认 66kV 经贸分一线正常送电中。

（11）令柳树变：220kV#2 主变由热备用转检修，操作自行负责。

（12）地区调度：上报有关部门和领导，安排 220kV#2 主变抢修处理。

五、柳树变 66kV 树钢二线 4948 三母刀闸过热处理

【事故现象】（参见图 7-1-1）

柳树变：66kV 树钢二线三母 A 相刀闸过热 100℃以上。

【处理步骤】

方法一：（66kV 树钢二线可以停电，三母刀闸无负荷可以拉开）

（1）令#2 总降：合上 66kV 母联开关环并，拉开 66kV 树钢二线开关环解。

（2）令柳树变：拉开 66kV 树钢二线开关停电。

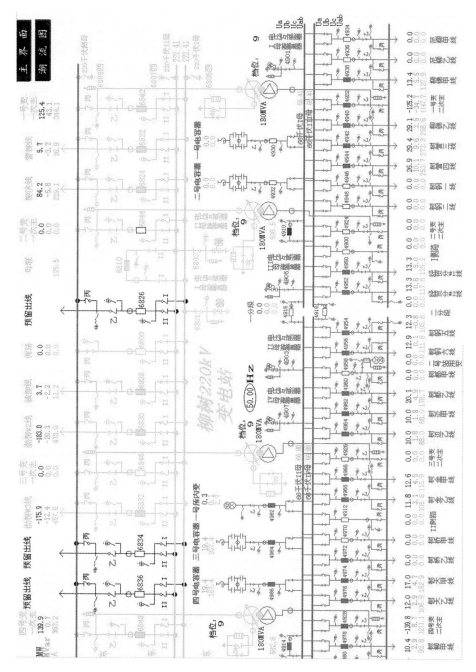

图 7-1-4　柳树变 220kV #2 主变外部相间故障图

（3）令柳树变：拉开 66kV 树钢二线线路侧和三母线侧各刀闸。

（4）令柳树变：66kV 树钢二线和三母线带电断接引，自行负责。

（5）令柳树变：布置 66kV 树钢二线三母线刀闸安全措施。

（6）地区调度：上报有关部门和领导，安排 66kV 树钢二线三母线刀闸抢修处理

方法二：可以考虑打分流线进行应急处理。

方法三：可以将 66kV 树钢二线由 66kV 三母线改 66kV 一母线运行。

方法四：可以减少#2 总降发电机出力，减轻刀闸过热压力。

六、柳树变 66kV 树金甲线线路刀闸过热异常处理

【事故现象】（参见图 7-1-1）

柳树变：66kV 树金甲线 A 相线路侧刀闸过热 100℃以上。

【处理步骤】

方法一：66kV 二、四母线经母联开关并列运行（66kV 树金甲线线路侧刀闸拉不开）。

（1）令金桥变：合上 66kV 母联开关，环并，拉开 66kV 树金甲线开关，环解。

（2）令柳树变：拉开 66kV 树金甲线开关，停电。

（3）令金桥变：拉开 66kV 树金甲线线路侧和母线侧各刀闸。

（4）令柳树变：拉开 66kV 树金甲线母线侧刀闸（确认 66kV 树金甲线线路侧刀闸拉不开后）。

（5）令柳树变：在 66kV 树金甲线线路侧挂地线一组。

（6）令柳树变：布置 66kV 树金甲线线路侧刀闸安全措施。

（7）地区调度：上报有关部门和领导，安排 66kV 树金甲线线路侧刀闸抢修处理。

方法二：可以考虑打分流线进行应急处理。

七、柳树变 220kV 营柳线 6822 开关单侧保护全部失去的异常处理步骤

【事故现象】（参见图 7-1-1）

柳树变 220kV 营柳线 6822 开关单侧保护全部失去的异常。

【处理步骤】

（1）省调：上报柳树变 220kV 营柳线 6822 开关单侧保护全部失去的异常情况。

（2）令柳树变：停用 220kV 营柳线全部保护。

（3）令营口变：停用 220kV 营柳线第一套、第二套纵联保护。

（4）令营口变：将 220kV 营柳线第一套、第二套微机后备保护均改第一套定值投入。

（5）令柳树变：用 220kV 侧路带 220kV 营柳线开关，操作自行负责。（220kV 侧路使用微机后备第一套保护），220kV 营柳线开关由运行转停电，自行负责。

（6）地区调度：上报有关部门和领导，安排 220kV 营柳线保护抢修处理。

第二节 ┃ 熊岳 220kV 变电站异常及事故案例分析

【培训目标】本节介绍了熊岳 220kV 变电站八个典型异常和事故案例，通过对电网异常和事故的现象、分析、判断和处理，掌握电网异常和事故的处理原则和方法。

一、熊岳220kV变电站概况介绍

【系统运行方式概况】

（1）220kV、66kV母线固定接线方式。

220kV东母线：#1主变一次、渤熊线、盖熊线、熊牵甲线、侧路（开路备用）。

220kV西母线：#2主变一次、熊宝线、电熊线、熊牵乙线。

220kV东、西母线经母联开关环并运行；220kV微机母差保护启用中。

66kV东母线：#1主变二次、盖熊甲线（开路）、望熊乙线（开路）、熊港北线、熊泵南线、熊华乙线、熊印线、#1电容器。

66kV西母线：#2主变二次、盖熊乙线、望熊甲线、熊港南线、熊杨线、熊华甲线、熊硅线、#2电容器、侧路（开路备用）。

66kV东、西母线经母联开关开路分列运行；母联备自投启用中，66kV微机母差保护停用中。

（2）66kV系统运行方式。

66kV望熊环在望海变66kV望熊甲线开关开路；环在熊岳变66kV望熊乙线开关开路。

66kV盖熊环在熊岳变66kV盖熊甲线开关开路。

红海变10kV母联备自投启用中。

留屯变10kV母联备自投启用中。

小河沿变：10kV母联备自投启用中，过负荷联切装置停用中。

红旗变：10kV母联备自投启用中，过负荷联切装置停用中。

浴场变：66kV主变备自投启用中。

熊二变：10kV母联备自投启用中。

（3）地方电源。

熊印电站变：3台机（12MW＊3）经66kV熊印线与系统并列；

风电厂变：2台机（3MW＊2）经66kV熊华甲、乙线与系统并列；

（4）重要用户。

熊印电站变：（66kV熊印线保安电力2000 kW）；

硅石变：（熊硅线保安电力3000kW）。

熊泵变：（熊泵南线、熊华甲线保安电力3000kW）。

牵引站：为电气化铁路供电。

（5）消弧线圈安装情况。

神井变：66kV#1主变（66kV东母线，熊港北线）有1个消弧线圈；

熊二变：66kV#1主变（66kV西母线，熊华甲线）有1个消弧线圈。

（6）负荷情况。

表7-2-1 　　　　　　　　　　　熊岳变66kV各回路负荷列表 　　　　　　　　　　A

66kV东母线	#1主二次	盖熊甲线	望熊乙线	熊港北线	熊泵南线	熊华乙线	熊印线
	357	0	0	262	42	79	31
66kV西母线	#2主二次	盖熊乙线	望熊甲线	熊港南线	熊杨线	熊华甲线	熊硅线
	1109	200	307	114	90	188	136

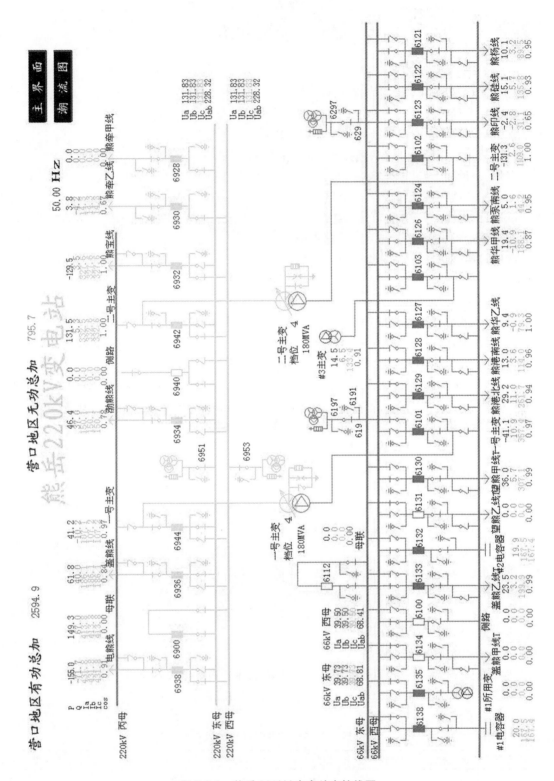

图 7-2-1　熊岳 220kV 变电站主接线图

盖州变：主变二次负荷	63.8＋92.5	MW	（66kV 母联开关开位）
望海变：主变二次负荷	90.2＋94.6	MW	（66kV 母联开关开位）
熊印电站变：三台机组出力	3	MW	
风电厂变：二台机组出力	6.2	MW	

▶▶▶▶ 二、熊岳变#2 主变内部故障现象及处理

【事故现象】（参见图 7-2-2）

熊岳变：220kV#2 主变瓦斯保护动作，切开 220kV2#主变一、二次开关。66kV 母联备自投动作，联切 66kV 熊印线、熊硅线、熊华甲、乙线各开关停电中，合上 66kV 母联开关 66kV 西母线受电。

熊二变：10kV 母联备自投动作，切#1 主变二次开关，合上 10kV 母联开关，10kV 一段母线送电。

【处理步骤】

（1）令熊岳变：监视 220kV#1 主变负荷情况。

（2）令熊岳变：停用 66kV 母联备自投装置。

（3）熊印电站：确认 66kV 熊硅线、熊印线入口开关均在开位，站内机组停机中。

（4）令熊岳变：合上熊印线开关，送电良好。

（5）令熊印电站：合上 66kV 熊印线开关受电，自行检同期机组并列，尽力满发电。

（6）令熊岳变：合上 66kV 熊硅线开关，送电良好

（7）令风电厂：联系 66kV 熊华甲、乙线送电无问题。

（8）令熊岳变：合上 66kV 熊华甲、乙线开关送电良好。

（9）令风电厂：将风电机组检同期并网，自行负责。

（10）令熊二变：自行恢复正常方式受电（10kV 母联备自投启用中）。

（11）令熊岳变：66kV 母线以下各二次变自行恢复正常方式受电。

（12）令熊岳变：220kV#2 主变由热备用转检修操作自负。

（13）地区调度：上报省调以及有关部门和领导，安排#2 主变抢修处理。

▶▶▶▶ 三、熊岳变 220kV 西母线 A 相永久故障

【事故现象】（参见图 7-2-3）

熊岳变：220kV 母差保护动作，切 220kV 母联开关，切#2 主变一次开关、切熊宝线开关、切熊牵乙线开关、切电熊线开关。

万宝变：远切熊宝线开关

营口厂：远切电熊线开关。

熊岳变：66kV 母联备自投动作，联切 2#主变二次开关。66kV 熊印线、熊硅线、熊华甲、乙线各开关停电中，合上 66kV 母联开关 66kV 西母线受电。

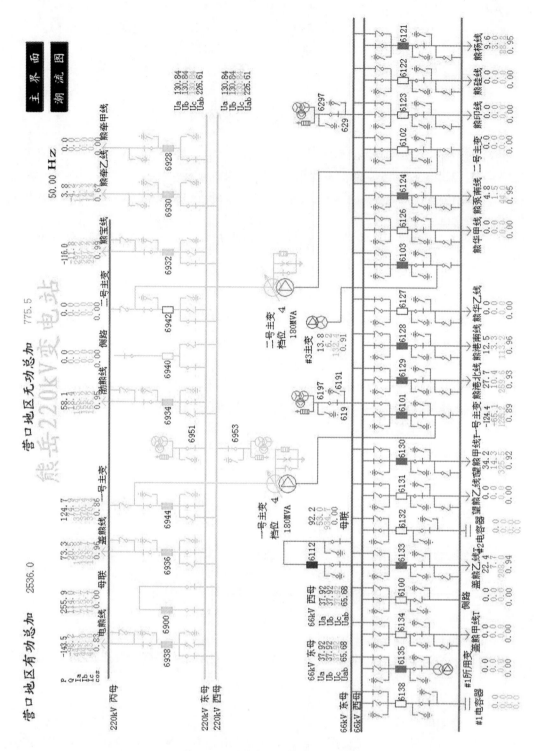

图 7-2-2　熊岳变#2 主变内部故障图

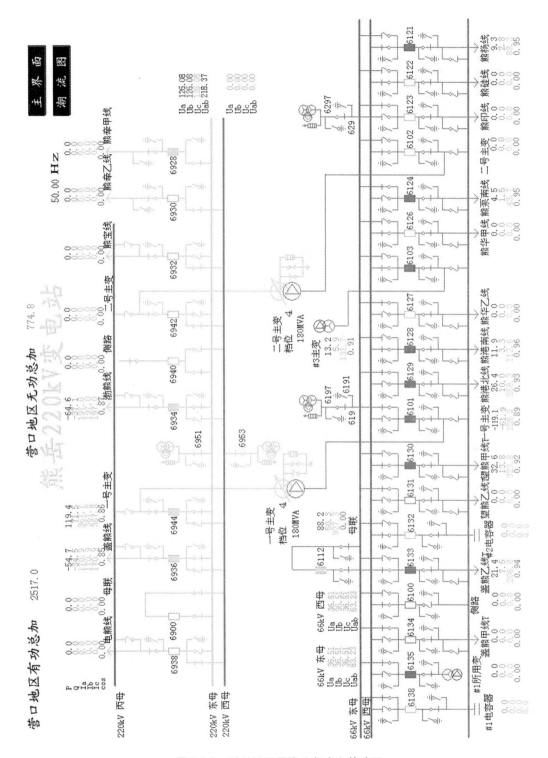

图 7-2-3　220kV 西母线 A 相永久故障图

熊二变：10kV 母联备自投动作，切#1 主变二次开关，合上 10kV 母联开关，10kV 一段母线送电。

【处理步骤】

（1）联系省调：将 220kV 母差保护动作，切 220kV 母联开关，切#2 主变一次开关、切熊宝线开关、切熊牵乙线开关、切电熊线开关，有关情况报调。

（2）联系省调：将 220kV 母差保护停用，将#2 主变一次开关、熊宝线开关、熊牵乙线开关、电熊线开关均改 220kV 东母线热备用，无问题。

（3）熊岳牵引站：通报相关情况，自行将负荷改熊牵甲线受电。

（4）令熊岳变：将 220kV 母差保护停用，将#2 主变一次开关、熊宝线开关、熊牵乙线开关、电熊线开关均改 220kV 东母线热备用，操作自行负责。

（5）令熊岳变：监视 220kV#1 主变负荷情况。

（6）令熊岳变：停用 66kV 母联备自投装置。

（7）熊印电站：确认 66kV 熊硅线、熊印线入口开关均在开位，站内机组停机中。

（8）令熊岳变：合上熊印线开关送电良好。

（9）令熊印电站：合上 66kV 熊印线开关受电，自行检同期机组并列，尽力满发电。

（10）令熊岳变：合上 66kV 熊硅线开关，送电良好。

（11）令风电厂：联系 66kV 熊华甲、乙线送电，无问题。

（12）令熊岳变：合上 66kV 熊华甲、乙线开关，送电良好。

（13）令风电厂：将风电机组检同期并网，自行负责。

（14）令熊二变：恢复正常方式受电，自行负责（10kV 母联备自投启用中）。

（15）令操作队：熊岳变 66kV 母线以下各二次变自行恢复正常方式受电，自行负责。

（16）令熊岳变：汇报 220kV 西母线各回路已改东母线热备用。

（17）联系省调：汇报 220kV 西母线各回路已改东母线热备用，请求对 220kV#2 主变、熊牵乙线送电，无问题。

（18）令熊岳变：220kV#2 主变由热备用转运行带负荷，操作自负。

（19）令熊岳变：将 66kV 系统方式恢复到正常方式，操作自负。

（20）熊岳牵引站：联系熊牵乙线送电，无问题。

（21）令熊岳变：合上 220kV 熊牵乙线开关，送电良好。

（22）熊岳牵引站：联系 220kV 系统恢复正常方式受电，自行负责。

（23）联系省调：省调指挥万宝变熊宝线开关、营口厂电熊线开关送电。

（24）令熊岳变：合上熊宝线开关，环并。

（25）令熊岳变：合上电熊线开关，环并。

（26）令熊岳变：220kV 西母线由冷备用转检修，操作自负。

（27）地区调度：上报省调以及有关部门和领导，安排 220kV 西母线抢修处理。

》》》》 四、熊岳变 220kV 渤熊线 6934 开关拒动，线路单相接地故障

【事故现象】（参见图 7-2-4）

渤海变：220kV 渤熊线开关跳闸，纵联保护动作。

熊岳变：220kV 渤熊线纵联保护动作。

220kV 失灵保护动作，切 220kV 母联开关，切#1 主变一次开关、熊牵甲线开关、盖熊

线开关。

盖州变：远切盖熊线开关。

熊岳变：66kV 母联备自投动作，联切 1#主变二次开关。66kV 熊印线、熊硅线、熊华甲、乙线各开关停电中，合上母联开关 66kV 东母线受电。

熊二变：10kV 母联备自投动作，切#2 主变二次开关，合上 10kV 母联开关，10kV 二段母线送电。

【处理步骤】

（1）联系省调：汇报熊岳变 220kV 渤熊线纵联保护动作。220kV 失灵保护动作，切 220kV 母联开关，切#1 主变一次开关、熊牵甲线开关、盖熊线开关有关情况。

（2）令熊岳变：无电压下拉开渤熊线线路侧和母线侧刀闸（隔离故障开关）。

（3）熊岳牵引站：通报相关情况，自行将负荷改熊牵乙线受电。

（4）令熊岳变：监视 220kV#2 主变负荷情况。

（5）令熊岳变：停用 66kV 母联备自投装置。

（6）熊印电站：确认 66kV 熊硅线、熊印线入口开关均在开位，站内机组停机中。

（7）令熊岳变：合上熊印线开关，送电良好。

（8）令熊印电站：合上 66kV 熊印线开关受电，自行检同期机组并列，尽力满发电。

（9）令熊岳变：合上 66kV 熊硅线开关，送电良好。

（10）令风电厂：联系 66kV 熊华甲、乙线送电，无问题。

（11）令熊岳变：合上 66kV 熊华甲、乙线开关，送电良好。

（12）令风电厂：将风电机组检同期并网，自行负责。

（13）令熊二变：自行恢复正常方式受电（10kV 母联备自投启用中）。

（14）令操作队：66kV 母线以下各二次变自行恢复正常方式受电。

（15）联系省调：盖州变合上 220kV 盖熊线开关送电。同时恢复熊岳变 220kV 母线正常接线方式。

（16）令熊岳变：合上 220kV 母联开关送电。220kV 母线恢复正常接线方式，自行负责。

（17）熊岳牵引站：联系 220kV 熊牵甲线送电，无问题。

（18）令熊岳变：合上 220kV 熊牵甲线开关，送电。

（19）熊岳牵引站：联系 220kV 系统恢复正常方式，受电自行负责。

（20）令熊岳变：合上 220kV 盖熊线开关，环并。

（21）令熊岳变：220kV#2 主变由热备用转运行，操作自行负责。

（22）令熊岳变：将 66kV 系统方式恢复到正常方式，操作自行负责。

（23）联系省调：合上渤海变 220kV 渤熊线开关，送电。

（24）令熊岳变：用 220kV 侧路带渤熊线开关，环并，操作自行负责。

（25）令熊岳变：220kV 渤熊线开关由冷备用转检修，操作自行负责。

（26）地区调度：上报省调以及有关部门和领导，安排 220kV 渤熊线抢修处理。

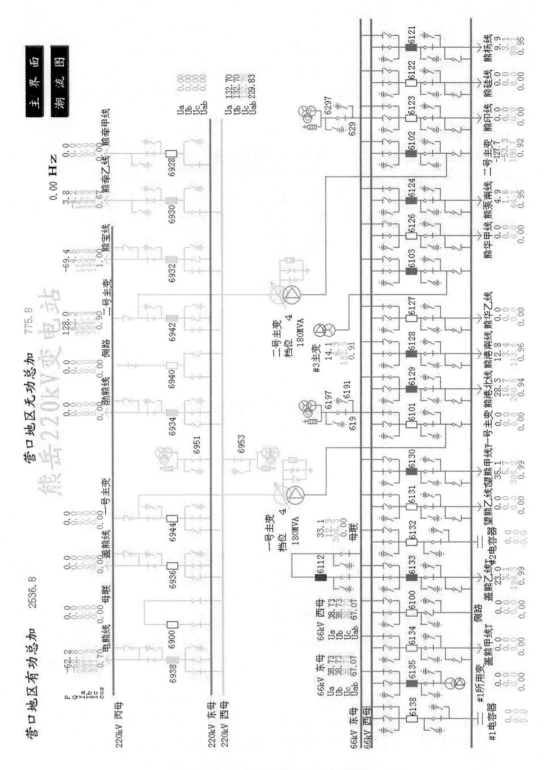

图 7-2-4　熊岳变 220kV 渤熊线故障图

五、熊岳变66kV熊华甲线永久故障

【事故现象】（参见图7-2-5）

熊岳变：66kV熊华甲线过流一段保护动作。66kV熊华甲线开关跳闸。

熊二变：10kV母联备自投动作，切#2主变二次开关，合上10kV母联开关，10kV二段母线送电。

【处理步骤】

（1）令熊岳变：合上66kV熊华甲线开关送电，66kV熊华甲线一段过流保护动作，66kV熊华甲线开关跳闸。

（2）令熊二变：停用10kV母联备自投，监视#2主变负荷变化。

（3）令熊二变：将66kV消弧线圈改#2主变中性点运行操作自行负责。

（4）令熊岳变：将熊华乙线开关由东母线改西母线运行操作自行负责。（西母线恢复有消弧线圈方式）

（5）令风电厂：将#2主变停电，合上66kV母联开关二段母线送电。二母线所带风电机组检同期并网。

（6）令熊泵变：拉开熊华甲线开关，合上66kV母联开关送电。

（7）令熊岳变、熊二变、熊泵变、九垄地、风电场、能源化工、归州各变电站拉开入口开关和刀闸，布置熊华甲线安全措施。

（8）地区调度：上报有关部门和领导，安排66kV熊华甲线巡线抢修处理。

六、熊岳变66kV盖熊乙线保护拒动，线路相间故障

【事故现象】（参见图7-2-6）

熊岳变：66kV#2主变二次过流保护动作。66kV#2主变二次开关跳闸。低电压保护动作。跳开#2电容器开关。

红海变：10kV母联备自投动作，切#2主变二次开关，合上10kV母联开关，10kV二段母线送电。

红旗变：10kV母联备自投动作，切#2主变二次开关，合上10kV母联开关，10kV二段母线送电。

#1主变过负荷。

留屯变：10kV母联备自投动作，切#2主变二次开关，合上10kV母联开关，10kV二段母线送电。

神井变：10kV母联备自投动作，切#2主变二次开关，合上10kV母联开关，10kV二段母线送电。

熊二变：10kV母联备自投动作，切#1主变二次开关，合上10kV母联开关，10kV一段母线送电。

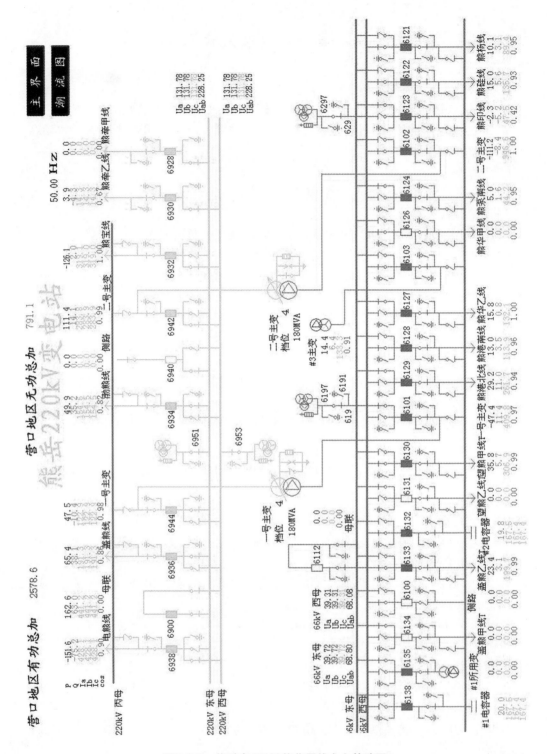

图 7-2-5 熊岳变 66kV 熊华甲线永久故障图

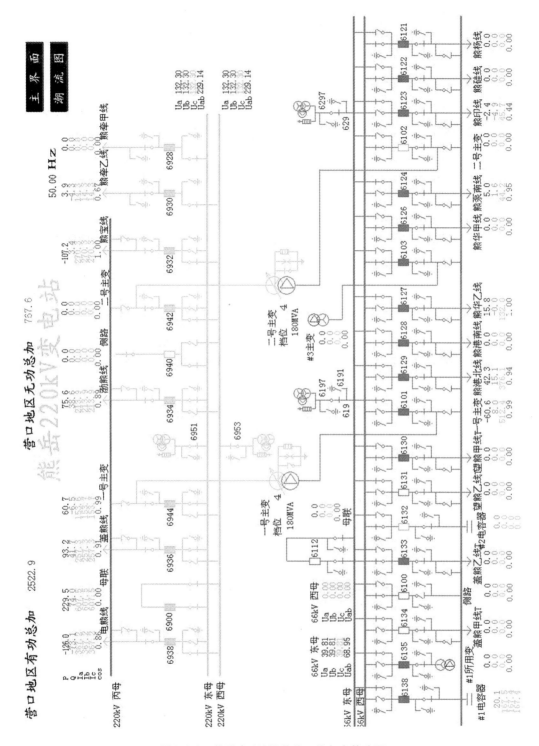

图 7-2-6　熊岳变 66kV 盖熊乙线复合故障图

小河沿：10kV 母联备自投动作，切 #1 主变二次开关，合上 10kV 母联开关，10kV 一段母线送电。

#2 主变过负荷。

【处理步骤】

（1）令熊岳变：无电压下拉开 66kV 西母线 66kV 盖熊乙线、望熊甲线、熊港南线、熊杨线、熊华甲线、熊硅线各开关。

（2）令　配调：限制小河沿 10kV 母线负荷使其满足#2 主变额定容量。

限制红旗变 10kV 母线负荷使其满足#1 主变额定容量。

（3）令熊岳变：检查#2 主变外观无问题，合上 220kV#2 主变二次开关 66kV 西母线送电良好。

（4）令熊岳变：合上盖熊乙线开关送电，66kV#2 主变二次过流保护动作。66kV#2 主变二次开关再次跳闸。（初步判定盖熊乙线保护拒动所致）

（5）令熊岳变：拉开盖熊乙线开关，合上 220kV#2 主变二次开关 66kV 西母线送电良好。

（6）令熊岳变：分别合上 66kV 西母线盖熊乙线、望熊甲线、熊港南线、熊杨线、熊华甲线、熊硅线各开关送电良好。

（7）令熊岳变：用 66kV 侧路带盖熊乙线开关，合上 66kV 侧路开关 66kV 盖熊乙线送电良好。

（8）令红海变、红旗变、留屯变、神井变、熊二变、小河沿恢复正常方式受电。

（9）地区调度：上报有关部门和领导，安排 66kV 盖熊乙线保护抢修和线路带电巡线处理。

七、熊岳变 66kV 盖熊乙线 A 相接地

【事故现象】（参见图 7-2-7）

（1）熊岳变：66kV 西母线 A 相 100% 接地。

$$U_a = 0kV \quad U_b = 66kV \quad U_c = 66kV \quad U_{线} = 66kV$$

（2）熊岳变：66kV 西母线所带各二次变：66kV 系统 A 相 100% 接地。

$$U_a = 0kV \quad U_b = 66kV \quad U_c = 66kV \quad U_{线} = 66kV$$

（3）小河沿变：66kV#1 主变一次侧：66kV 系统 A 相 100% 接地。

$$U_a = 0kV \quad U_b = 66kV \quad U_c = 66kV \quad U_{线} = 66kV$$

（4）红旗变：66kV#2 主变一次侧：66kV 系统 A 相 100% 接地。

$$U_a = 0kV \quad U_b = 66kV \quad U_c = 66kV \quad U_{线} = 66kV$$

（5）红海变：66kV#2 主变一次侧：66kV 系统 A 相 100% 接地。

$$U_a = 0kV \quad U_b = 66kV \quad U_c = 66kV \quad U_{线} = 66kV$$

（6）留屯变：66kV#2 主变一次侧：66kV 系统 A 相 100% 接地。

$$U_a = 0kV \quad U_b = 66kV \quad U_c = 66kV \quad U_{线} = 66kV$$

【处理步骤】

（1）进行 66kV 西母线接地选择。

判断 66kV 熊杨线：直配线停选。

令熊岳变：拉开 66kV 熊杨线开关停电，不是，恢复正常。

（2）判断 66kV 熊华甲线：倒选。

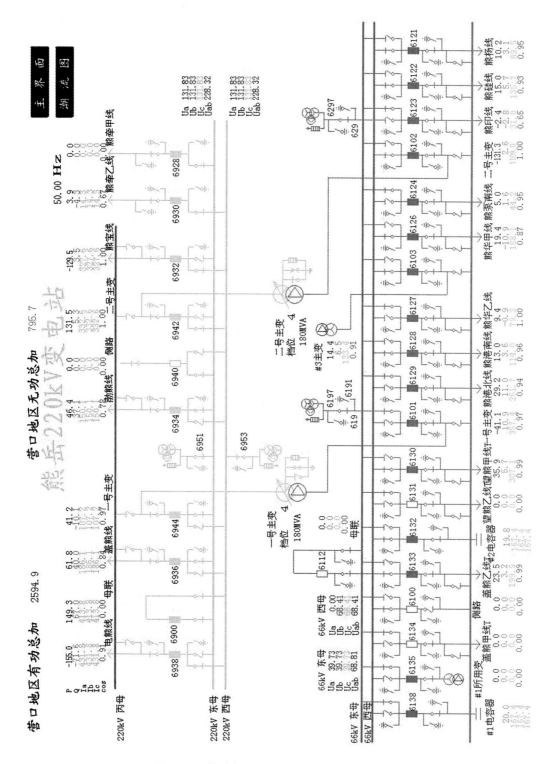

图 7-2-7　熊岳变 66kV 盖熊乙线 A 相接地故障图

① 令熊岳变：停用 66kV 母联备自投装置，合上 66kV 母联开关，环并。

② 令熊二变：合上 10kV 母联开关环并。拉开 66kV #1 主变二、一次开关，环解。

③ 令风电场变：合上 10kV 母联开关，环并。

④ 令风电场变：拉开 66kV #2 主变二、一次开关，环解。

⑤ 令熊泵变：合上内桥开关，环并。

⑥ 令熊泵变：拉开 66kV 熊华甲线开关，环解。

⑦ 令熊岳变：拉开 66kV 熊华甲线开关停电，不是，恢复正常。

（3）判断 66kV 熊港南线：按照直配线（熊港北线接地已停电）停选。

令熊岳变：拉开 66kV 熊港南线开关停电，不是，恢复正常。

（4）判断 66kV 望熊甲线：倒选。

方法一：66kV 望熊甲线按照直配线考虑。

① 令熊岳变：拉开 66kV 望熊甲线开关停电，不是，恢复正常。

② 令红旗变：10kV 母联备自投动作成功，切 66kV #2 主变二次开关，环解，合上 10kV 母联开关受电。

③ 令红旗变：停用 10kV 母联备自投，拉开 66kV #2 主变一次开关停电。

④ 令小河沿变：10kV 母联备自投动作成功，切 66kV #1 主变二次开关，环解，合上 10kV 母联开关受电。

⑤ 令小河沿变：停用 10kV 母联备自投，拉开 66kV #1 主变一次开关停电。

方法二：将望熊甲线改受望海变电源后，再判断。

方法三：通过望熊乙线环并，将红旗变、小河沿变改受望海电源后，再停选。

（5）判断 66kV 熊硅线：直配线停选（设置为接地线路）。

① 调　　度：联系硅石矿做好停电准备，进行接地选择。

② 令熊岳变：拉开 66kV 熊硅线开关停电，不是，恢复正常方式受电。

（6）判断 66kV 盖熊乙线：倒选。

方法一：66kV 盖熊乙线按照直配线考虑。

① 令熊岳变：拉开 66kV 盖熊乙线开关停电，是它，合上 66kV 盖熊乙线开关试送一次，确认即停。

② 令红海变：10kV 母联备自投动作成功，切 66kV #2 主变二次开关，环解，合上 10kV 母联开关受电。

③ 令红海变：停用 10kV 母联备自投，拉开 66kV #2 主变一次开关，停电。

④ 令留屯变：10kV 母联备自投动作成功，切 66kV #2 主变二次开关，环解，合上 10kV 母联开关受电。

⑤ 令留屯变：停用 10kV 母联备自投，拉开 66kV #2 主变一次开关，停电。

⑥ 令熊岳变：拉开 66kV 母联开关，环解，启用 66kV 母联备自投装置。

方法二：通过盖熊甲线环并，将红海变、留屯变改受盖州电源后，再停选。

（7）布置 66kV 盖熊乙线安全措施。

① 令红海变：拉开 66kV #2 主变一、二次各刀闸甲、乙。

② 令留屯变：拉开 66kV #2 主变一、二次各刀闸甲、乙。

③ 令芦屯变：拉开 66kV 主变一、二次各开关和刀闸甲、乙。

④ 庆发特钢：拉开入口开关和刀闸甲、乙。

⑤ 令熊岳变：拉开 66kV 盖熊乙线各刀闸甲、西。

⑥ 令红海变、留屯变、芦屯变、庆发特钢、熊岳变：在 66kV 熊硅线线路侧各挂地线一组。

（8）安排 66kV 盖熊乙线查线处理。

八、熊岳变66kV 盖熊乙线 A 相接地选择过程中，消弧线圈温度接近允许值

【事故现象】（参见图 7-2-7）

（1）熊岳变：66kV 西母线 A 相 100% 接地。
$$U_a = 0kV \quad U_b = 66kV \quad U_c = 66kV \quad U_{线} = 66kV$$

（2）熊岳变：66kV 西母线所带各二次变：66kV 系统 A 相 100% 接地。
$$U_a = 0kV \quad U_b = 66kV \quad U_c = 66kV \quad U_{线} = 66kV$$

（3）小河沿：66kV#1 主变一次侧：66kV 系统 A 相 100% 接地。
$$U_a = 0kV \quad U_b = 66kV \quad U_c = 66kV \quad U_{线} = 66kV$$

（4）红旗变：66kV#2 主变一次侧：66kV 系统 A 相 100% 接地。
$$U_a = 0kV \quad U_b = 66kV \quad U_c = 66kV \quad U_{线} = 66kV$$

（5）留屯变：66kV#2 主变一次侧：66kV 系统 A 相 100% 接地。
$$U_a = 0kV \quad U_b = 66kV \quad U_c = 66kV \quad U_{线} = 66kV$$

（6）红海变：66kV#2 主变一次侧：66kV 系统 A 相 100% 接地。
$$U_a = 0kV \quad U_b = 66kV \quad U_c = 66kV \quad U_{线} = 66kV$$

汇报消弧线圈温度已经达到允许值，不能坚持运行。

【处理步骤】 66kV 东、西母线经母联开关开路分列运行；母联备自投启用中，

方法一：可以利用 66kV 东母线的消弧线圈。

（1）令神井变：将消弧线圈分接头调至可以补偿红海变变消弧线圈的补偿度。

（2）令熊岳变：停用 66kV 母联备自投装置，合上 66kV 母联开关，环并。

（3）令红海变：停用 10kV 母联备自投装置。

（4）令红海变：合上 10kV 母联开关，环并。

（5）令红海变：拉开 66kV#2 主变二次开关，环解。

（6）令红海变：拉开 66kV#2 主变一次开关，停电。

（7）令红海变：拉开 66kV 消弧线圈刀闸，停电。

（8）令红海变：合上 66kV#2 主变一次开关，送电。

（9）令红海变：合上 66kV#2 主变二次开关，环并。

（10）令红海变：拉开合上 10kV 母联开关，环解。

（11）令红海变：启用 10kV 母联备自投装置。

（12）令红海变：将 66kV 消弧线圈由停电转检修，操作自行负责。

（13）地区调度：上报有关部门和领导，安排 66kV 消弧线圈抢修处理。

方法二：可以利用熊二变 66kV 消弧线圈补偿 66kV 西母线系统（欠补偿）。

九、熊岳变多重故障

熊岳变#2 主变油温异常升高，在考虑倒负荷时，#2 主变重瓦斯动作，跳开两侧开关，

同时熊港北线线路故障，但开关拒动，220kV#1 主变二次开关跳闸，66kV I、II 母全停。

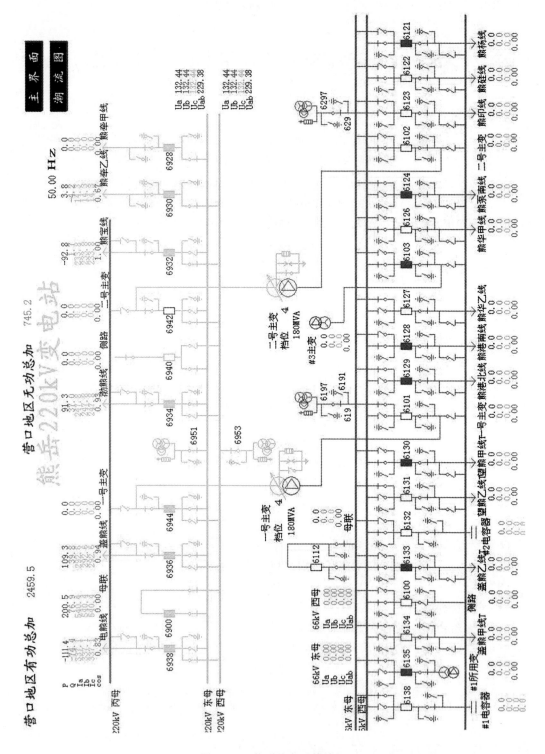

图 7-2-8　熊岳线多重故障图

【事故现象】（参见图 7-2-8）

熊岳变：220kV#2 主变瓦斯保护动作，切开#2 主变一、二次开关。66kV 母联备自投动作，联切 66kV 熊印线、熊硅线、熊华甲、乙线各开关停电中，合上母联开关 66kV 西母线受电。

熊二变：10kV 母联备自投动作，切#1 主变二次开关，合上 10kV 母联开关，10kV 一段母线送电。

熊岳变：66kV 熊港北线一段过流保护动作，220kV #1 主变二次低压侧过流保护动作，切 220kV#1 主变二次开关。66kV 母联开关，66kV 东、西母线全停电中。

红海变：10kV 母联备自投动作，切#2 主变二次开关，合上 10kV 母联开关，10kV 二段母线送电。

红旗变：10kV 母联备自投动作，切#2 主变二次开关，合上 10kV 母联开关，10kV 二段母线送电。

#1 主变过负荷。

留屯变：10kV 母联备自投动作，切#2 主变二次开关，合上 10kV 母联开关，10kV 二段母线送电。

小河沿：10kV 母联备自投动作，切#1 主变二次开关，合上 10kV 母联开关，10kV 一段母线送电。

#2 主变过负荷。

【处理步骤】

（1）令望海变：合上 66kV 望熊甲线开关，熊岳变 66kV 西母线送电带负荷。

（2）令熊岳变：拉开熊港北线线路侧和母线侧刀闸（隔离故障点）。

（3）令熊岳变：合上#1 主变二次开关 66kV 东母线送电。

（4）令熊岳变：合上 66kV 母联开关 66kV 西母线送电。停用 66kV 母联备自投装置。

（5）令望海变：拉开 66kV 望熊甲线开关，环解。

（6）令熊岳变：监视 220kV#1 主变负荷情况。

（7）熊印电站：确认 66kV 熊硅线、熊印线入口开关均在开位，站内机组停机中。

（8）令熊岳变：合上 66kV 熊印线开关，送电良好。

（9）令熊印电站：合上 66kV 熊印线开关受电，自行检同期机组并列，尽力满发电。

（10）令熊岳变：合上 66kV 熊硅线开关，送电良好。

（11）令风电厂：联系 66kV 熊华甲、乙线送电，无问题。

（12）令熊岳变：合上 66kV 熊华甲、乙线开关，送电良好。

（13）令风电厂：将风电机组检同期并网，自行负责。

（14）令熊二变：恢复正常方式受电，自行负责（10kV 母联备自投启用中）

（15）令红海变、红旗变、留屯变、小河沿恢复正常方式受电。

（16）令熊岳变：将 220kV#2 主变由热备用转检修，操作自行负责。

（17）令熊岳变：用 66kV 侧路带熊港北线开关对线路送电，良好。

（18）地区调度：上报有关部门和领导，安排 220kV#2 主变抢修处理。安排 66kV 熊港北线线路带电巡线发现问题联系处理和开关抢修处理。

第三节 配电网典型事故处理分析

【培训目标】本节介绍了熊岳220kV变电站八个典型异常和事故案例，通过对电网异常和事故的现象、分析、判断和处理，掌握电网异常和事故的处理原则和方法。

一、跃进66kV变电站全停电事故

【事故题目】

天气情况：大风，雨加雪，导线覆冰。

跃进变电站：66kV主母线永久故障；66kV母差保护动作，跳开66kV母线各回路开关；跃进变电站66kV母线全停。

【系统运行方式概况】

（1）66kV系统运行方式。

66kV两回进线锦跃一线、锦跃二线由锦州一次变配出。66kV #1、#2主变分列运行，10kV母联备自投投入，#1主变中性点经消弧线圈接地。

（2）10kV系统运行方式。

10kV配出线13回，10kV Ⅰ、Ⅱ段母线分列运行，10kV西跃线为跃进变与西郊变之间的联络线，开路点在西郊变的西跃线一侧。

（3）重要用户。

10kV跃白线，保安电力3000 kW；

10kV跃矿线，保安电力1500 kW。

【事故现象】（参见图7-3-1）

66kV锦跃一、二线开关跳闸；#1、#2主变一次主开关跳闸；10kV #1、#2电容器开关跳闸。

【处理步骤】

（1）见跃进66kV变电站全停，本站设备故障，不是越级造成的，立即报地调确认#1、#2主二次确已拉开，拉开10kV跃北线、农业线、乙烯线、东光线、跃福线、和平线、上海线、重庆线、铁一线、电子线、跃矿线各开关（因西跃线的承载能力不够，就拉开跃矿线开关，只带跃白线的负荷）。合上10kV母联开关，令西郊站合上西跃线开关，送出跃白线负荷，注意监视负荷变化。若西郊站10kV西跃线无电，跃进变电站恢复原方式等待受电。

（2）将10kV其余线路进行倒负荷操作，具体步骤如下：

①跃矿线：将负荷倒至中心站中延线运行。

供电分公司：合上跃矿线#17左8刀闸及开关，送电。

②铁一线：将负荷倒至北郊站北水线运行。

供电分公司：合上铁一线#43右20刀闸及开关，送电。

③乙烯线：将负荷倒至北郊站北水线运行。

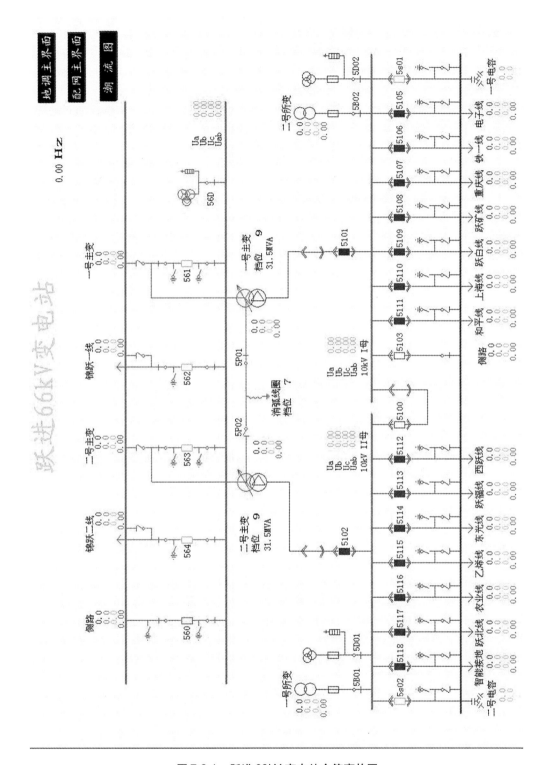

图 7-3-1　跃进 66kV 变电站全停事故图

供电分公司：合上乙烯线#49 刀闸及开关，送电。

④跃北线：将负荷倒至北郊站北铁线运行。

供电分公司：合上跃北线#42 刀闸及开关，送电。

合上北铁线#29 左 7 刀闸及开关，送电。

⑤电子线：将负荷倒至北郊站北铁线运行。

供电分公司：合上电子线#33 刀闸及开关，送电。

⑥重庆线：将负荷倒至北郊站北和线运行。

供电分公司：合上重庆线#44 左 2 刀闸及开关，送电。

⑦和平线：将负荷倒至中心站中和线运行。

供电分公司：合上和平线#45 刀闸及开关，送电。

⑧上海线：将负荷倒至中心站中上线运行。

供电分公司：合上上海线#39 刀闸及开关，送电。

⑨农业线、东光线、跃福线负荷不能由其他所转代，停电。

⑩在此期间，注意监视中心站#1 主变和中上线、中和线、中延线以及北郊站#1、#2 主变和北水线、北铁线负荷。

【恢复操作】

（1）跃进站 66kV 系统来电，请示地调跃进站与西郊站 66kV 系统环网后（合上锦州变柳锦乙线 2610 开关环并），合上跃进站#1、#2 主二次开关，拉开跃进站 10kV 母联开关，拉开西郊站西跃线开关，由#1 主变带出跃白线和跃矿线负荷，由#2 主变带出西跃线负荷。

（2）合上农业线、东光线、跃福线各开关，送电。

（3）乙烯线：将负荷倒至跃进站本线运行。

铁一线：将负荷倒至跃进站本线运行。

重庆线：将负荷倒至跃进站本线运行。

① 地调：联系北郊站二段母线具备向跃进站倒负荷条件。

② 跃进站：合上乙烯线开关，环并。

③ 监控中心：检查潮流分布正确，并监视负荷变化。

④ 供电分公司：拉开乙烯线#49 开关及刀闸，环解。

⑤ 跃进站：合上铁一线开关，环并。

⑥ 监控中心：检查潮流分布正确。

⑦ 供电分公司：拉开铁一线#43 右 20 开关及刀闸，环解。

⑧ 跃进站：合上重庆线开关，环并。

⑨ 监控中心：检查潮流分布正确。

⑩ 供电分公司：拉开重庆线#44 右 7 开关及刀闸，环解。

⑪ 地调：汇报北郊站二段母线向跃进站倒负荷完毕。

（4）拉开锦州变柳锦乙线 2610 开关环解，合上锦州变柳锦甲线 2609 开关环并。

（5）电子线：将负荷倒至跃进站本线运行。

跃北线：将负荷倒至跃进站本线运行。

① 地调：联系北郊站一段母线具备向跃进站倒负荷条件。

② 跃进站：合上电子线开关，环并。

③ 监控中心：检查潮流分布正确。

④ 供电分公司：拉开电子线#33 开关及刀闸，环解。

⑤ 跃进站：合上跃北线开关，环并。

⑥ 监控中心：检查潮流分布正确。

⑦ 供电分公司：拉开跃北线#42 开关及刀闸，环解。

⑧ 地调：汇报北郊站一段母线向跃进站倒负荷完毕。

（6）拉开锦州变柳锦甲线 2609 开关，环解。

（7）和平线：将负荷倒至跃进站本线运行。

上海线：将负荷倒至跃进站本线运行。

跃矿线：将负荷倒至跃进站本线运行。

① 供电分公司：拉开和平线#45 开关及刀闸。

② 跃进站：合上和平线开关，送电。

③ 供电分公司：拉开上海线#39 开关及刀闸。

④ 跃进站：合上上海线开关，送电。

⑤ 联系用户，供电分公司：拉开跃矿线#17 左 8 开关及刀闸。

⑥ 跃进站：合上跃矿线开关，送电。

（8）合上跃进站#1、#2 电容器开关。

▶▶▶▶ 二、跃进 66kV 变电站 10kV 上海线故障，线路开关拒动事故

【事故题目】

天气情况：大风，雨加雪，导线覆冰。

跃进变电站：10kV 上海线永久（或瞬时）故障，5110 开关拒动，#1 主变过流保护动作，跳开#1 主变低压侧开关；跃进变电站 10kV Ⅰ 段母线全停。

【系统运行方式概况】

（1）66kV 系统运行方式

66kV 两回进线锦跃一线、锦跃二线由锦州一次变配出。66kV #1、#2 主变分列运行，10kV 母联备自投投入，#1 主变中性点经消弧线圈接地（#1、#2 主变二次重合闸停用）。

（2）10kV 系统运行方式

10kV 配出线 13 回，10kV Ⅰ、Ⅱ 段母线分列运行，10kV 西跃线为跃进变与西郊变之间的联络线，开路点在西郊变的西跃线一侧。

（3）重要用户

10kV 跃白线，保安电力 3000 kW；

10kV 跃矿线，保安电力 1500 kW。

【事故现象】

#1 主变低压侧开关跳闸；10kV 上海线开关拒跳在合位；#1 电容器开关跳闸。10kV Ⅰ 母线电压为 0。

【处理步骤】

（1）检查所内设备，发现上海线开关拒动造成的#1 主变低压侧开关跳闸。

（2）手跳上海线开关，未跳开。

（3）拉开和平线、跃白线、跃矿线、重庆线、铁一线、电子线各开关。

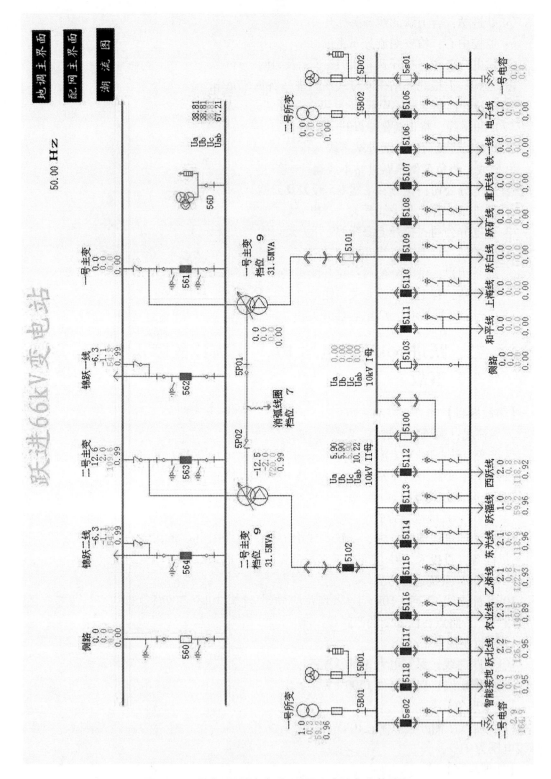

图 7-3-2　跃进 66kV 变电站 10kV 上海线复合故障图

（4）试送#1 主变二次主开关，再次跳闸。

（5）将跃进站 10kV 一段母线所带线路进行倒负荷操作，具体步骤如下：

① 跃白线：将负荷倒至中心站中跃线运行。

供电分公司：合上跃白线#39 刀闸及开关，送电。

② 跃矿线：将负荷倒至中心站中延线运行。

供电分公司：合上跃矿线#17 左 8 刀闸及开关，送电。

③ 和平线：将负荷倒至中心站中和线运行。

供电分公司：合上和平线#45 刀闸及开关，送电。

④ 重庆线：将负荷倒至北郊站北和线运行。

供电分公司：合上重庆线#44 左 2 刀闸及开关，送电。

⑤ 铁一线：将负荷倒至跃进站北水线运行。

供电分公司：合上铁一线#43 右 20 刀闸及开关，送电。

⑥ 电子线：将负荷倒至跃进站跃北线运行。

供电分公司：合上电子线#33 刀闸及开关，送电。

⑦ 上海线：确认线路无问题后，将负荷倒至中心站中上线运行。

供电分公司：拉开上海线#1 刀闸。

供电分公司：合上上海线#39 刀闸及开关，送电。

（6）变电站自己请示地调将跃进站 10kV 一段母线停电，做好安全措施，县调下令在上海线线路侧装设一组接地线，处理上海线机构故障。

（7）注意监视中心站#1 主变负荷。

【恢复操作】

（1）确认上海线开关机构故障处理完毕，所内的安全措施已拆除，上海线线路侧地线已拆除，所内作业全部结束，人员全部撤离工作地点，送电无问题。

（2）变电站联系地调合上#1 主变低压侧刀闸、开关及 10kV 母联刀闸，10kV 一段母线带电。

（3）一段母线所带线路恢复原方式运行，具体步骤如下：

上海线、和平线、跃白线、跃矿线：

① 供电分公司：合上上海线#1 刀闸。

② 供电分公司：拉开上海线#39 开关及刀闸，停电。

③ 跃进站：合上上海线开关，送电。

④ 供电分公司：拉开和平线#45 开关及刀闸，停电。

⑤ 跃进站：合上和平线刀闸及开关，送电。

⑥ 供电分公司：拉开跃白线#39 开关及刀闸，停电。

⑦ 跃进站：合上跃白线刀闸及开关，送电。

⑧ 供电分公司：拉开跃矿线#17 左 8 开关及刀闸，停电。

⑨ 跃进站：合上跃矿线刀闸及开关，送电。

重庆线、铁一线：

① 地调：联系北郊站二段母线具备向跃进站倒负荷条件。

② 合上锦州变柳锦乙线 2610 开关环并。

③ 跃进站：合上重庆线刀闸及开关，环并。

④ 监控中心：检查潮流分布正确。

⑤ 供电分公司：拉开重庆线#44 左 2 开关及刀闸，环解。

⑥ 跃进站：合上铁一线刀闸及开关，环并。

⑦ 监控中心：检查潮流分布正确。

⑧ 供电分公司：拉开铁一线#43 右 20 开关及刀闸，环解。

⑨ 地调：汇报北郊站二段母线向跃进站倒负荷完毕。

⑩ 拉开锦州变柳锦乙线 2610 开关环解。

电子线：

① 跃进站：合上电子线刀闸及开关，环并。

② 监控中心：检查潮流分布正确。

③ 供电分公司：拉开电子线#33 开关及刀闸，环解。

（4）合上#1 电容器开关。

▶▶▶▶ 三、跃进 66kV 变电站 10kV 系统接地事故

【事故题目】

天气情况：大雾，能见度 10m，空气湿度很大。

跃进变电站：10kV 跃白线、跃矿线 A 相导线同时断线（故障点见图 7-3-1），10kV 系统 A 相 100% 接地。

【系统运行方式概况】

（1）66kV 系统运行方式

66kV 两回进线锦跃一线、锦跃二线由锦州一次变配出。66kV #1、#2 主变分列运行，10kV 母联备自投投入，#1 主变中性点经消弧线圈接地。

（2）10kV 系统运行方式

10kV 配出线 13 回，10kV Ⅰ、Ⅱ 段母线分列运行，10kV 西跃线为跃进变与西郊变之间的联络线，开路点在西跃线的西郊变一侧。

（3）重要用户

10kV 跃白线，保安电力   3000kW；

10kV 跃矿线，保安电力   1500kW。

【事故现象】

10kV Ⅰ 母线 A 相 100% 接地。

$$U_a = 0kV \quad U_b = 10.2kV \quad U_c = 10.3kV \quad U_线 = 10.3kV$$

【处理步骤】

（1）拉开#1 电容器开关。

（2）检查所内设备无问题。

（3）拉开电子线开关，接地未消失，当即合上。

（4）拉开上海线开关，接地未消失，当即合上。

（5）拉开重庆线开关，接地未消失，当即合上。

（6）拉开铁一线开关，接地未消失，当即合上。

（7）拉开和平线开关，接地未消失，当即合上。

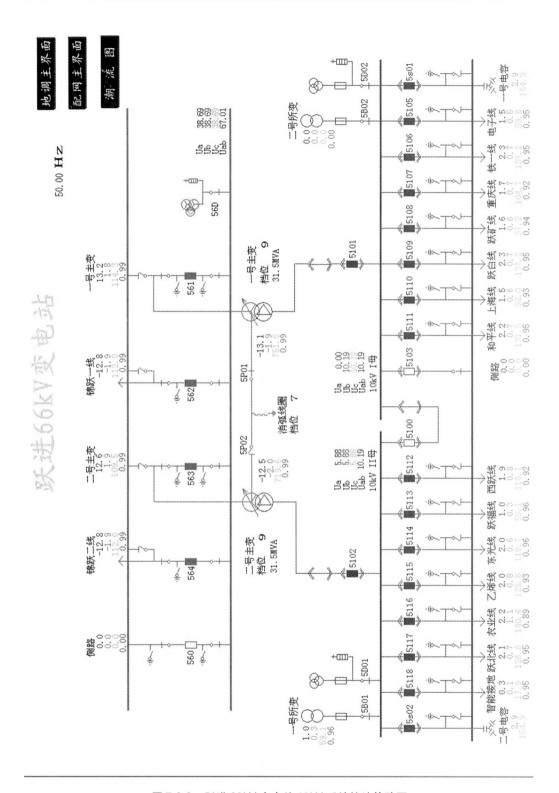

图 7-3-3　跃进 66kV 变电站 10kV 系统接地故障图

（8）拉开跃白线开关，接地未消失，当即合上。

（9）拉开跃矿线开关，接地未消失，当即合上。

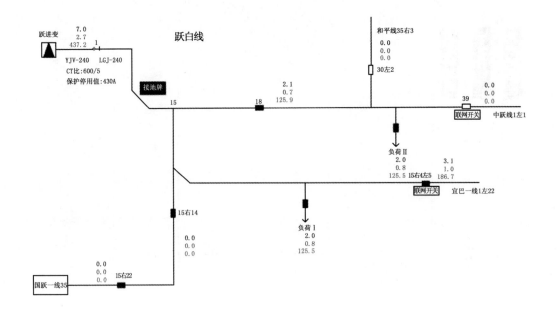

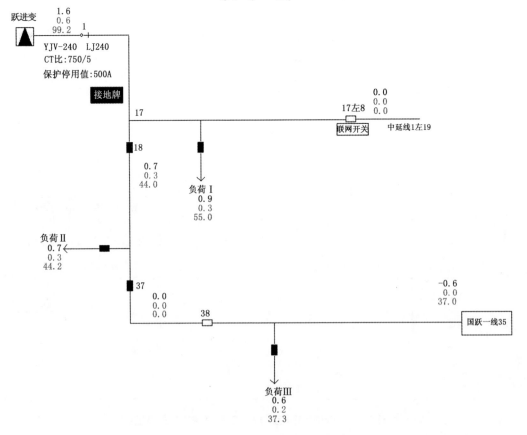

图 7-3-4　10kV 跃白线、跃矿线条图

（10）按接地选择顺位选择后没有选出，拉开一段母线所带的和平线，上海线、跃白线、跃矿线、重庆线、铁一线、电子线各开关，接地消失。

（11）合上和平线开关，没有接地。

（12）合上上海线开关，没有接地。

（13）合上跃白线开关，系统接地，拉开跃白线开关。

（14）合上跃矿线开关，系统接地，拉开跃矿线开关。

（15）合上重庆线开关，没有接地。

（16）合上铁一线开关，没有接地。

（17）合上电子线开关，没有接地。

（18）确认跃白线和跃矿线同时发生同相接地，合上跃白线和跃矿线开关，系统接地。

（19）通知供电分公司对跃白线和跃矿线进行事故巡线查找故障点。

（20）报跃白线#1—15 间、跃矿线#1—17 间有接地，需停电处理，步骤如下：

（巡出故障点后，首先切除故障点再停电处理。尽量避免带接地点与其他线路环网转移负荷）

① 供电分公司：拉开跃白线#18 开关及刀闸，停电。

② 供电分公司：合上跃白线#30 左 2 刀闸及开关，送电。

③ 供电分公司：拉开跃白线#15 右 4 左 5 开关及刀闸，停电。

④ 供电分公司：合上宜昌一线线#0 刀闸及开关，送电。

⑤ 供电分公司：拉开跃白线#15 右 4 开关及刀闸，停电。

⑥ 供电分公司：合上园跃一线#35 刀闸及开关，送电。

⑦ 供电分公司：拉开跃矿线#18 刀闸及开关。

⑧ 供电分公司：合上跃矿线#38 开关及刀闸，送电。

⑨ 跃进站：拉开跃白线、跃矿线开关，停电。

⑩ 跃进站：将跃白线、跃矿线小车开关拉至检修位置。

⑪ 跃进站：在跃白线、跃矿线线路侧装设接地线。

⑫ 供电分公司：处理故障时，现场安措自负。

【恢复操作】

（1）供电分公司：跃白线、跃矿线故障处理完毕，安全措施已全部拆除，人员已经全部撤离工作地点，送电无问题。

（2）跃进站：拆除跃白线、跃矿线线路侧接地线。

（3）跃进站：将跃白线、跃矿线小车开关推至工作位置。

（4）跃进站：合上跃白线、跃矿线开关，送电（处理故障完毕后应进行线路负荷环倒，而不应给用户停电倒负荷）。

（5）供电分公司：合上跃矿线#18 刀闸及开关，环并。

（6）供电分公司：拉开跃矿线#38 开关及刀闸，环解。

（7）供电分公司：合上跃白线#18 刀闸及开关，环并。

（8）供电分公司：拉开跃白线#30 左 2 开关及刀闸，环解。

（9）供电分公司：合上跃白线#15 右 4 左 5 刀闸及开关，环并。

（10）供电分公司：拉开宜昌一线线#0 开关及刀闸，环解。

（11）供电分公司：合上跃白线#15 右 4 刀闸及开关，环并。

（12）供电分公司：拉开园跃一线#35 开关及刀闸，环解。

（13）监控中心：环网时检查潮流分布正确。

（14）视 10kV 电压情况判断是否合上电容器开关。

四、10kV 线路故障事故

图 7-3-2 中 10kV 上海线开关跳闸重合不良时：

（1）当巡线发现故障点在#106 处时，应将 10kV 上海线#103 开关断开，切除故障点，合上 10kV 上海#64 柱上开关，将 10kV 上海线#103 – #64 间负荷由 10kV 中上线供电（也可以视负荷情况合上 10kV 上海线#91 左 1 柱上开关将 10kV 上海线#103—#64 间负荷由 10kV 石英线供电）。供电局故障处理完毕后，合上白梨变 10kV 上海线开关，再合上 10kV 上海线#103 开关环网（考虑 66kV 系统是否同期），最后断开 10kV 上海#64 柱上开关环解，10kV 上海线恢复正常方式供电。

（2）当巡线发现故障点在#95 处时，将 10kV 上海线#103 及#83 开关断开，切除故障点，再合上白梨变 10kV 上海线开关送出出口—#103 间负荷，合上 10kV 上海线#64 开关带出#64—#83 间负荷。

（3）当故障点在#82 处，将 10kV 上海线#83 开关断开，切除故障点后合上白梨变 10kV 上海线开关送电。

（4）当故障发生在所内时，将 10kV 上海线#124 开关断开后，合上 10kV 上海线#64 开关由 10kV 中上线将 10kV 上海线负荷全部带出。

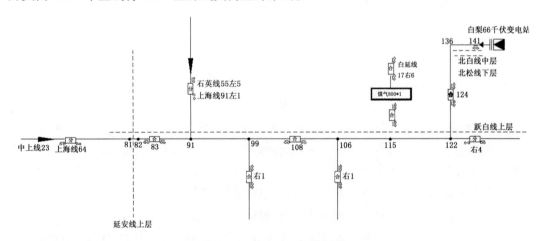

图 7-3-5　10kV 上海线条图

附录1　调度术语

1 调度管理

1.1 调度管辖范围：指调控机构行使调度指挥权的发、输、变电系统，包括直调范围和许可范围。

1.2 调度同意：值班调度员对其下级调控机构值班调度员、相关调控机构值班监控员、厂站运行值人员及输变电设备运维人员提出的工作申请及要求等予以同意。

1.3 调度许可：下级调控机构在进行许可设备运行状态变更前征得本级值班调度员许可。

1.4 直接调度：值班调度员直接向下级调控机构值班调度员、值班监控员、厂站运行值班人员及输变电设备运维人员发布调度指令的调度方式。

1.5 间接调度：值班调度员通过下级调控机构值班调度员向其他运行人员转达调度指令的方式。

1.6 授权调度：根据电网运行需要将调管范围内指定设备授权下级调控机构直调，其调度安全责任主体为被授权调控机构。

1.7 越级调度：紧急情况下值班调度员越级下达调度指令给下级调控机构直调的运行值班单位人员的方式。

1.8 调度关系转移：经两调控机构协商一致，决定将一方直接调度的某些设备的调度指挥权，暂由另一方代替行使。转移期间，设备由接受调度关系转移的一方调度全权负责，直至转移关系结束。

2 调度

2.1 调度指令：值班调度员对其下级调控机构值班调度员、相关调控机构值班监控员、厂站运行值班人员及输变电设备运维人员发布有关运行和操作的指令。

2.1.1 口头令：由值班调度员口头下达（无须填写操作票）的调度指令。

2.1.2 操作令：值班调度员对直调设备进行操作，对下级调控机构值班调度员、相关调控机构值班监控员、厂站运行值班人员及输变电设备运维人员发布的有关操作的指令。

a）单项操作令：值班调度员向受令人发布的单一一项操作的指令。

b）逐项操作令：值班调度员向受令人发布的操作指令是具体的逐项操作步骤和内容，要求受令人按照指令的操作步骤和内容逐项进行操作。

c）综合操作令：值班调度员给受令人发布的不涉及其他厂站配合的综合操作任务的调度指令。其具体的逐项操作步骤和内容，以及安全措施，均由受令人自行按规程拟订。

2.2 发布指令：值班调度员正式向受令人发布调度指令。

2.3 接受指令：受令人正式接受值班调度员所发布的调度指令。

2.4 复诵指令：值班调度员发布调度指令时，受令人重复指令内容以确认的过程。

2.5 回复指令：受令人在执行完值班调度员发布的调度指令后，向值班调度员报告已经执行完调度指令的步骤、内容和时间等。

2.6 许可操作：在改变电气设备的状态和方式前，根据有关规定，由有关人员提出操作项目，值班调度员同意其操作。

2.7 配合操作申请：需要上级调控机构的值班调度员进行配合操作时，下级调控机构的值班调度员根据电网运行需要提出配合操作申请。

2.8 配合操作回复：上级调控机构的值班调度员同意下级调控机构的值班调度员提出的配合操作申请，操作完毕后，通知提出申请的值班调度员配合操作完成情况。

3 开关和刀闸

3.1 合上开关：使开关由分闸位置转为合闸位置。

3.2 拉开开关：使开关由合闸位置转为分闸位置。

3.3 合上刀闸：使刀闸由断开位置转为接通位置。

3.4 拉开刀闸：使刀闸由接通位置转为断开位置。

3.5 开关跳闸

3.5.1 开关跳闸：未经操作的开关三相同时由合闸转为分闸位置。

3.5.2 开关 X 相跳闸：未经操作的开关 X 相由合闸转为分闸位置。

3.6 开关非全相合闸：开关进行合闸操作时只合上一相或两相。

3.7 开关非全相跳闸：未经操作的开关一相或两相跳闸。

3.8 开关非全相运行：开关非全相跳闸或合闸，致使开关一相或两相合闸运行。

3.9 开关 X 相跳闸重合成功：开关 X 相跳闸后，又自动合上 X 相，未再跳闸。

3.10 开关 X 相跳闸，重合不成功：开关 X 相跳闸后，又自动合上 X 相，开关再自动跳开三相。

3.11 开关（X 相）跳闸，重合闸未动跳开三相（或非全相运行）：开关（X 相）跳闸后，重合闸装置虽已投入，但未动作，××保护动作跳开三相（或非全相运行）。

3.12 开关跳闸，三相重合成功：开关跳闸后，又自动合上三相，未再跳闸。

3.13 开关跳闸，三相重合不成功：开关跳闸后，又自动合上三相，开关再自动跳开。

4 继电保护装置

4.1 对分为投入和退出两种状态的保护

4.1.1 投入×设备×保护（×段）：×设备×保护（×段）投入运行。

4.1.2 退出×设备×保护（×段）：×设备×保护（×段）退出运行。

4.2 对分为跳闸、信号和停用三种状态的保护

4.2.1 将保护改投跳闸：将保护由停用或信号状态改为跳闸状态。

4.2.2 将保护改投信号：将保护由停用或跳闸状态改为信号状态。

4.2.3 将保护停用：将保护由跳闸或信号状态改为停用状态。

4.3 保护改跳：由于方式的需要，将设备的保护改为不跳本设备开关而跳其他开关。

4.4 联跳：某开关跳闸时，同时联锁跳其他开关。

4.5 ×设备×保护（×段）改定值：×设备×保护（×段）整定值（阻抗、电压、电流、时间等）由某一定值改为另一定值。

4.6 母差保护改为有选择方式：母差保护选择元件投入运行。

4.7 母差保护改为无选择方式：母差保护选择元件退出运行。

4.8 高频保护测试通道：高频保护按规定进行通道对试。

5 合环、解环

5.1 合环：电气操作中将线路、变压器或开关构成的网络闭合运行的操作。

5.2 同期合环：检测同期后合环。

5.3 解除同期闭锁合环：不经同期闭锁直接合环。

5.4 解环：电气操作中将线路、变压器或开关构成的闭合网络断开运行的操作。

6 并列、解列

6.1 核相：用仪表或其他手段对两电源或环路相位检测是否相同。

6.2 定相：新建、改建的线路、变电站在投运前分相依次送电核对三相标志与运行系统是否一致。

6.3 核对相序：用仪表或其他手段，核对两电源的相序是否相同。

6.4 相位正确：开关两侧 A、B、C 三相相位均对应相同。

6.5 并列：使两个单独运行电网并为一个电网运行。

6.6 解列：将一个电网分成两个电气相互独立的部分运行。

7 线　路

7.1 线路试送电：线路开关跳闸，经检查并处理后的送电。

7.2 线路试送成功：线路开关跳闸，经检查并处理后送电正常。

7.3 线路试送不成功：线路开关跳闸，经检查并处理后送电，开关再跳闸。

7.4 带电巡线：对带电或停电未采取安全措施的线路进行巡视。

7.5 停电巡线：在线路停电并挂好地线情况下巡线。

7.6 故障巡线：线路发生故障后，为查明故障原因的巡线。

7.7 特　巡：对在暴风雨、覆冰、雾、河流开冰、水灾、地震、山火、台风等自然灾害和保电、大负荷等特殊情况下的带电巡线。

8 主要设备状态及变更用语

8.1 检修：设备的所有开关，刀闸均断开，挂好保护接地线或合上接地刀闸（并在可能来电侧挂好工作牌，装好临时遮栏）。

8.1.1 开关检修：开关及两侧刀闸拉开，在开关两侧挂上接地线（或合上接地刀闸）。

8.1.2 线路检修：线路刀闸及线路高抗高压侧刀闸拉开，并在线路出线端合上接地刀闸（或挂好接地线）。

8.1.3 串补装置检修：旁路开关在合闸位置，刀闸断开，地刀合上。

8.1.4 主变检修：变压器各侧刀闸均拉开并合上接地刀闸（或挂上接地线）。

8.1.5 母线检修：母线侧所有开关及其两侧的刀闸均在分闸位置，合上母线接地刀闸（或挂接地线）。

8.1.6 高压电抗器检修：高抗各侧的刀闸拉开并合上电抗器接地刀闸（或挂接地线）。

8.2 设备备用

8.2.1 备用：泛指设备处于完好状态，所有安全措施全部拆除，地刀在断开位置，随时可以投入运行。

8.2.2 热备用：指设备（不包括带串补装置的线路和串补装置）开关断开，而刀闸仍在合上位置。此状态下如无特殊要求，设备保护均应在运行状态。带串补装置的线路，线路刀闸在合闸位置，其他状态同上。

如线路电抗器接有高抗抽能线圈，则在线路热备用状态下，抽能线圈低压侧断开。无单独开关的线路高抗、电压互感器（PT 或 CVT）等设备均无热备用状态串补装置热备用：旁路开关在合闸位置，串补两侧刀闸合上，地刀断开。

8.2.3 冷备用：指线路、母线等电气设备的开关断开，其两侧刀闸和相关接地刀闸处于断开位置。

a）开关冷备用：是指开关及两侧刀闸拉开。

b）线路冷备用：是指线路两侧刀闸拉开，有串补的线路串补装置应在热备用以下状态。

c）串补装置的冷备用：串补两侧刀闸在断开位置，地刀断开。

d）主变冷备用：是指变压器各侧刀闸均拉开。

e）母线冷备用：是指母线侧所有开关及其两侧的刀闸均在分闸位置。

f）高压电抗器冷备用：是指高抗各侧的刀闸拉开。

8.2.4 紧急备用：设备停止运行，刀闸断开，但设备具备运行条件（包括有较大缺陷可短期投入运行的设备）。

8.2.5 旋转备用：指运行正常的发电机组维持额定转速，随时可以并网，或已并网但仅带一部分负荷，随时可以加出力至额定容量的发电机组。

8.3 运行：指设备（不包括串补装置）的刀闸及开关都在合上的位置，将电源至受电端的电路接通。

串补装置运行：旁路开关在断开位置，串补两侧刀闸合上，地刀断开。

8.4 充电：设备带标称电压但不接带负荷。

8.5 送电：对设备充电并带负荷（指设备投入环状运行或带负荷）。

8.6 停电：拉开开关及刀闸使设备不带电。

8.7 X 次冲击合闸：合断开关 X 次，以额定电压给设备连续 X 次充电。

8.8 零起升压：给设备由零起逐步升高电压至预定值或直到额定电压，以确认设备无故障。

8.9 零起升流：电流由零逐步升高至预定值或直到额定电流。

9 母线

9.1 倒母线：线路、主变压器等设备从结在某一条母线运行改为结在另一条母线上运行。

9.2 母线轮停：将双母线的两组母线轮流停电。

10 用电

10.1 按指标用电：不超过分配的用电指标用电。

10.2 用电限电：通知用户按调度指令自行限制用电。

10.3 拉闸限电：拉开线路开关强行限制用户用电。

10.4 X 分钟限去超用负荷：通知用户或下级调控机构值班调度员按指定时间自行减去比用电指标高的那一部分用电负荷。

10.5 X 分钟按事故拉闸顺序切掉 X 万 kW：通知运行人员按事故拉闸顺序切掉 X 万 kW 负荷。

10.6 保安电力：保证人身和设备安全所需的最低限度的电力。

11 发电机组

11.1 发电机无（少）蒸汽运行：发电机并入电网，将主气门关闭（或通少量蒸汽）作调相运行。

11.2 发电改调相：发电机由发电状态改调相运行。

11.3 调相改发电：发电机由调相状态改发电运行。

11.4 发电机无励磁运行：运行中的发电机失去励磁后，从系统吸收无功异步运行。

11.5 维持全速：发电机组与电网解列后，维持额定转速，等待并列。

11.6 变压运行：发电机组降低汽压运行，以大幅度降低出力。

11.7 力率：发电机输出功率（出力）的功率因数 $\cos \varphi$。

11.8 进相运行：发电机或调相机定子电流相位超前其电压相位运行，发电机吸收系统无功。

11.9 定速：发电机已达到额定转速运行但未并列。

11.10 空载：发电机已并列，但未接带负荷。

11.11 甩负荷：带负荷运行的发电机所带负荷突然大幅度降至某一值。

11.12 发电机跳闸：带负荷运行的发电机主开关跳闸。

11.13 紧急降低出力：电网发生故障或出现异常时，将发电机出力紧急降低，但不解列。

11.14 可调出力：机组实际可能达到的最大剩余发电能力。

11.15 单机最低出力：根据机组运行条件核定的最小发电能力。

11.16 盘车：用电动机（或手动）带动汽轮发电机组转子慢转动。

11.17 惰走：汽（水）轮机或其他转动机械在停止汽源（水源）或电源后继续保持转动。

11.18 转车或冲转：指蒸汽进入汽轮机，转子开始转动。

11.19 低速暖机：汽轮机开车过程中的低速运行，使汽轮机的本体整个达到规定的均匀温度。

11.20 升速：汽轮机转速按规定逐渐升高。

11.21 滑参数起动：一机一炉单元并列情况下，使锅炉蒸汽参数以一定速度随汽轮机负荷上升而上升的起动方式。

11.22 滑参数停机：一机一炉单元并列情况下，使锅炉蒸汽参数以一定速度随汽轮机负荷下降而下降的停机方式。

11.23 锅炉升压：锅炉从点火至并炉整个过程。

11.24 并炉：锅炉待汽压汽温达到规定值后与蒸汽母管并列。

11.25 停炉：锅炉与蒸汽母管隔绝后不保持汽温汽压。

11.26 失压：锅炉停止运行后按规程将压力泄去的过程。

11.27 吹灰：用蒸汽或压缩空气清除锅炉各受热面上的积灰。

11.28 向空排汽：开启向空排汽门使蒸汽通过向空排汽门放入大气。

11.29 灭火：锅炉运行中由于某种原因引起炉火突然熄灭。

11.30 打焦：用工具清除火嘴、水冷壁、过热器管等处的结焦。

11.31 导水叶开度：运行中机组在某水头和发电出力时相应的水叶的开度。

11.32 轮叶角度：运行中水轮发电机组在某水头和发电出力时相应轮叶的角度。

12 电 网

电网是电力生产、流通和消费的系统，又称电力系统。具体地说，电网是由发电、供（输电、变电、配电）、用电设施以及为保证上述设施安全、经济运行所需的继电保护安全自动装置、电力计量装置、电力通信设施和电力调度自动化设施等所组成的整体。

12.1 主网：220kV 及以上电压等级的电网。

12.2 静态稳定：电力系统受到小干扰后，不发生非周期性失步，自动恢复到初始运行状态的能力。

12.3 暂态稳定：电力系统受到大扰动后，各同步电机保持同步运行并过渡到新的或恢复到原来稳定运行方式的能力。

12.4 动态稳定：电力系统受到小的或大的干扰后，在自动调节和控制装置的作用下，保持长过程的运行稳定性的能力。

12.5 电压稳定：电力系统受到小的或大的扰动后，系统电压能够保持或恢复到允许的范围内，不发生电压崩溃的能力。

12.6 频率稳定：电力系统受到小的或大的扰动后，系统频率能够保持或恢复到允许的范围内，不发生频率崩溃的能力。

12.7 同步振荡：发电机保持在同步状态下的振荡。

12.8 异步振荡：发电机受到较大的扰动，其功角在 0°~360°之间周期性变化，发电机与电网失去同步运行的状态。

12.9 摆动：电网电压、频率、功率产生有规律的摇摆现象。

12.10 失步：同一系统中运行的两电源间失去同步。

12.11 潮流：电网稳态运行时的电压、电流、功率。

13 调整频率、电压

13.1 增加有功（或无功）功率：在发电机原有功（或无功）出力基础上，增加有功（或无功）出力。

13.2 减少有功（或无功）功率：在发电机原有功（或无功）出力基础上，减少有功（或无功）出力。

13.3 提高频率（或电压）：在原有频率（或电压）的基础上，提高频率（或电压）值。

13.4 降低频率（或电压）：在原有频率（或电压）的基础上，降低频率（或电压）值。

13.5 维持频率 ×× 校电钟：使频率维持在 ×× 数值，校正电钟与标准钟的误差。

13.6 X 变从 ×× kV（X 挡）调到 ×× kV（X 挡）：X 变压器分接头从 ×× kV（X 挡）调到 ×× kV（X 挡）。

14 停电计划

14.1 停电检修票：日前停电工作计划。

14.2 计划停电：纳入月度设备停电计划，并办理停电检修票的设备停电工作。

14.3 临时停电：未纳入月度设备停电计划，但办理停电检修票的设备停电工作。

14.4 紧急停电：设备异常需紧急停运处理以及设备故障停运抢修、陪停等由值班调度员批准的设备停电工作。

14.5 年月计划免申报停电：对电网正常运行方式无明显影响的电气设备停电计划，可以不申报年度、月度计划，直接按规定办理停电检修票，为年月计划免申报停电。

14.6 带电作业：对有电或停电未做安全措施的设备进行检修。

15 接地、引线、短接

15.1 挂接地线：用临时接地线将设备与大地接通。

15.2 拆接地线：拆除将设备与大地接通的临时接地线。

15.3 合接地刀闸：用接地刀闸将设备与大地接通。

15.4 拉接地刀闸：用接地刀闸将设备与大地断开。

15.5 带电接线：在设备带电状态下接线。

15.6 带电拆线：在设备带电状态下拆线。

15.7 接引线：将设备引线或架空线的跨接线接通。

15.8 拆引线：将设备引线或架空线的跨接线拆断。

15.9 短接：用导线临时跨接在设备两侧，构成旁路。

16 电容、电抗补偿

16.1 消弧线圈过补偿：全网消弧线圈的整定电流之和大于相应电网对地电容电流之和。

16.2 消弧线圈欠补偿：消弧线圈的整定电流之和小于相应电网对地电容电流之和。

16.3 谐振补偿：消弧线圈的整定电流之和等于相应电网对地电容电流之和。

16.4 并联电抗器欠补偿：并联电抗器总容量小于被补偿线路充电功率。

16.5 串联电容器欠补偿：串联电容器总容抗小于被补偿线路的感抗。

17 水 电

17.1 水库水位（坝前水位）：水电厂水库坝前水面海拔高程（m）。

17.2 尾水水位（简称尾水位）：水电厂尾水水面海拔高程（m）。

17.3 正常蓄水位：水库在正常运用的情况下，为满足兴利要求在供水期开始时应蓄到的高水位（m）。

17.4 死水位：在正常运用情况下，允许水库消落的最低水位（m）。

17.5 年消落水位：多年调节水库在水库蓄水正常情况下允许年度消落的最低水位（m）。

17.6 汛期防洪限制水位（简称汛限水位）：水库在汛期因防洪要求而确定的兴利蓄水的上限水位（m）。

17.7 设计洪水位：遇到大坝设计标准洪水时，水库坝前达到的最高水位（m）。

17.8 校核洪水位：遇到大坝校核标准洪水时，水库坝前达到的最高水位（m）。

17.9 库容：坝前水位相应的水库水平面以下的水库容积（亿 m^3 或 m^3）。

17.10 总库容：校核洪水位以下的水库容积（亿 m^3 或 m^3）。

17.11 死库容：死水位以下的水库容积（亿 m^3 或 m^3）。

17.12 兴利库容（调节库容）：正常蓄水位至死水位之间的水库容积（亿 m^3 或 m^3）。

17.13 可调水量：坝前水位至死水位之间的水库容积（亿 m^3 或 m^3）。

17.14 水头：水库水位与尾水位之差值（m）。

17.15 额定水头：发电机发出额定功率时，水轮机所需的最小工作水头（m）。

17.16 水头预想出力（预想出力）：水轮发电机组在不同水头条件下相应所能发出的最大出力（MW）。

17.17 受阻容量：电站（机组）受技术因素制约（如设备缺陷、输电容量等限制），所能发出的最大出力与额定容量之差。对于水电机组还包括由于水头低于额定水头时，水头预想出力与额定容量之差（MW）。

17.18 保证出力：水电站相应于设计保证率的供水时段内的平均出力（MW）。

17.19 多年平均发电量：按设计采用的水文系列和装机容量，并计及水头预想出力限制计算出的各年发电量的平均值（亿 kW·h 或 MW·h）。

17.20 时段末控制水位：时段（年、月、旬）末计划控制的水位（m）。

17.21 时段初（末）库水位：时段（年、月、旬）初（末）水库实际运行水位（m）。

17.22 时段平均发电水头：指发电水头之时段（日、旬、月、年）平均值（m）。

17.23 时段平均入（出）库流量：指时段（日、旬、月、年）入（出）库流量平均值（m^3/s）。

17.24 时段入（出）库水量：指时段（日、旬、月、年）入（出）库水量（亿 m^3 和 m^3）。

17.25 时段发电用水量：指时段（日、旬、月、年）发电所耗用的水量（亿 m^3 和 m^3）。

17.26 时段弃水量：指时段（日、旬、月、年）未被利用而弃掉的水量（亿 m^3 和 m^3）。

17.27 允许最小出库流量：为满足下游兴利（航运、灌溉、工业引水等）及电网最低电力要求需要水库放出的最小流量（m^3/s）。

17.28 开启（关闭）泄流闸门：根据需要开启（关闭）溢流坝的工作闸门，包括大坝泄流中孔、底孔或泄洪洞、排沙洞等工作闸门。

17.29 开启（关闭）机组进水口工作闸门：根据需要开启（关闭）水轮机组进水口的工作闸门。

17.30 开启（关闭）进水口检修闸门：根据需要开启（关闭）水轮机组进水口检修闸门。

17.31 开启（关闭）尾水闸门（或叠梁）：根据需要开启（关闭）水轮机组尾水闸门（或叠梁）。

17.32 发电耗水率：每发一千瓦时电量所耗的水量（$m^3/(kW·h)$）。

17.33 节水增发电量：水电站时段（月、年）内实际发电量与按调度图运行计算的考核电量的差值（亿 kW·h 或 MW·h）。

17.34 水能利用提高率：水电站时段（月、年）内增发电量与按调度图运行计算的考核电量的百分比（%）。

18 新能源

18.1 风电场：由一批风电机组或风电机组群（包括机组单元变压器）、汇集线路、主升压变压器及其他设备组成的发电站。

18.2 光伏发电站：利用太阳电池的光生伏特效应，将太阳辐射能直接转换成电能的发电系统，一般包含变压器、逆变器、相关的平衡系统部件（BOS）和太阳电池方阵等。

18.3 风电机组/风电场低电压穿越：当电力系统故障或扰动引起并网点电压跌落时，在一定的电压跌落范围和时间间隔内，风电机组/风电场能够保证不脱网连续运行。

18.4 风电功率预测：以风电场的历史功率、历史风速、地形地貌、数值天气预报、风电机组运行状态等数据建立风电场输出功率的预测模型，以风速、功率、数值天气预报等数据作为模型的输入，结合风电场机组的设备状态及运行工况，预测风电场未来的有功功率。

18.5 短期风电功率预测：预测风电场次日零时起未来 72 小时的有功功率，时间分辨率为 15 分钟。

18.6 超短期风电功率预测：预测风电场未来 15 分钟至 4 小时的有功功率，时间分辨率不小于 15 分钟。

19 调度自动化

19.1 遥信：远方开关、刀闸等位置运行状态测量信号。

19.2 遥测：远方发动机、变压器、母线、线路等运行数据测量信号。

19.3 遥控：对开关、刀闸等位置运行状态进行远方控制及 AGC 控制模式的远方切换。

19.4 遥调：对发动机组出力、变压器抽头位置等进行远方调整和设定。

19.5 AGC：自动发电控制。

19.6 TBC、FFC、FTC：AGC 的三种基本控制模式，TBC 是指按定联络线功率与频率偏差模式控制，FFC 是指按定系统频率模式控制，FTC 是指按定联络线交换功率模式控制。

19.7 ACE：联络线区域控制偏差。

19.8 T1、A1、A2、CPS1、CPS2：联络线控制性能评价标准，分别称为 T 标准、A 标准、C 标准。

19.9 DCS：火电厂分散式控制系统。

19.10 CCS：火电厂的计算机控制系统。

19.11 AVC：自动电压控制。

20 其他

20.1 幺、两、三、四、五、六、拐、八、九、洞：调度业务联系时，数字"1、2、3、4、5、6、7、8、9、0"的读音。

20.2 ××调（××电厂、××变电站）××（姓名）：值班调度员直接与下级调控机构值班调度员、相关调控机构值班监控员或调度管辖厂站运行人员电话联系时的冠语。

20.3 ××时××分××线路（或设备）工作全部结束，现场工作安全措施全拆除，人员撤离现场，送电无问题。现场值班人员或下级调度员向上级调度员汇报调度许可的设备上工作结束的汇报术语。

附录 2　操作指令

1 逐项操作令

1.1 开关、刀闸的操作

1.1.1 拉开 ×× （设备或线路名称） ×× （开关编号）开关。

1.1.2 合上 ×× （设备或线路名称） ×× （开关编号）开关。

1.1.3 拉开 ×× （设备或线路名称） ×× （刀闸编号）刀闸。

1.1.4 合上 ×× （设备或线路名称） ×× （刀闸编号）刀闸。

1.2 解列、并列

1.2.1 用 ×× （设备或线路名称）的 ×× 开关解列。

1.2.2 用 ×× （设备或线路名称）的 ×× 开关同期并列。

1.3 解环、合环

1.3.1 用 ×× （设备或线路名称）的 ×× 开关（或刀闸）解环。

1.3.2 用 ×× （设备或线路名称）的 ×× 开关（或刀闸）合环。

1.4 保护投、退跳闸

1.4.1 ×× （设备名称）的 ×× 保护投入跳闸。

1.4.2 ×× （设备名称）的 ×× 保护退出跳闸。

1.4.3 ×× 线 ×× 开关的 ×× 保护投入跳闸。

1.4.4 ×× 线 ×× 开关的 ×× 保护退出跳闸。

1.5 投入、退出联跳

1.5.1 投入 ×× （设备或线路名称）的 ×× 开关联跳 ×× （设备或线路名称）的 ×× 开关的装置（压板）。

1.5.2 退出 ×× （设备或线路名称）的 ×× 开关联跳 ×× （设备或线路名称）的 ×× 开关的装置（压板）。

1.6 保护改跳

1.6.1 ×× （设备或线路名称）的 ×× 开关 ×× 保护，改跳 ×× （设备或线路名称）的 ×× 开关。

×× （设备或线路名称）的 ×× 开关 ×× 保护，改跳本身开关。

1.7 投入、停用重合闸和改变重合闸重合方式

1.7.1 投入 ×× 线的 ×× 开关的重合闸。

1.7.2 停用 ×× 线的 ×× 开关的重合闸。

1.7.3 投入 ×× 线的 ×× 开关单相（或三相）或特殊重合闸。

1.7.4 停用 ×× 线的 ×× 开关单相（或三相）或特殊重合闸。

1.7.5 ×× 线路 ×× 开关的重合闸由无压重合改为同期重合。

1.7.6 ×× 线的 ×× 开关的重合闸由同期重合改为无压重合。

1.7.7　×× 线的 ×× 开关的重合闸由单相重合改为三相重合。

1.7.8　×× 线的 ×× 开关的重合闸由单相重合改为综合重合。

1.7.9　×× 线的 ×× 开关的重合闸由三相重合改为单相重合。

1.7.10　×× 线的 ×× 开关的重合闸由三相重合改为综合重合。

1.8　线路跳闸后送电

1.8.1　用 ×× 开关对 ×× 线试送电一次。

1.9　给新线路或新变压器冲击

用 ×× 的 ×× 开关对 ××（线路或变压器名称）冲击 X 次。

1.10　变压器改分头

将 X 号变压器（高压或中压）侧分头由 ×（或 ×× kV × 挡）改为 ×（或 ×× kV）挡。

1.11　机组（电厂）投入、退出 AGC 控制

1.11.1　×× 机组（电厂）投入 AGC 控制。

1.11.2　×× 机组（电厂）退出 AGC 控制。

2 综合操作令

2.1　变压器

2.1.1　× 号变压器由运行转检修

拉开该变压器的各侧开关、刀闸，并在该变压器上可能来电的各侧挂地线（或合接地刀闸）。

2.1.2　× 号变压器由检修转运行

拆除该变压器上各侧地线（或拉开接地刀闸）。合上除有检修要求不能合或方式明确不合之外的刀闸和开关。

2.1.3　× 号变压器由运行转热备用

拉开该变压器各侧开关。

2.1.4　× 号变压器由备用转运行

合上除有检修要求不能合或方式明确不合的开关以外的开关。

2.1.5　× 号变压器由运行转冷备用

拉开该变压器各侧开关，拉开该变压器各侧刀闸。

2.1.6　× 号变压器由热备用转检修

拉开该变压器各侧刀闸，在该变压器上可能来电的各侧挂地线（或合上接地刀闸）。

2.1.7　× 号变压器由检修转为热备用

拆除该变压器上各侧地线（或拉开接地刀闸），合上除有检修要求不能合或方式明确不合的刀闸以外的刀闸。

2.1.8　× 号变压器由冷备用转检修

在该变压器上可能来电的各侧挂地线（或合上接地刀闸）。

2.1.9　× 号变压器由检修转为冷备用

拆除该变压器上各侧地线（或拉开接地刀闸）。

注：不包括变压器中性点刀闸的操作。中性点刀闸的操作或下逐项操作指令或根据现

场规定进行操作。

2.2 母线

4.2.2.1 ××kV ×号母线由运行转检修

a) 对于双母线接线：将该母线上所有运行和备用元件倒到另一母线，拉开母联开关和刀闸及 PT 一次侧刀闸，并在该母线上挂地线（或合上接地刀闸）。

b) 对单母线或 3/2 接线：将该母线上所有的开关、刀闸拉开。在该母线上挂地线（或合上接地刀闸）。

c) 对于单母线开关分段接线：拉开该母线上所有的开关和刀闸，在母线上挂地线（或合上地刀闸）。

2.2.2 ××kV ×号母线由检修转运行

a) 对于双母线接线：拆除该母线上的地线（或拉开接地刀闸），合上 PT 刀闸和母联刀闸，用母联开关给该母线充电。

b) 对于单母线或 3/2 接线：拆除母线上的地线（或拉开接地刀闸），合上该母线上除有检修要求不能合或方式明确不合以外的刀闸（包括 PT 刀闸）和开关。

c) 对单母线开关分段接线：同单母线或 3/2 接线。

2.2.3 ××kV ×号母线由热备用转运行

a) 对于双母线接线：合上母联开关给该母线充电。

b) 对于单母线或 3/2 接线：合上该母线上除有检修要求不合或方式明确不合以外的开关。

c) 对于单母线开关分段接线：同单母线或 3/2 接线。

2.2.4 ××kV × 号母线由运行转热备用

a) 对于双母线接线：将该母线上运行和备用的所有元件倒到另一母线运行。拉开母联开关。

b) 对于单母线及 3/2 接线：拉开该母线上的所有元件的开关。

c) 对于单母线开关分段接线：拉开该母线上所有元件的开关及母线分段开关。

2.2.5 ××kV × 号母线由冷备用转运行

a) 对于双母线接线：合上该母线 PT 刀闸及母联刀闸后，合上母联开关给该母线充电。

b) 对于单母线或 3/2 接线：合上该母线上除因检修要求不合或方式明确不合以外所有元件的刀闸及 PT 刀闸后，合上该母线上除有检修要求不合或方式明确不合以外的开关。

c) 对于单母线开关分段接线：同单母线或 3/2 接线。

2.2.6 ××kV × 号母线由运行转冷备用

a) 对于双母线接线：将该母线上运行和备用的所有元件倒到另一母线运行。拉开母联开关，拉开该母线上全部元件刀闸。

b) 对于单母线及 3/2 接线：拉开该母线上的所有元件的开关后，拉开该母线上所有元件的刀闸。

c) 对于单母线分段接线：拉开该母线上所有元件的开关及母线分段开关后，拉开该母线上所有元件的刀闸及母线分段开关的刀闸。

2.2.7　×× kV × 母线由检修转热备用

a）对双母线接线：拆除该母线上地线（或拉开接地刀闸），合上 PT 刀闸及母联刀闸。

b）对单母线及 3/2 接线：拆除该母线地线（或拉开接地刀闸），合上该母线上除因设备检修等要求不能合的刀闸以外的所有元件的刀闸。

c）对单母线开关分段接线：拆除该母线上地线（或拉开接地刀闸），合上该母线上除因设备检修等要求不能合的刀闸以外的所有元件的刀闸。

2.2.8　×× kV × 号母线由热备用转检修

拉开该母线上全部刀闸。在该母线上挂地线（或合上接地刀闸）。

2.2.9　×× kV × 号母线由检修转冷备用

a）对双母线接线：拆除该母线上地线（或拉开接地刀闸）。

b）对单母线及 3/2 接线：拆除该母线上地线（或拉开接地刀闸）。

c）对单母线开关分段接线：拆除该母线上地线（或拉开接地刀闸）。

2.2.10　×× kV × 号母线由冷备用转为检修

在该母线上挂地线（或合上接地刀闸）。

2.2.11　×× kV 母线方式倒为正常方式

即倒为调控机构已明确规定的母线正常接线方式（包括母联及联络变开关的状态）。

3　开　关

3.1　××（设备或线路名称）的 ×× 开关由运行转检修

拉开该开关及其两侧刀闸。在开关两侧挂地线（或合上接地刀闸）。

3.2　××（设备或线路名称）的 ×× 开关由检修转运行

拆除该开关两侧地线（或拉开接地刀闸），合上该开关两侧刀闸（母线刀闸按方式规定合），合上开关。

3.3　××（设备或线路名称）的 ×× 开关由热备用转检修

拉开该开关两侧刀闸。在该开关两侧挂地线（或合上接地刀闸）。

3.4　××（设备或线路名称）的 ×× 开关由检修转热备用

拆除该开关两侧地线（或拉开接地刀闸），合上该开关两侧刀闸（母线刀闸按方式规定合）。

3.5　××（设备或线路名称）的 ×× 开关由冷备用转检修

在该开关两侧挂地线（或合上接地刀闸）。

3.6　××（设备或线路名称）的 ×× 开关由检修转冷备用

拆除该开关两侧地线（或拉开接地刀闸）。

3.7　令用 ××（旁路或母联）×× 开关由 × 号母线代 ××（设备或线路名称）的 ×× 开关

××（设备或线路名称）的 ×× 开关由运行转检修。

按母线方式倒为用旁路（或母联）代 ××（设备或线路名称）的 ×× 开关方式。拉开被代开关及其两侧刀闸。在该开关两侧挂地线（或合上接地刀闸）。

4 调　整

4.1 系统解列期间由你厂负责调频、调压

地区电网与主网解列单独运行时由调控机构临时指定某厂负责局部电网调频、调压。

4.2 系统解列期间你单位负责频率、电压监督和调整

地区电网与主网解列单独运行时，由上级调控机构指定单独运行电网中某一调控机构临时负责局部电网的频率、电压监督和调整。

附录3 电力安全事故等级划分标准

事故等级 ＼ 判定项	造成电网减供负荷的比例	造成城市供电用户停电的比例	发电厂或者变电站因安全故障造成全厂（站）对外停电的影响和持续时间	发电机组因安全故障停运的时间和后果	供热机组对外停止供热的时间
特别重大事故	区域性电网减供负荷30%以上 电网负荷20000MW以上的省、自治区电网，减供负荷30%以上 电网负荷5000MW以上20000MW以下的省、自治区电网，减供负荷40%以上 直辖市电网减供负荷50%以上 电网负荷2000MW以上的省、自治区人民政府所在地城市电网减供负荷60%以上	直辖市60%以上供电用户停电 电网负荷2000MW以上的省、自治区人民政府所在地城市70%以上供电用户停电			
重大事故	区域性电网减供负荷10%以上30%以下 电网负荷20000MW以上的省、自治区电网，减供负荷13%以上30%以下 电网负荷5000MW以上20000MW以下的省、自治区电网，减供负荷16%以上40%以下 电网负荷1000MW以上5000MW以下的省、自治区电网，减供负荷50%以上 直辖市电网减供负荷20%以上50%以下 省、自治区人民政府所在地城市电网减供负荷40%以上（电网负荷2000MW以上的，减供负荷40%以上60%以下） 电网负荷600MW以上的其他设区的市电网减供负荷60%以上	直辖市30%以上60%以下供电用户停电 省、自治区人民政府所在地城市50%以上供电用户停电（电网负荷2000MW以上的，50%以上70%以下） 电网负荷600MW以上的其他设区的市70%以上供电用户停电			

续表

判定项 / 事故等级	造成电网减供负荷的比例	造成城市供电用户停电的比例	发电厂或者变电站因安全故障造成全厂(站)对外停电的影响和持续时间	发电机组因安全故障停运的时间和后果	供热机组对外停止供热的时间
较大事故	区域性电网减供负荷7%以上10%以下 电网负荷20000MW以上的省、自治区电网,减供负荷10%以上13%以下 电网负荷5000MW以上20000MW以下的省、自治区电网,减供负荷12%以上16%以下 电网负荷1000MW以上5000MW以下的省、自治区电网,减供负荷20%以上50%以下 电网负荷1000MW以下的省、自治区电网,减供负荷40%以上 直辖市电网减供负荷10%以上20%以下 省、自治区人民政府所在地城市电网减供负荷20%以上40%以下 其他设区的市电网减供负荷40%以上(电网负荷600MW以上的,减供负荷40%以上60%以下) 电网负荷150MW以上的县级市电网减供负荷60%以上	直辖市15%以上30%以下供电用户停电 省、自治区人民政府所在地城市30%以上50%以下供电用户停电 其他设区的市50%以上供电用户停电(电网负荷600MW以上的,50%以上70%以下) 电网负荷150MW以上的县级市70%以上供电用户停电	发电厂或者220千伏以上变电站因安全故障造成全厂(站)对外停电,导致周边电压监视控制点电压低于调度机构规定的电压曲线值20%并且持续时间30分钟以上,或者导致周边电压监视控制点电压低于调度机构规定的电压曲线值10%并且持续时间1小时以上	发电机组因安全故障停止运行超过行业标准规定的大修时间两周,并导致电网减供负荷	供热机组装机容量200MW以上的热电厂,在当地人民政府规定的采暖期内同时发生2台以上供热机组安全故障停止运行,造成全厂对外停止供热并且持续时间48小时以上

续表

事故等级 / 判定项	造成电网减供负荷的比例	造成城市供电用户停电的比例	发电厂或者变电站因安全故障造成全厂（站）对外停电的影响和持续时间	发电机组因安全故障停运的时间和后果	供热机组对外停止供热的时间
一般事故	区域性电网减供负荷4%以上7%以下 电网负荷20000MW以上的省、自治区电网，减供负荷5%以上10%以下 电网负荷5000MW以上20000MW以下的省、自治区电网，减供负荷6%以上12%以下 电网负荷1000MW以上5000MW以下的省、自治区电网，减供负荷10%以上20%以下 电网负荷1000MW以下的省、自治区电网，减供负荷25%以上40%以下 直辖市电网减供负荷5%以上10%以下 省、自治区人民政府所在地城市电网减供负荷10%以上20%以下 其他设区的市电网减供负荷20%以上40%以下 县级市减供负荷40%以上（电网负荷150MW以上的，减供负荷40%以上60%以下）	直辖市10%以上15%以下供电用户停电 省、自治区人民政府所在地城市15%以上30%以下供电用户停电 其他设区的市30%以上50%以下供电用户停电 县级市50%以上供电用户停电（电网负荷150MW以上的，50%以上70%以下）	发电厂或者220千伏以上变电站因安全故障造成全厂（站）对外停电，导致周边电压监视控制点电压低于调度机构规定的电压曲线值5%以上10%以下并且持续时间2小时以上	发电机组因安全故障停止运行超过行业标准规定的小修时间两周，并导致电网减供负荷	供热机组装机容量200MW以上的热电厂，在当地人民政府规定的采暖期内同时发生2台以上供热机组因安全故障停止运行，造成全厂对外停止供热并且持续时间24小时以上

注：1. 符合本表所列情形之一的，即构成相应等级的电力安全事故。

2. 本表中所称的"以上"包括本数，"以下"不包括本数。

3. 本表下列用语的含义：

（1）电网负荷，是指电力调度机构统一调度的电网在事故发生起始时刻的实际负荷；

（2）电网减供负荷，是指电力调度机构统一调度的电网在事故发生期间的实际负荷最大减少量；

（3）全厂对外停电，是指发电厂对外有功负荷降到零（虽电网经发电厂母线传送的负荷没有停止，仍视为全厂对外停电）；

（4）发电机组因安全故障停止运行，是指并网运行的发电机组（包括各种类型的电站锅炉、汽轮机、燃气轮机、水轮机、发电机和主变压器等主要发电设备），在未经电力调度机构允许的情况下，因安全故障需要停止运行的状态。

附录4 事故跳闸（预）报告

一、背景说明

（1）时间：××××年××月××日。
（2）天气情况：
（3）跳闸前主要相关联一、二次设备运行方式：
（4）跳闸前负荷情况：
（5）现场工作情况：
（6）当班调度人员情况及主要处理人：

二、事件说明

（1）事故现象：
（2）初步判断的事故原因：
（3）处理经过：
（4）停电时间及负荷、电量损失：

三、暴露问题

（1）保护（及自动装置）是否不正确动作。
（2）远动信息是否不正确显示、变位。
（3）公司相关部门（变电、输电、检修、用电等）是否存在不配合处理、处理不当或错误处理的现象。
（4）县调（地调电厂、用户）是否存在不配合处理、处理不当或错误处理的现象。

附录5　事故跳闸（正式）报告

一、背景说明（调度班编写）

（1）时间：××××年××月××日。
（2）天气情况：
（3）跳闸前相关一次设备运行方式（66kV 以上者附简图）：
（4）跳闸前相关二次设备投退情况：
（5）跳闸前负荷情况：
（6）现场工作情况：
（7）地调当班人员情况及主要处理人：

二、事故说明（调度班编写）

（1）事故现象：
（2）事故原因：
（3）处理经过：
（4）停电时间及负荷、电量损失：

三、远动信息情况分析（自动化班填写）

（1）远动信息显示（变位）情况：
（2）不正确显示（变位）分析结论及责任部门：

四、保护（自动装置）动作情况分析（保护专责填写）

（1）调取故障报告情况：
（2）动作过程分析：
（3）动作行为结论：

五、现场故障情况图片说明（运维检修专责填写）

（1）现场故障点
具体情况：

（2）现场设备
具体情况：

六、电网方式分析（方式班编写）

（1）电网运行方式对事故处理的影响：
（2）事故处理后，相关电网运行方式调整恢复的建议：
（3）事故对计划安排的影响：

七、事故处理评估（调度班编写）

（1）公司相关部门（变电、输电、检修、用电等）是否存在不配合处理、处理不当或错误处理的现象。
（2）县调（地调电厂、用户）是否存在不配合处理、处理不当或错误处理的现象。
（3）地调是否存在处理不当或错误处理的现象。

八、暴露问题（中心安全员编写）

九、整改及预防措施（中心安全员编写）

附录6 监控运行分析月报

××省（区、市）调控中心　　　　　　　　　　年　月　日
统计时间　　年 月 日—　年 月 日

一、总体情况

本月监控运行工作总体情况，设备运行情况总体情况。

二、本月监控信息统计

对当月监控信息按站和时间进行统计、分析。

三、监控信息分类分析

1. 事故类信号

事故类信号原因：（对各变电站出现的事故类信号进行分析，是否出现误发、漏发等现象）

2. 异常类信号

异常类信号原因：（对各变电站出现的重要异常类信号进行分析，是否出现误发、漏发等现象。对异常类信号所反映出的设备运行缺陷进行说明）

3. 越限类信号

越限类信号原因：（对各变电站出现的越限类信号进行分析，对频繁出现的越限类信号是否需要改变越限值等问题进行处理建议）

4. 变位类信号

变位类信号原因：（对各变电站出现的变位类信号进行分析，是否出现误发现象）

四、异常缺陷处理情况

本月新增缺陷××条，本月已处理缺陷××条，目前遗留缺陷共有××条。（主要针对由监控信号所反映出的设备异常缺陷进行分析）

1. 本月已处理严重危急缺陷××条

序号	站名	异常信号	产生原因及处理结果	信号分析、结论
1	××变	（填写由监控系统报出的异常信号）	（根据现场运维人员反馈情况进行填写）（填写反馈现场消缺处理情况）	填写信号分析结论

2. 本月发现未处理严重危急缺陷××条

序号	站名	异常信号	产生原因及采取措施	信号分析结论/消缺责任部门
1	××变	（填写由监控系统报出的异常信号）	（根据现场运维人员反馈情况进行填写）（填写反馈现场采取的措施情况）	填写分析结论，指定消缺责任部门

3. 严重危急缺陷遗留共有××条

序号	站名	异常信号	产生原因及处理结果	信号分析结论/消缺责任部门
1	××变	（填写由监控系统报出的异常信号）	（根据现场运维人员反馈情况进行填写）（填写反馈现场消缺处理情况）	填写分析结论，指定消缺责任部门

五、其他需要分析的事项

（填写其他需要在信息分析报表中体现的内容）

附录 7　线路及变压器等设备常用额定参数

一、常见线路承载能力

表 1 　　　　　　　　　　　　**LGJ 钢芯铝绞线安全电流** 　　　　　　　　　　　　A

导线型号	安全电流	导线型号	安全电流
LGJ—50	220	LGJ—185	515
LGJ—70	270	LGJ—240	610
LGJ—95	335	LGJ—300	700
LGJ—120	380	LGJ—400	845
LGJ—150	445		

二、常见变压器额定电流

表 2 　　　　　　　　　　　　**220kV 变压器额定电流** 　　　　　　　　　　　　A

容量　　　电压	90MVA	120MVA	150MVA	180MVA	240MVA
231kV	225	300	375	450	600
69kV	753	1004	1255	1506	2008
66kV	787	1050	1312	1575	2100

表 3 　　　　　　　　　　　　**66kV 变压器额定电流** 　　　　　　　　　　　　A

容量　　　电压	8MVA	10MVA	16MVA	20MVA	31.5MVA	40MVA
66kV	70	87	140	175	276	350
11kV	420	525	840	1050	1653	2100
10.5kV	440	550	880	1100	1732	2200

三、66kV 系统消弧线圈常见参数表

表 4 **66kV 消弧线圈分接头对应电流** A

容量 / 分接头	#1 (10)	#2 (11)	#3 (12)	#4 (13)	#5 (14)	#6	#7	#8	#9
950kVA	10	10.7	11.5	12.3	13.2	14.2	15.3	16.4	17.6
	18.9	20.2	21.7	23.3	25				
1900kVA	25	27.3	29.8	32.5	35.4	38.6	42.1	45.9	50
1900kVA	25	26.4	27.8	29.3	30.9	32.6	34.4	36.3	38.3
	40.4	42.6	44.9	47.4	50				
3800kVA	50	54.5	59	64.8	70.7	77	84	91.6	100
3800kVA	50	52.8	55.6	58.6	61.8	65.2	68.8	72.6	76.6
	80.8	85.2	89.8	94.8	100				
5700kVA	75	79.1	83.4	88	92.8	97.9	103.3	108.9	114.9
	121.2	127.8	134.8	142.2	150				

参考文献

［1］王世祯. 电网调度运行技术［M］. 沈阳：东北大学出版社，1997.

［2］刘家庆. 电网调度［M］. 北京：中国电力出版社，2010.

［3］河南省电力公司洛阳供电公司. 地区电网调度技术及管理［M］. 北京：中国电力出版社，2010.

［4］左亚芳. 电网调度与监控［M］. 北京. 中国电力出版社，2013.

［5］孙骁强，范越，白兴忠，等. 电网调度典型事故处理与分析［M］. 北京：中国电力出版社，2011.

［6］艾新法. 变电站异常运行处理及反事故演习［M］. 北京：中国电力出版社，2009.

［7］张红艳. 变电运行（220kV）上、下［M］. 北京：中国电力出版社，2010.

［8］贺家李，宋从矩. 电力系统继电保护原理［M］. 北京：中国电力出版社，1994.

［9］中国法制出版社. 电力安全事故应急处置和调查处理条例［M］. 北京：中国法制出版社，2011.